# 深入理解MySQL主从原理

高鹏◎著

電子工業出版社
Publishing House of Electronics Industry
北京•BEIJING

## 内 容 简 介

在超大规模流量的分布式系统环境下，无论是从系统性能的角度，还是从数据安全性的角度，掌握MySQL主从原理，都是当下技术人员的必备基本功。MySQL主从原理是高可用架构的基石，即便是在MGR这种集群架构中也可以看到主从的影子。要解决一个问题或者故障，最快的方式就是了解它的原理，快速定位问题。本书从源码层面抽丝剥茧般地描述MySQL主从原理，全面地介绍了GTID相关的知识点，并解析了主要Event的生成、作用和格式，以及线程的初步知识、MDL LOCK、排序等热门话题和主从相关的案例。

无论是MySQL DBA和MySQL源码爱好者，还是刚进入数据库行业的小白读者，通过阅读本书，都能通过源码级分析，更好地理解和使用MySQL主从复制技术。



**图书在版编目（CIP）数据**

深入理解MySQL主从原理 / 高鹏著. —北京：电子工业出版社，2021.4

ISBN 978-7-121-40658-4

Ⅰ. ①深… Ⅱ. ①高… Ⅲ. ①SQL语言－程序设计 Ⅳ. ①TP311.132.3

中国版本图书馆CIP数据核字(2021)第037849号

责任编辑：孙学瑛

印　　刷：天津千鹤文化传播有限公司

装　　订：天津千鹤文化传播有限公司

出版发行：电子工业出版社

　　　　　北京市海淀区万寿路173信箱　　邮编 100036

开　　本：787×980　1/16　印张：17　字数：375.2千字

版　　次：2021年4月第1版

印　　次：2021年4月第2次印刷

定　　价：89.00元

凡所购买电子工业出版社图书有缺损问题，请向购买书店调换。若书店售缺，请与本社发行部联系，联系及邮购电话：（010）88254888，88258888。

质量投诉请发邮件至 zlts@phei.com.cn，盗版侵权举报请发邮件至 dbqq@phei.com.cn。

本书咨询联系方式：010-51260888-819，faq@phei.com.cn。

# 专家赞誉

从 2016 年开始，本书作者经常向我请教关于源码的问题，可见他是一个对源码非常执着的人。纵观本书的整个目录，覆盖了主从的方方面面，希望本书能够让读者对主从原理有更加深入的理解。

——高级 MySQL 内核专家 **翟卫祥（网名印风）**

MySQL 是当下流行的开源关系数据库，目前其使用领域已扩展到金融等传统行业。本书作者是资深 MySQL 运维专家，除了有丰富的运维经验，更可贵的是他能深入源码层面进行理解和分析。本书即是其在 MySQL 主从复制上的心血之作，原理和实践兼备。有幸拜读，诚意推荐，相信定能对读者有所帮助。

——网易杭研高级数据库开发专家、《MySQL 内核 InnoDB 存储引擎 卷 1》作者 **温正湖**

很高兴能有一本专门介绍 MySQL 主从复制的书，Binlog 是任何一个 MySQL 从业者都绕不过去的知识点，高鹏不仅从使用的角度分析各种问题，还从源码内核解析各个功能的实现细节。从根上搞明白 Binlog 的细节，不管是 DBA 还是开发人员，都能从中收获良多。读完这本书，主从复制问题就不会再困扰你了。

——金山云 MySQL 高级内核研发 **桑栎**

和本书作者认识，源于他的一位同事参加了知数堂的 MySQL 课程，学习之余和本书作者有些交流互动，对一些观点进行了探讨，然后就顺理成章地熟悉了。本书作者原本是 Oracle DBA，但他在接触 MySQL 之后，开始对 MySQL 进行深入探究，这种学习的态度和方法令我折服，也反过来促使我更深入地理解 MySQL。为了更好地理解 InnoDB 引擎，本书作者还曾经开发了 bctool、bcview 和 innblock 等几个工具。在 innblock 工具的开发过程中，我也以“产品经理”的角色提了一些建议，在这个工具发布后，我也在我的公众号帮忙推广。听闻本书作者要写本书，我就一直非常关注，本书主要从源码层面深入解析 MySQL 主从复制的方方面面，满满的干货，非常难得，强烈推荐给大家。

——Oracle MySQL ACE Director、知数堂联合创始人 **叶金荣**

高鹏做事非常专注，而且动手能力超强。有一件事情令我印象特别深刻，在和我交流 MGR 高可用节点选择后，不到两周，他就告诉我，他实现了一个 MGR vip 漂移的 Python 脚本。他先后实现了 InnoDB 的 Page 分析、MySQL InnoDB 加锁分析，又转战写作本书。通过本书的目录可以看出高鹏把复制相关原理做了彻底的分析，对于想深入理解 MySQL 复制及 binlog 相关内容的朋友来说是不可多得的学习资料。

——知数堂联合创始人 **吴炳锡**

很高兴 MySQL 数据库领域又一本新书发行。目前，主讲 MySQL 主从原理方面的书少之又少。本书作者是我熟知的业界资深数据库运维和开发专家，对 MySQL InnoDB、主从实现原理研究颇深，开发了不少优秀的 MySQL 数据库运维工具。本书是作者多年来研究 MySQL 原理和实践的完美结晶，是想深入研究 MySQL 主从原理的运维和开发人员不错的选择。

——Oracle MySQL ACE、京东商城数据库运维专家 **王伟**

我研究 MySQL 复制相关的代码是从 MySQL 5.5 版本开始的，眼看着 MySQL 的复制功能一步步变得完备且易用，原理也变得精巧且复杂。现在，我已经很难低成本地向刚入行的工程师介绍清楚 MySQL 复制功能的每一处考量了。幸运的是，高鹏的这本书给了读者一个底座扎实的阶梯，垫垫脚就能够到。真心希望读者能通过这个阶梯，看到更大的技术世界。

——爱可生首席技术官 **黄炎**

和高鹏相识之初，正值陆金所进行全站去 Oracle 转 MySQL 架构改造的关键时期。我们对核心金融交易系统全部使用 MySQL 进行重构时，遇到大量的技术细节问题，需要谨慎合理地应对。团队人员必须对源码有非常深入的理解。期间，我的团队和我本人经常与本书作者高鹏就金融实战场景下遇到的各种 MySQL 案例进行详细的讨论和验证，并且受益匪浅。高鹏对

MySQL 源码，特别是主从复制模块的源码研究造诣深厚，我很欣喜地看到这些经验都转化到本书当中。相信本书会成为 MySQL 源码领域非常经典的作品。

——陆金所数据架构团队负责人 **王英杰**

主从复制机制是 MySQL 集群高可用的基础，也是连接 OLTP 到 OLAP 生态的桥梁，很大程度上奠定了 MySQL 流行的基础，本书作者是对这方面研究极深的专家，让人印象深刻。不论对于 DBA 还是研发人员，本书都有很好的指导作用，强烈推荐阅读。

——多点 Dmall 数据库负责人 **冯光普**

近年来，MySQL 越发流行，甚至已经渗透到了金融行业应用场景，MySQL 的主从复制功不可没。它一直是 MySQL 的关键特性。本书作者从源码入手，将复制的主要功能模块和实现原理进行了深入剖析。如果你想了解更多 MySQL 复制相关的细节，更好地为工作服务，那么这本书是非常不错的选择。

——高级 DBA **李大玉**

作为一个 ITPUB 的老读者，我拜读过不少高鹏的关于 Oracle 的文章。偶然之间发现他已转战 MySQL 领域，并撰写了大量原理性剖析的文章。其中，印象较为深刻的是几篇关于 MDL Lock 的源码层面的解析，读完后感觉豁然开朗。开源数据库越来越火，尤其 MySQL 表现最为抢眼，如果要深入学习 MySQL 主从原理，那么本书是不可多得的资料，强烈推荐之！

——Oracle ACE、云和恩墨服务产品群总经理 **李真旭**

我和高鹏的技术生涯有些类似，都是从 Oracle 转战 MySQL。他尤其善于总结技术原理，写了很多深入介绍原理的文章，这种高产和执着让人佩服。本书主要涉及 MySQL 主从复制，这是一个很经典的话题，高鹏从源码的角度进行了全新的解读，通读本书之后，我发现了很多自己未曾考虑过的技术细节，希望本书能帮助研究和应用 MySQL 的读者。

——dbaplus 社群联合发起人、腾讯云 TVP. Oracle ACE **杨建荣**

认识高鹏，源于 ITPUB Blog 的专家推荐。我们初识于 Oracle 技术，随后转战 MySQL。高鹏侧重源码剖析，对各种“疑难杂症”的分析入木三分，热心帮助网友解决了很多问题。现在，他将自己对 MySQL 主从复制部分源码的解读汇总成本书分享给大家。细细品读，必定受益良多。

——杭州有赞科技 DBA、公众号 yangyidba 作者 **杨奇龙**

我几乎拜读过高鹏所有与 MySQL 相关的文章。我们也多次就数据库问题一起深入研究和讨论。对于复杂问题，高鹏能够快速找到相关源码并进行解答，实在令人佩服。本书对 MySQL 主从复制进行了深入剖析，对于中高级 DBA 来说，是非常好的深入学习 MySQL 的资料，真心推荐。

——杭州贝贝网高级 DBA **徐晨亮**

# 前言

从 2017 年开始，笔者所在的公司开始大量上线 MySQL 5.7 基于 GTID 的主从构架，在实际的运维工程中，产生了不少问题和疑惑，比如：

- 主从延迟为什么瞬间跳动？
- 延迟为 0 就一定代表没有延迟吗？
- 从库能和主库一样利用索引吗？
- MTS 是如何提高从库应用效率的？
- mysql.gtid_executed 表在从库初始化的时候扮演什么样的角色？

我们开始结合源码来解决问题并解除疑惑。慢慢地，整个主从体系越来越清晰，我们的经验也越来越丰富，为了将这些积累的知识和经验分享给更多的人，笔者决定撰写本书，这是本书由来的第一个原因。

从 MySQL 5.7.17 开始，MySQL 官方推出了 MGR 高可用构架，MGR 是未来 MySQL 高可用构架发展的方向，它和主从有着天然的联系，比如 GTID、Event、SQL 线程等基本都是通用的，要深入学习 MGR，必须先深入学习主从原理。为了让广大读者能够打好学习 MGR 的基础，我更加坚定了撰写本书的想法，这是本书由来的第二个原因。

在 MySQL 开源领域，人才济济、高手如云，优秀的著作比比皆是，比如最近我的朋友罗小波、沈刚著的《数据生态：MySQL 复制技术与生产实践》就是一本优秀的与 MySQL 主从相关的书籍，书中的案例可作为本书的补充。我希望以本书为载体和广大的 MySQL 爱好者互相交流、互相学习、共同进步，这是本书由来的最后一个原因。

## 讨论范围

笔者从 2018 年开始着手撰写本书，到 2019 年中旬初稿完成。在笔者开始学习的时候，MySQL 的主流版本还是 MySQL 5.7，因此本书的所有代码均限定在 MySQL 5.7.22 这个版本。现在回想整个撰写过程，比我想象的要艰难很多，消耗了我大量的时间和精力。还好有朋友和同事的支持，最终基本完成。由于精力有限，本书不包含半同步部分，实属遗憾，如果需要了解半同步部分可以访问笔者的博客。本书主要讨论范围如下：

- 源码版本 MySQL 5.7.22。
- 不覆盖半同步。
- 只考虑参数 master_info_repository 和参数 relay_log_info_repository 设置为 TABLE 的情况。
- 只考虑参数 binlog_format 设置为 ROW 的情况。

## 术语约定

- 行格式：参数 binlog_format 设置为 ROW。
- 语句格式：参数 binlog_format 设置为 STATEMENT。
- binary log：代表 binlog 物理文件。
- order commit：代表 MYSQL_BIN_LOG::ordered_commit 函数，因为本书中使用频率较高，所以做了简化。
- GTID AUTO_POSITION MODE：代表主从使用的是 GTID，同时设置了 master_auto_position=1。
- POSITION MODE：代表主从使用的是传统位点方式。
- GTID MODE：代表主从使用的是 GTID，但是没有设置 master_auto_position=1。
- 单 SQL 线程：用来和 MTS 进行区分，代表只有一个 SQL 线程进行 Event 的应用。
- MTS：Multi-Threaded Slaves 的简称，包含一个协调线程和多个工作线程，Event 由工作线程应用。

## 本书结构

深入学习主从原理，需要按照一定的顺序学习，如果不知道 GTID、不知道 Event、不知道主库如何生成 Event，那么肯定不能深入理解主从原理，因此本书按照这种顺序进行讲解。本书一共分为 5 章，前 4 章应该作为一个整体顺序阅读，第 5 章和前 4 章没有关联，可以独立阅读。

- 第 1 章：介绍 GTID 相关的知识点，包含 GTID 的构成、GTID 模块的初始化、GTID 中的运维等知识点。
- 第 2 章：介绍 binary log 中的主要 Event，从作用、格式讲解、实际解析等几个维度讲解各个 Event。

- 第 3 章：介绍主库是如何生成 Event 的，以及 DUMP 线程是如何通过 GTID 进行主库 binary log 定位，并且进行 Event 传输的。
- 第 4 章：介绍从库是如何应用 Event 的，并且还包含了推荐的参数设置和 Seconds_Behind_Master 延迟的相关知识点。
- 第 5 章：本章作为知识拓展，讲解线程的初步知识、MDL Lock、排序等热门话题，还包含了与主从相关的案例。

## 目标读者

- MySQL DBA。
- MySQL 源码爱好者。

## 致谢

感谢业内众多 MySQL 专家在百忙之中为本书做推荐序，他们是翟卫祥、温正湖、桑栎、叶金荣、吴炳锡、王伟、黄炎、王英杰、冯光普、李大玉、李真旭、杨建荣、杨奇龙、徐晨亮。

感谢北京中亦安图科技领导黄远邦为本书做封底序。

感谢我的同事戴正勇、杨海波、田兴椿、邹启建，没有你们的帮助和支持，本书不可能完成。

感谢电子工业出版社的孙学瑛编辑对我写作的支持，她严谨的态度让人钦佩。

感谢我的父亲高祖恒，妻子颜蕾和两个可爱的儿子，感谢你们的支持，你们的支持是我最大的动力，我爱你们。

## 读者反馈和勘误

由于笔者能力有限，书中难免存在一些错误和不妥，敬请批评和指正。如果您有更多宝贵的意见，请通过如下方式进行联系和反馈。

邮箱：gaopp_200217@163.com

# 读者服务

微信扫码回复：40658

- 获取作者提供的各种共享文档、线上直播、技术分享等免费资源
- 加入读者交流群，与更多读者互动
- 获取博文视点学院在线课程、电子书 20 元代金券

# 目录

# 第 1 章　GTID

GTID 可以在整个复制生命周期中唯一标识一个操作。它的出现为主从复制切换提供了极大的便利，我们熟知的 MGR 就基于 GTID，本章将详细描述 GTID 的相关知识。

## 1.1　GTID 的基本概念

### 1.1.1　GTID 的作用

GTID 的全称为 Global Transaction Identifier，是 MySQL 的一个强大的特性。MySQL 会为每一个 DML/DDL 操作都增加一个唯一标记，叫作 GTID。这个标记在整个复制环境中都是唯一的。主从环境中主库的 DUMP 线程可以直接通过 GTID 定位到需要发送的 binary log 位置，而不再需要指定 binary log 的文件名和位置，因而切换极为方便。

关于 DUMP 线程是如何通过 GTID 定位到 binary log 位置的，将在 3.5 节讨论。

### 1.1.2　GTID 的基本表示

为了严谨，笔者尽量使用源码的术语解释，后面也会沿用这些术语。

**GTID**：单个 GTID，比如 24985463-a536-11e8-a30c-5254008138e4:5。对应源码中的类结构 Gtid。注意源码中用 sid 代表 GTID 前面的 server_uuid，gno 则用来表示 GTID 后面的序号。

**gno**：单个 GTID 后面的序号，比如上面的 GTID 的 gno 就是 5。这个 gno 实际上是从一个全局计数器 next_free_gno 中获取的。

**GTID SET**：一个 GTID 的集合，可以包含多个 server_uuid，比如常见的 gtid_executed 变量，gtid_purged 变量就是一个 GTID SET。类似的，24985463-a536-11e8-a30c-5254008138e4:1-5:7-10 就是一个 GTID SET，对应源码中的类结构 Gtid_set，其中还包含一个 sid_map，用于表示多个 server_uuid。

**GTID SET Interval：**代表 GTID SET 中的一个区间，GTID SET 中的某个 server_uuid 可能包含多个区间，例如，1-5:7-10 中就有 2 个 GTID SET Interval，分别是 1-5 和 7-10，对应源码中的结构体 Gtid_set::Interval。

### 1.1.3 server_uuid 的生成

在 GTID 中包含了一个 server_uuid。server_uuid 实际上是一个 32 字节+1（/0）字节的字符串。MySQL 启动时会调用 init_server_auto_options 函数读取 auto.cnf 文件。如果 auto.cnf 文件丢失，则会调用 generate_server_uuid 函数生成一个新的 server_uuid，但是需要注意，这样 GTID 必然会发生改变。

在 generate_server_uuid 函数中可以看到，server_uuid 至少和下面 3 部分有关。

（1）数据库的启动时间。

（2）线程的 LWP ID，其中，LWP 是轻量级进程（Light-Weight Process）的简称，我们在 5.1 节会进行描述。

（3）一个随机的内存地址。

下面是部分代码：

```
const time_t save_server_start_time= server_start_time; //获取 MySQL 启动时间
server_start_time+= ((ulonglong)current_pid << 48) + current_pid;//加入 Lwp 号运算
thd->status_var.bytes_sent= (ulonglong)thd;//这是一个内存指针，即线程结构体的内存地址
lex_start(thd);
func_uuid= new (thd->mem_root) Item_func_uuid();
func_uuid->fixed= 1;
func_uuid->val_str(&uuid); //这个函数是具体的运算过程
```

server_uuid 的内部表示是 binary_log::Uuid，核心是一个 16 字节的内存空间，在 GTID 相关的 Event 中会包含这个信息，2.3 节会进行详细解析。

### 1.1.4 GTID 的生成

在发起 commit 命令后，当 order commit 执行到 FLUSH 阶段，需要生成 GTID Event 时，会获取 GTID，3.3 节将会详细描述它的生成过程。MySQL 内部维护了一个全局的 GTID 计数器 next_free_gno，用于生成 gno。可以参考 Gtid_state::get_automatic_gno 函数，部分代码如下。

```
1、定义：
Gtid next_candidate = {sidno,sidno == get_server_sidno() ? next_free_gno:1};
```

```
2、赋值:
while (true)
  {
    const Gtid_set::Interval *iv= ivit.get();
//定义 Interval 指针，通过迭代器 ivit 来迭代每个 Interval
    rpl_gno next_interval_start= iv != NULL ? iv->start : MAX_GNO;
//一般情况下不会为 NULL，因此 next_interval_start 等于第一个 interval
//的 start，当然如果为 NULL，则说明 Interval->next = NULL，表示
//没有区间了，那么这个时候取 next_interval_start 为 MAX_GNO，
//此时条件 next_candidate.gno < next_interval_start 必然成立
    while (next_candidate.gno < next_interval_start &&
           DBUG_EVALUATE_IF("simulate_gno_exhausted", false, true))
    {
      if (owned_gtids.get_owner(next_candidate) == 0)
        DBUG_RETURN(next_candidate.gno);
     //返回 gno，那么 GTID 就生成了
      next_candidate.gno++;//如果本 GTID 已经被其他线程占用
//则 next_candidate.gno 自增后继续判断
    }
  ......
  }
```

### 1.1.5　GTID_EVENT 和 PREVIOUS_GTIDS_LOG_EVENT 简介

这里先解释一下它们的作用，因为后面会用到。具体的 Event 解析可以参考 2.2 节和 2.3 节。

#### 1. GTID_EVENT

GTID_EVENT 作为 DML/DDL 的第一个 Event，用于描述这个操作的 GTID 是多少。在 MySQL 5.7 中，为了支持从库基于 LOGICAL_CLOCK 的并行回放，封装了 last commit 和 seq number 两个值，可以称其为逻辑时钟。在 MySQL 5.7 中，即便不开启 GTID 也会包含一个匿名的 ANONYMOUS_GTID_EVENT，但是其中不会携带 GTID 信息，只包含 last commit 和 seq number 两个值。

#### 2. PREVIOUS_GTIDS_LOG_EVENT

PREVIOUS_GTIDS_LOG_EVENT 包含在每一个 binary log 的开头，用于描述直到上一个 binary log 所包含的全部 GTID（包括已经删除的 binary log）。在 MySQL 5.7 中，即便不开启 GTID，也会包含这个 PREVIOUS_GTIDS_LOG_EVENT，实际上这一点意义是非常大的。简单地说，它为快速扫描 binary log 获得正确的 gtid_executed 变量提供了基础，否则可能扫描大

量的 binary log 才能得到正确的 gtid_executed 变量（比如 MySQL 5.6 中关闭 GTID 的情况）。这一点将在 1.3 节详细描述。

### 1.1.6 gtid_executed 表的作用

官方文档这样描述 gtid_executed 表：

```
Beginning with MySQL 5.7.5, GTIDs are stored in a table named gtid_executed, in the mysql database. A row in this table contains, for each GTID or set of GTIDs that it represents, the UUID of the originating server, and the starting and ending transaction IDs of the set; for a row referencing only a single GTID, these last two values are the same.
```

也就是说，gtid_executed 表是 GTID 持久化的一个介质。实例重启后所有的内存信息都会丢失，GTID 模块初始化需要读取 GTID 持久化介质。

可以发现，gtid_executed 表是 InnoDB 表，建表语句如下，并且可以手动更改它，但是除非是测试，否则千万不要修改它。

```
Table: gtid_executed
Create Table: CREATE TABLE `gtid_executed` (
  `source_uuid` char(36) NOT NULL COMMENT 'uuid of the source where the transaction was originally executed.',
  `interval_start` bigint(20) NOT NULL COMMENT 'First number of interval.',
  `interval_end` bigint(20) NOT NULL COMMENT 'Last number of interval.',
  PRIMARY KEY (`source_uuid`,`interval_start`)
) ENGINE=InnoDB DEFAULT CHARSET=utf8 STATS_PERSISTENT=0
```

除了 gtid_executed 表，还有一个 GTID 持久化的介质，那就是 binary log 中的 GTID_EVENT。

既然有了 binary log 中的 GTID_EVENT 进行 GTID 的持久化，为什么还需要 gtid_executed 表呢？笔者认为，这是 MySQL 5.7.5 之后的一个优化，可以反过来思考，在 MySQL 5.6 中，如果使用 GTID 做从库，那么从库必须开启 binary log，并且设置参数 log_slave_ updates=ture，因为从库执行过的 GTID 操作都需要保留在 binary log 中，所以当 GTID 模块初始化的时候会读取它获取正确的 GTID SET。接下来，看一段 MySQL 5.6 官方文档对于搭建 GTID 从库的说明。

```
Step 3: Restart both servers with GTIDs enabled. To enable binary logging with globaltransaction identifiers, each server must be started with GTID mode, binary logging, slave update logging enabled, and with statements that are unsafe for GTID-based replication disabled. In addition, you should prevent unwanted or accidental updates from being performed on either server by starting both in read-only mode. This means that both servers must be started with (at least) the options shown in the following invocation of mysqld_safe:
```

```
shell>  mysqld_safe  --gtid_mode=ON   --log-bin    --log-slave-updates
--enforce-gtid-consistency &
```

然而，开启 binary log 的同时设置参数 log_slave_updates=ture 必然会造成一个问题。很多时候，从库是不需要做级联的，设置参数 log_slave_updates=ture 会造成额外的空间和性能开销。因此需要另外一种 GTID 持久化介质，而并不是 binary log 中的 GTID_EVENT，gtid_executed 表正是这样一种 GTID 持久化的介质。在 1.3 节会看到它的读取过程。

## 1.2　mysql.gtid_executed 表、gtid_executed 变量、gtid_purged 变量的修改时机

本节将讨论 mysql.gtid_executed 表、gtid_executed 变量、gtid_purged 变量的修改时机。经常有朋友问为什么主库和从库的这几个地方的修改时机不一样，下面先来看一下它们的定义。

### 1.2.1　定义

- **mysql.gtid_executed 表**：GTID 持久化的介质，GTID 模块初始化的时候会读取这个表作为获取 gtid_executed 变量的基础。
- **gtid_executed 变量**：表示数据库中执行了哪些 GTID，它是一个处于内存中的 GTID SET。show slave status 中的 Executed_Gtid_Set 和 show master status 中的 Executed_Gtid_Set 都来自它。
- **gtid_purged 变量**：表示由于删除 binary log（如执行 purge binary logfiles 命令或者超过参数 expire_logs_days 设置），已经丢失的 GTID Event，它是一个处于内存中的 GTID SET。我们在搭建从库时，通常需要使用 set global gtid_purged 命令设置本变量，用于表示这个备份已经执行了哪些 GTID 操作。需要注意的是，手动删除 binary log 不会更新这个变量。

其中，gtid_executed 变量和 gtid_purged 变量都是通过 show global variables 命令来获取的。

这也是数据库管理员通常能够观察到的几种 GTID 信息，有了前文的描述，我们知道其中的 mysql.gtid_executed 表是一种 GTID 持久化的介质，gtid_executed 变量和 gtid_purged 变量则对应了内部结构体 Gtid_state 中的 executed_gtids 和 lost_gtids 内存数据，它们分别表示数据库执行了哪些 GTID 操作，又有哪些 GTID 操作由于删除 binary log 已经丢失了。

这里需要达成一个共识：gtid_executed 变量一定是实时更新的，不管是主库还是从库。下面将分为主库修改时机、从库修改时机、通用修改时机三部分讨论。

后面的介绍都约定在打开 GTID 的情况下。图 1-1 中的灰色部分为常见的配置，读者可以对它们的更改时机有一个整体的把握，为后面的深入学习打好基础。

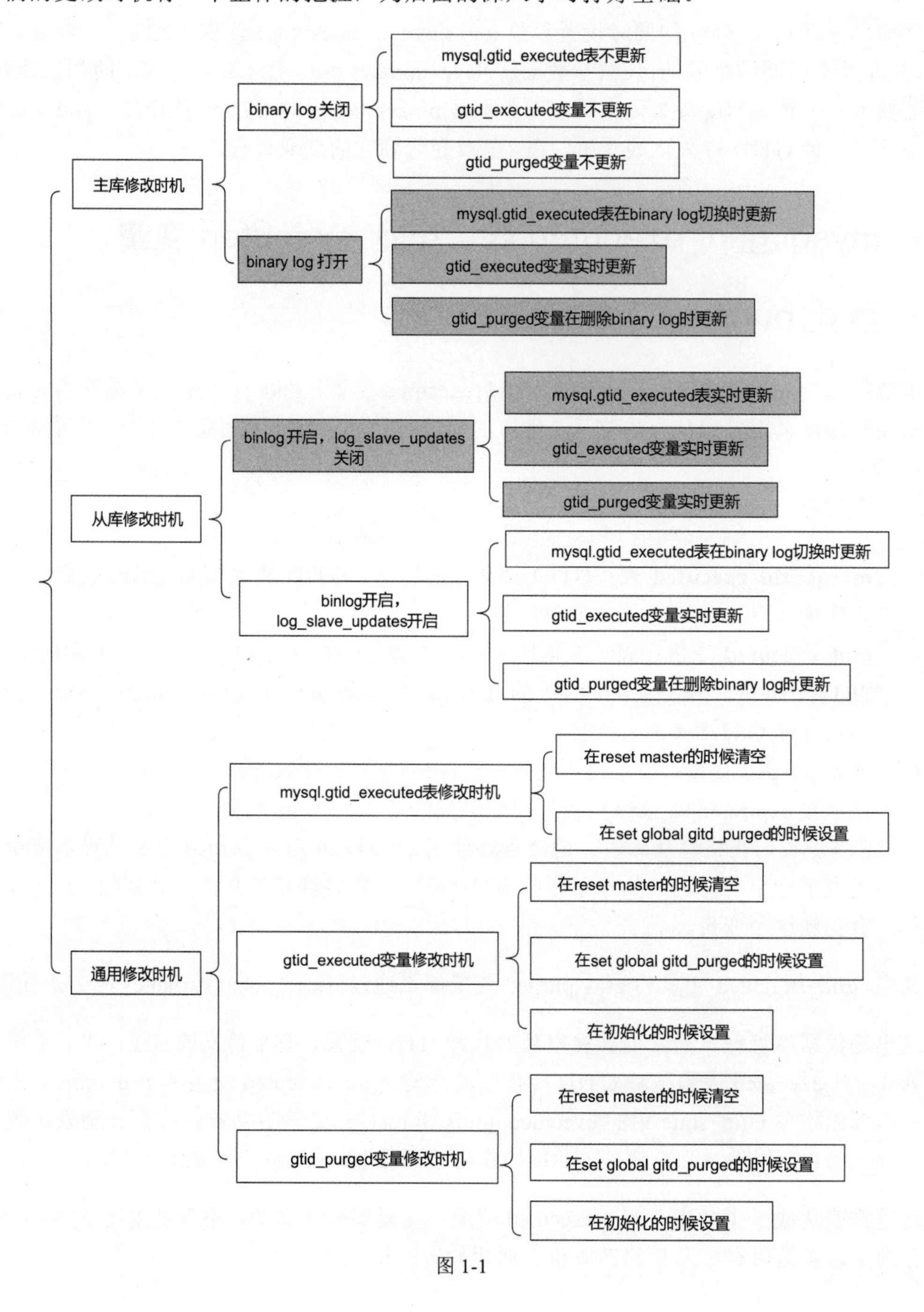


图 1-1

## 1.2.2　主库修改时机

### 1. binary log 关闭

在 binary log 关闭的状态下，不生成 GTID，mysql.gtid_executed 表、gtid_executed 变量、gtid_purged 变量均不更新。

### 2. binary log 打开

主库通常都被设置成 binary log 打开的状态，需要重点关注一下。

**mysql.gtid_executed 表修改时机**

在 binary log 切换时保存直到上一个 binary log 执行过的全部 GTID，它不是实时更新的。这个过程主要会调用 Gtid_state::save_gtids_of_last_binlog_into_table 函数，下面是部分代码：

```
  logged_gtids_last_binlog.add_interval_memory(PREALLOCATED_INTERVAL_COUNT, iv);
  //构建一个 logged_gtids_last_binlog 集合来保存切换后需要写入表和 previous_gtids_logged 的 GTID
    /*
      logged_gtids_last_binlog= executed_gtids - previous_gtids_logged -
gtids_only_in_table
    */
    ret= (logged_gtids_last_binlog.add_gtid_set(&executed_gtids) !=
          RETURN_STATUS_OK);
  //将当前执行过的 GTID 全部加入 logged_gtids_last_binlog
    if (!ret)
    {
      logged_gtids_last_binlog.remove_gtid_set(&previous_gtids_logged); //获得上一个
//binary log 包含的全部 GTID，并且做一个差集
  logged_gtids_last_binlog.remove_gtid_set(&gtids_only_in_table);//此处主库一定为空，
//因为主库不会出现只在 gtid_executed 表，而不存在于 binary log 中的 GTID
  if (!logged_gtids_last_binlog.is_empty())
      {
        /* Prepare previous_gtids_logged for next binlog on binlog rotation */
        if (on_rotation)
          ret= previous_gtids_logged.add_gtid_set(&logged_gtids_last_binlog);
  //将这个 GTID 集合加入 previous_gtids_logged，这样 previous_gtids_logged 就完整了
        global_sid_lock->unlock();
        /* Save set of GTIDs of the last binlog into gtid_executed table */
        if (!ret)
          ret= save(&logged_gtids_last_binlog);
  //将这个 GTID 集合写入 mysql.gtid_executed 表
      }
```

**gtid_executed 变量修改时机**

在 order commit 的 FLUSH 阶段生成 GTID，在 COMMIT 阶段才计入 gtid_executed 变量，它是实时更新的。这个过程是通过调用 Gtid_state::update_gtids_impl 函数完成的。代码如下。

```
while (g.sidno != 0)
    {
      if (g.sidno != prev_sidno)
        sid_locks.lock(g.sidno);
      owned_gtids.remove_gtid(g); //从 owned_gtid 集合中去掉这个 GTID
      git.next();
      g= git.get();
      if (is_commit)
        executed_gtids._add_gtid(g);//将这个 GTID 加入 executed_gtids 集合
    }
```

**gtid_purged 变量修改时机**

在清理 binary log 时修改，比如在执行命令 purge binary logs 或者超过参数 expire_logs_days 的设置后自动删除，需要将丢失的 GTID SET 计入这个变量，因此它不是实时更新的。这个过程主要集中在 MYSQL_BIN_LOG::purge_logs 函数中。代码片段如下。

```
if (!is_relay_log)
  {
   global_sid_lock->wrlock();
   error=init_gtid_sets(NULL,const_cast<Gtid_set*>(gtid_state->get_lost_gtids()),
                        opt_master_verify_checksum,
                        false/*false=don't need lock*/,
                        NULL/*trx_parser*/, NULL/*gtid_partial_trx*/);
//这里我们看到，gtid_state->lost_gtids 直接传给了 init_gtid_sets 函数，init_gtid_sets 函
//数会通过 binary log 的正向查找来获得 gtid_state->lost_gtids，也就是获取 gtid_purged 变量
    global_sid_lock->unlock();
    if (error)
      goto err;
  }
```

## 1.2.3 从库修改时机

### 1. binary log 开启，参数 log_slave_updates 关闭

通常，从库都被设置为这种状态，需要重点关注一下。

**mysql.gtid_executed 表修改时机**

前面已经说过，在这种情况下从库没有办法通过 binary log 来持久化执行过的 GTID 事务，因为它根本就没有记录 Event。只能通过实时更新 mysql.gtid_executed 表来保存，所以必须要实时将 GTID 持久化到 mysql.gtid_executed 表中。

其主要逻辑包含在 commit_owned_gtids 函数中。代码片段如下。

```
if (thd->owned_gtid.sidno > 0)
{
  error= gtid_state->save(thd);//这里进行了 mysql.gtid_executed 表的实时更新
  *need_clear_owned_gtid_ptr= true;
}
else if (thd->owned_gtid.sidno == THD::OWNED_SIDNO_ANONYMOUS)
  *need_clear_owned_gtid_ptr= true;
```

**gtid_executed 变量修改时机**

实时更新，但是更新位置和主库不同，因为这里不会执行 order commit 步骤了。由 Gtid_state::update_on_commit 函数调入。

**gtid_purged 变量修改时机**

因为没有 binary log 来记录已经执删除的 GTID Event，所以 gtid_purged 变量实时更新。其处理逻辑依然是通过 Gtid_state::update_on_commit 函数调入 Gtid_state::update_gtids_impl_own_gtid 函数进行的。

代码片段如下。

```
if (thd->slave_thread && opt_bin_log && !opt_log_slave_updates)
{
  lost_gtids._add_gtid(thd->owned_gtid);//加入 gtid purged 变量
  gtids_only_in_table._add_gtid(thd->owned_gtid);
}
```

### 2. binary log 开启，参数 log_slave_updates 开启

在这种情况下，SQL 线程执行过的 GTID 操作可以通过 binary log 进行保存，所以 mysql.gtid_executed 表和 gtid_purged 变量不需要实时更新。

**mysql.gtid_executed 表修改时机**

和主库一致。即在日志切换时更新，不做讨论。

**gtid_executed 变量修改时机**

和主库一致，实时更新，不做讨论。

**gtid_purged 变量修改时机**

和主库一致，在 binary log 删除时更新，不做讨论。

### 1.2.4 通用修改时机

**mysql.gtid_executed 表修改时机**

在执行 reset master 命令时清空本表：其主要逻辑在 Gtid_state::clear 函数中。

在执行 set global gitd_purged 命令时设置本表：其主要逻辑在 Gtid_state::add_lost_gtids 函数中。

**gtid_executed 变量修改时机**

在执行 reset master 命令时清空本变量：其主要逻辑在 Gtid_state::clear 函数中。

set global gtid_purged 命令时设置本变量：其主要逻辑在 Gtid_state::add_lost_gtids 函数中。

在 mysql 启动时初始化设置 gtid_executed 变量：GTID 模块的初始化将在 1.3 节介绍。

**gtid_purged 变量修改时机**

在执行 reset master 命令时清空本变量：其主要逻辑在 Gtid_state::clear 函数中。

在执行 set global gitd_purged 命令时设置本变量：其主要逻辑在 Gtid_state::add_lost_gtids 函数中。

在 MySQL 启动时初始化 gtid_purged 变量。

### 1.2.5 通用修改时机源码函数简析

我们来看 1.2.4 节提到的两个接口。

**Gtid_state::clear 函数逻辑**

```
int Gtid_state::clear(THD *thd)
{
......
```

```
  sid_lock->assert_some_wrlock();
  lost_gtids.clear();//清空 gtid_purged 变量
  executed_gtids.clear();//清空 gtid_executed 变量
  gtids_only_in_table.clear();//清空 only in table GTID SET
  previous_gtids_logged.clear();//清空 previous gtids logged GTID SET
  /* Reset gtid_executed table. */
  if ((ret= gtid_table_persistor->reset(thd)) == 1)//清空 mysql.gtid_executed 表
 ......
}
```

**Gtid_state::add_lost_gtids 函数逻辑**

```
enum_return_status Gtid_state::add_lost_gtids(const Gtid_set *gtid_set)
{
  ......
  if (save(gtid_set)) //将 set gtid_purge 的值加入 mysql.gtid_executed 表
    RETURN_REPORTED_ERROR;
  PROPAGATE_REPORTED_ERROR(gtids_only_in_table.add_gtid_set(gtid_set));
  PROPAGATE_REPORTED_ERROR(lost_gtids.add_gtid_set(gtid_set));//将 set gtid_purge
//的值加入 gtid_purge 变量
  PROPAGATE_REPORTED_ERROR(executed_gtids.add_gtid_set(gtid_set));//将 set gtid_
//purge 的值加入 gtid_executed 变量
  ......
}
```

## 1.3　GTID 模块初始化简介和参数 binlog_gtid_simple_recovery

GTID 模块的初始化，会在从库信息初始化之前，实例启动的时候进行。从库信息的初始化将在 4.7 节描述。因为在 GTID AUTO_POSITION MODE 下，I/O 线程会使用 GTID 相关的信息进行从库的启动（将在 4.4 节介绍），因此 GTID 模块的初始化必须在从库信息初始化之前进行。

同时本节会讨论 binary log 与 mysql.gtid_executed 表这两种 GTID 持久化的介质在 GTID 模块初始化时的作用。

我们将分别讨论主/从 GTID 模块的初始化流程，主要包括下面两种情况。

（1）主库开启 GTID 和 binary log，下面简称主库。

（2）从库开启 GTID 和 binary log，但不开启参数 log_slave_updates，下面简称从库，这也是常见的配置方式。

## 1.3.1 GTID 模块初始化流程图

图 1-2 直观地解释了 GTID 模块的初始化流程。

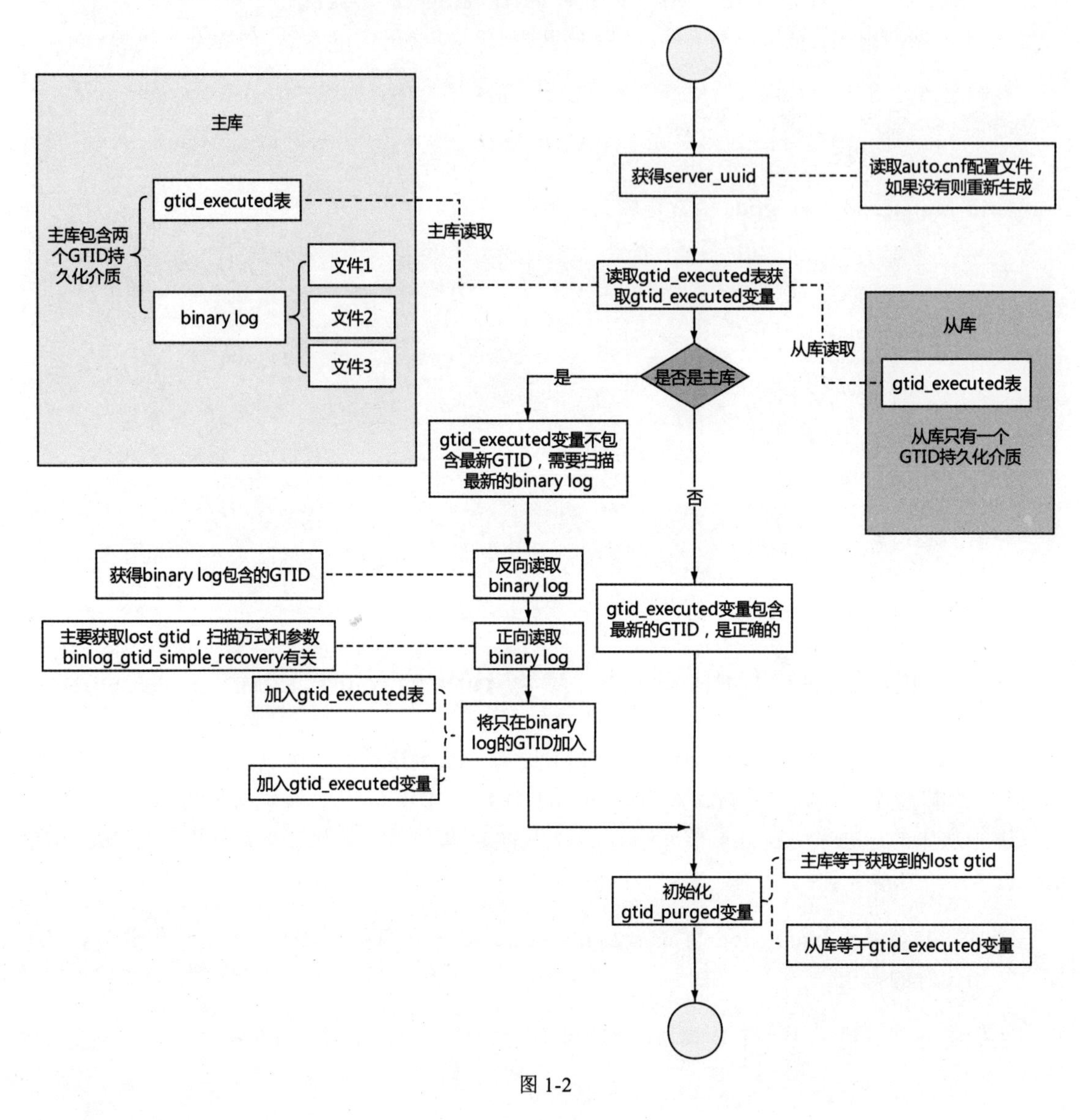


图 1-2

接下来介绍其具体步骤。

### 1.3.2　步骤解析

#### 1．获取 server_uuid

这一步会调用 init_server_auto_options 函数，用来读取 auto.cnf 文件，如果没有找到 auto.cnf 文件则会重新生成一个，生成的方法我们已经在 1.1 节描述过了。丢失 auto.cnf 文件会导致 GTID 发生改变，这是额外需要注意的地方。

#### 2．读取 mysql.gtid_executed 表

这一步开始读取第一个 GTID 的持久化介质：mysql.gtid_executed 表，其最终调用为 Gtid_table_persistor::fetch_gtids 函数，原理为一行一行地读取 mysql.gtid_executed 表的数据并加入 executed_gtids 变量，但是对于主库和从库来讲，executed_gtids 变量的意义不一样：

- 这个时候，主库的 executed_gtids 变量是不正确的，如 1.2 节所述，主库的 mysql.gtid_executed 表并不包含当前 binary log 的 GTID，这些 GTID 还存在于 binary log 中。
- 这个时候，从库的 executed_gtids 变量是正确的，如 1.2 节所述，从库的 mysql.gtid_executed 表包含所有的 GTID。

下面是部分代码：

```
while(!(err= table->file->ha_rnd_next(table->record[0])))    //开始一行一行地读取
                                                    //mysql.gtid_executed 表中的数据
  {
   ......
    if (gtid_set->add_gtid_text(encode_gtid_text(table).c_str()) !=
        RETURN_STATUS_OK)
//此处将读取到的一行 GTID 区间加入 Gtid_state.executed_gtids
    {
      global_sid_lock->unlock();
      break;
    }
```

#### 3．读取 binary log

这一步将会读取我们提及的第二个 GTID 持久化介质 binary log，其读取方式为：先反向扫描，获得最后一个 binary log 中包含的最新 GTID；然后正向扫描，获得第一个 binary log 中的 lost GTID，在 MySQL 5.7 中可以理解为第一个 binary log 中的 PREVIOUS_GTIDS_LOG_EVENT，但是会受到参数 binlog_gtid_simple_recovery 的影响（注意，这里笔者描述简化了，实际情况要复杂很多）。整个逻辑处于 MYSQL_BIN_LOG::init_gtid_sets 函数中。下面

我们看一下代码，为了简捷，该代码做了大量缩减。

反向扫描：

```
   while (!can_stop_reading && !reached_first_file) //开始通过反向循环扫描获得
                                                        //gtids_in_binlog(all_gtids)集合
       {
       ...
         switch (read_gtids_from_binlog(filename, all_gtids,reached_first_file ?
lost_gtids : NULL, NULL/* first_gtid */,sid_map, verify_checksum, is_relay_log))
//通过 read_gtids_from_binlog 函数读取这个 binary log
         {
          ...
           case GOT_GTIDS:
   //如果扫描本 binary log 有 PREVIOUS_GTID_LOG_EVENT 和 GTID_EVENT，则 break 跳出循环且设置
   //can_stop_reading= true
           {
             can_stop_reading= true;
             break;
           }
           case GOT_PREVIOUS_GTIDS:
   //如果扫描本 binary log 只有 PREVIOUS_GTID_LOG_EVENT，则进入逻辑判断
           {
             if (!is_relay_log)//先不考虑 relay log
               can_stop_reading= true;
             break;
           }
          ...
         }
       }
```

正向扫描：

```
       for (it= filename_list.begin(); it != filename_list.end(); it++)//进行正向查找
       {
        ...
         switch  (read_gtids_from_binlog(filename, NULL, lost_gtids, binlog_gtid_
simple_recovery ? NULL : &first_gtid, sid_map, verify_checksum, is_relay_log))
         {
        ...
           case GOT_GTIDS: //如果扫描本 binary log 有 PREVIOUS_GTID_LOG_EVENT 和 GTID_EVENT，
                           //则跳出循环直达 end
           {
             goto end;
           }
           case NO_GTIDS: //如果 binary log 不包含 GTID_EVENT 和 PREVIOUS_GTID_LOG_EVENT，
```

```
                        //则其处理逻辑一致
        case GOT_PREVIOUS_GTIDS:
        {
          if (binlog_gtid_simple_recovery)
            goto end;
//这里受到了参数 binlog_gtid_simple_recovery 的影响
        }
    ...
      }
```

这里我们看到了参数 binlog_gtid_simple_recovery 是如何影响源码逻辑的（默认设置为ON）。

在 MySQL 5.7 中，即便在不开启 GTID 的情况下，PREVIOUS_GTIDS_LOG_EVENT 也会存在，如果参数 binlog_gtid_simple_recovery 设置为 ON，那么正向扫描 binary log 获取 lost GTID 的过程可以快速完成。但是如果参数 binlog_gtid_simple_recovery 设置为 OFF，那么这个过程可能进行大量的 binary log 扫描，直到找到 GTID_EVENT 为止。

GTID 模块初始化、执行 purge binlog 命令、超过参数 expire_logs_days 的大小删除 binary log，这三种情况都会触发 binary log 的扫描行为。

MySQL 5.7 中的参数 binlog_gtid_simple_recovery 保持默认值即可。曾经有一个案例，当每次超过参数 expire_logs_days 的大小而清理 binary log 时，系统的 I/O 压力都非常高，最后发现和这里参数 binlog_gtid_simple_recovery=false 的设置有关，在 1.2 节中我们已经讲述过，每次清理 binary log 时都会触发 gtid_pured 变量的设置。

### 4．将只在 binary log 的 GTID 加入

这一步只在主库中出现，从库中无此步骤。主要代码如下。

```
if (!gtids_in_binlog.is_empty() &&
//如果 gtids_in_binlog 不为空，注意，从库不会执行这个逻辑了。这里主要是主库对
//Gtid_state.executed_gtids 的修正
        !gtids_in_binlog.is_subset(executed_gtids))
//并且 executed_gtids 是 gtids_in_binlog 的子集
      {
      gtids_in_binlog_not_in_table.add_gtid_set(&gtids_in_binlog);
      if (!executed_gtids->is_empty())
        gtids_in_binlog_not_in_table.remove_gtid_set(executed_gtids);
//那么将不在表中的 GTID 及 gtids_in_binlog-executed_gtids 加入 gtids_in_binlog_not_in_table
if (gtid_state->save(&gtids_in_binlog_not_in_table) == -1)
//这里将 gtids_in_binlog_not_in_table 这个 GTID SET 存储到 mysql.gtid_executed 表中完成修正
      {
```

```
        global_sid_lock->unlock();
        unireg_abort(MYSQLD_ABORT_EXIT);
      }
      executed_gtids->add_gtid_set(&gtids_in_binlog_not_in_table);
  //最后在 executed_gtids 中加入这个 gtids_in_binlog_not_in_table
  //executed_gtids 就是最新的 GTID SET 了，完成了 Gtid_state.executed_gtids 的修正
    }
```

这一步会将那些只在binary log中存在的GITD加入mysql.gtid_executed表和gtid_executed变量。

这样，主库的mysql.gtid_executed表和gtid_executed变量也正确了。

### 5. 初始化 gtid_purged 变量

初始化gtid_purged变量对于主库和从库是不同的，如下。

- 主库即上面扫描到的 lost GTID，一般来讲是第一个 binary log 中的 PREVIOUS_GTIDS_LOG_EVENT（但是会受到参数binlog_gtid_simple_recovery的影响）。
- 因为没有binary log的存在，所以从库即gtid_executed变量。

源码如下。

```
  /*
      lost_gtids = executed_gtids -
                   (gtids_in_binlog - purged_gtids_from_binlog)
                 = gtids_only_in_table + purged_gtids_from_binlog;
    */

  if (lost_gtids->add_gtid_set(gtids_only_in_table) != RETURN_STATUS_OK ||
        lost_gtids->add_gtid_set(&purged_gtids_from_binlog) !=
        RETURN_STATUS_OK)
 //将 gtids_only_in_table 这个集合加入 lost_gtids
```

完成了这一步，整个初始化过程基本上就结束了，mysql.gtid_executed 表、gtid_executed变量与gtid_purged变量都得到了初始化。

需要注意的是，以上步骤是笔者做了提炼和简化的，源码中要复杂很多，需要初始化的变量也多得多。

## 1.4 GTID 中的运维

本节将讨论部分GTID模式下主从的运维操作，包括：在GTID中跳过一个事务、mysqldump

导出行为的改变、搭建基于 GTID 的从库、GTID 的主从切换、在线开启 GTID、离线开启 GTID。然后谈一下注意事项，其他部分可以参考官方文档。

### 1.4.1　跳过一个事务

和传统主从不同，在 GTID 模式下，如果需要跳过一个事务，那么需要获得从库执行的最后一个 GTID 操作。可以通过如下方法实现。

- show slave status 命令结果中的 Executed_Gtid_Set。
- show global variables like '%gtid%'命令结果中的 gtid_executed。
- show master status 命令结果中的 Executed_Gtid_Set。

构建一个空事务，代码如下。

```
stop slave ;
set gtid_next='4a6f2a67-5d87-11e6-a6bd-000c29a879a3:34';
begin;commit;
set gtid_next='automatic';
start slave ;
```

如果需要构建多个空事务，则代码如下。

```
stop slave ;
set gtid_next='89dfa8a4-cb13-11e6-b504-000c29a879a3:3';
begin;commit;
set gtid_next='89dfa8a4-cb13-11e6-b504-000c29a879a3:4';
begin;commit;
set gtid_next='automatic';
start slave ;
```

注意，在 GTID 模式下，传统的参数 sql_slave_skip_counter 不能使用。关于参数 sql_slave_skip_counter 的含义将在 4.5 节介绍。

### 1.4.2　mysqldump 导出行为的改变

使用 mysqldump 导出数据时受到选项 set-gtid-purged=AUTO 的影响，和在非 GITD 模式下导出略有不同。假如我们在 GTID 开启的情况下使用如下语句导出数据：

```
mysqldump  --single-transaction  --master-data=2  -R -E --triggers  --all-databases
```

则会做如下设置：

```
SET @MYSQLDUMP_TEMP_LOG_BIN = @@SESSION.SQL_LOG_BIN;
SET @@SESSION.SQL_LOG_BIN= 0;
--
-- GTID state at the beginning of the backup
--
SET @@GLOBAL.GTID_PURGED='ec9bdd78-a593-11e7-9315-5254008138e4:1-105';
```

为什么要这么设置呢？因为如果使用这个备份做主从，是否生成 binary log Event 就意味着在导入数据的时候是否基于本地数据库生成新的 GTID，如果生成了本地 GTID 显然是不对的，所以将参数 SQL_LOG_BIN 设置为 0 是必须的。

接着需要进行 gtid_purged 变量的设置，1.2 节已经说过，设置 gtid_purged 变量会修改 mysql.gtid_executed 表、gtid_purge 变量和 gtid_executed 变量。

当然也可以使用--set-gtid-purged=OFF 选项来告诉 mysqldump 不需要设置参数 SQL_LOG_BIN= 0 和 gtid_purged 变量，但是初始化搭建主从的时候一定不要将其设置为 OFF。下面是这个选项的具体输出，供参考。

```
  --set-gtid-purged[=name]
                      Add 'SET @@GLOBAL.GTID_PURGED' to the output. Possible
                      values for this option are ON, OFF and AUTO. If ON is
                      used and GTIDs are not enabled on the server, an error is
                      generated. If OFF is used, this option does nothing. If
                      AUTO is used and GTIDs are enabled on the server, 'SET
                      @@GLOBAL.GTID_PURGED' is added to the output. If GTIDs
                      are disabled, AUTO does nothing. If no value is supplied
                      then the default (AUTO) value will be considered.
```

### 1.4.3 搭建 GTID AUTO_POSITION MODE 的主从

在这一部分中，获取 gtid-purged 变量是需要注意的地方，也是笔者在线上遇到的一个“坑”，这个“坑”还比较普遍。简单来说，就是在 MySQL 5.7 的某些版本中，导入数据会覆盖原本命令 set gtid_purged 的设置，而 gtid_executed 表并不是实时更新的，因此在从库重启后可能导致数据重复拉取，进而导致主从同步报错。

注意，主备库必须开启 GTID 并设置好 server_id：

```
enforce_gtid_consistency = ON
gtid_mode = ON
server_id = 9910
binlog_format = row
```

同时，主从库都开启 binary log。如果不设置级联从库，那么从库不需要开启参数 log_slave_updates。

（1）建立复制用户并且授权。

```
CREATE USER 'repl'@'%' IDENTIFIED BY  '***';
GRANT REPLICATION SLAVE ON *.* TO 'repl'@'%' ;
```

（2）导出数据。

```
mysqldump  --single-transaction  --master-data=2  -R -E --triggers  --all-databases
> test.sql
```

（3）从库导入数据。

使用命令 mysql -e "source xxx.sql" 导入数据。

（4）从库执行 reset master 命令。

这一步主要防止 gtid_executed 表在导入数据的过程中被覆盖，我们在 MySQL 5.7 的某些版本中遇到过这种情况。一旦从库再次重启，读取 gtid_executed 表就会得到错误的 gtid_executed 变量，进而导致从库启动失败。因此最好重新设置 gtid_purged 变量。

```
reset master;
```

（5）提取 gtid_purged 变量，并且执行。

使用 head -n 40 命令可以快速得到 gtid_purged 变量，例如：

```
--
-- GTID state at the beginning of the backup
--
SET @@GLOBAL.GTID_PURGED='ec9bdd78-a593-11e7-9315-5254008138e4:1-21';
```

执行

```
SET @@GLOBAL.GTID_PURGED='ec9bdd78-a593-11e7-9315-5254008138e4:1-21';
```

即可，完成本步骤后，mysql.gtid_executed 表会重构，这个我们在 1.2 节的通用修改时机中已经讨论过了。

（6）使用 MASTER_AUTO_POSITION 建立同步。

```
change master to
master_host='***',
master_user='repl',
```

```
master_password='***',
master_port=3310,
MASTER_AUTO_POSITION = 1;
```

（7）启动 slave。

```
start slave;
```

### 1.4.4 主从切换

切换必须保证主从没有延迟，可以通过对照主从库的 gtid_executed 变量进行确认。同时，切换时必须要确认原从库（新主库）没有做过本地 GTID 操作。如果原从库（新主库）做过本地 GTID 操作，那么切换后新从库（原主库）需要拉取这一部分的 GTID Event，如果部分 Event 已经不存在了，那么会报错，即著名的 1236 错误。具体的判断过程我们将在 3.5 节和 3.6 节进行介绍。

正常的切换步骤如下。

（1）原从库（新主库）执行如下操作。

```
stop slave;
reset slave all;
```

（2）原主库（新从库）执行如下操作。

```
change master to
master_host='192.168.99.40',
master_user='repl',
master_password='test123',
master_port=3310,
MASTER_AUTO_POSITION = 1;
start slave;
```

实际就是这么简单，新主库（原从库）会生成自己的 GTID 事务，新从库（原主库）接受后执行即可。切换后主库的 gtid_executed 变量会出现两个 server_uuid，如下。

```
mysql> show global variables like '%gtid%';
+--------------------------------+---------------------------------------------
|Variable_name                   |Value
+--------------------------------+---------------------------------------------
| gtid_executed                  | 31704d8a-da74-11e7-b6bf-525400a7d243:1-9,
ec9bdd78-a593-11e7-9315-5254008138e4:1-25 |
+--------------------------------+---------------------------------------------
```

总的说来，切换的从库不能在从库本地做任何生成 GTID 的操作。如果确实要做，比如加索引等不影响数据一致性的操作，则可以使用如下方法。

```
mysql> set sql_log_bin=0;
Query OK, 0 rows affected (0.00 sec)
mysql> create index idx_jjj_id on jjj(id);
Query OK, 0 rows affected (0.42 sec)
Records: 0  Duplicates: 0  Warnings: 0
```

这样也不会增加从库本地的 GTID。

### 1.4.5　参数 gitd_mode 的含义

我们来看看参数 gitd_mode 各个值的含义：

- **OFF（内部表示 0）**：生成的是匿名事务，从库只能应用匿名事务。
- **OFF_PERMISSIVE（内部表示 1）**：生成的是匿名事务，从库可以应用匿名和 GTID 事务。
- **ON_PERMISSIVE（内部表示 2）**：生成的是 GTID 事务，从库可以应用匿名和 GTID 事务。
- **ON（内部表示 3）**：生成的是 GTID 事务，从库只能应用 GTID 事务。

有了这些设置，我们就可以在线平滑地开启 GTID 了，需要注意的是，每次修改参数 gitd_mode 的值必然导致一次 binary log 切换。下面我们将描述这种方法。

### 1.4.6　在线开启 GTID

我们有时候需要在不影响业务的情况下从传统的主从切换为基于 GTID 的主从，应该执行如下步骤。

（1）主库/从库执行。

```
SET @@GLOBAL.ENFORCE_GTID_CONSISTENCY = WARN;
```

首先确定操作都支持 GTID，生产环境建议设置本参数后观察一段时间，如果错误日志中输出违反 GTID 的事务则必须更改。

（2）主库/从库执行。

```
SET @@GLOBAL.ENFORCE_GTID_CONSISTENCY = ON;
```

这一步一旦执行，违反 GTID 的操作都将被拒绝，比如 create table as select 操作。

（3）主库/从库执行。

```
SET @@GLOBAL.GTID_MODE = OFF_PERMISSIVE;
```

主库生成的是匿名事务，从库可以应用匿名和 GTID 事务。

（4）主库/从库执行。

```
SET @@GLOBAL.GTID_MODE = ON_PERMISSIVE;
```

主库生成的是 GTID 事务，从库可以应用匿名和 GTID 事务。

（5）主库/从库执行。

```
SHOW GLOBAL STATUS LIKE 'ONGOING_ANONYMOUS_TRANSACTION_COUNT';
```

确定已经没有匿名的事务。

多观察一段时间，确认这个统计值 ONGOING_ANONYMOUS_TRANSACTION_COUNT 为 0，如果不为 0，强行修改则可能导致数据丢失，然后确认从库 Retrieved_Gtid_Set、Executed_Gtid_Set 正常增长。

到这一步，实际上 GTID 已经开始使用了。注意这一步非常重要，后面我们单独看看统计值 ONGOING_ANONYMOUS_TRANSACTION_COUNT 的含义。

（6）主库/从库执行。

```
SET @@GLOBAL.GTID_MODE = ON;
```

（7）从库执行。

```
stop slave;
CHANGE MASTER TO MASTER_AUTO_POSITION = 1;
start slave;
```

到这一步，所有老的 relay log 都清理掉了，新 relay log 包含的全是 GTID 操作 Event。

（8）主库/从库执行。

修改配置文件 my.cnf，将参数的更改加入配置文件。

### 1.4.7 离线开启 GTID

离线开启 GTID 非常简单，步骤如下。

（1）保证主从没有延迟，这一点极其重要，如果有延迟则可能导致从库数据丢失。

（2）主库/从库修改参数文件加入下列参数。

```
--skip-slave-start
enforce_gtid_consistency = ON
gtid_mode = ON
binlog_format = row
```

（3）从库执行。

```
CHANGE MASTER TO MASTER_AUTO_POSITION = 1;
start slave;
```

### 1.4.8　开启 GTID 的注意事项

开启 GTID 一定要注意不能有数据丢失，判定方法如下：在线开启一定要注意，主库和从库的统计值 ONGOING_ANONYMOUS_TRANSACTION_COUNT 不能为非 0 值，否则意味着从库数据的丢失。离线开启一定要注意，主从不能有延迟，否则意味着从库数据的丢失。

下面我们来看看这两种情况为什么可能导致数据丢失，并且通过实验来证明确实存在数据丢失的风险。

### 1.4.9　统计值 ONGOING_ANONYMOUS_TRANSACTION_COUNT 的变更时机

由下面两个函数变更统计值。

（1）统计值 ONGOING_ANONYMOUS_TRANSACTION_COUNT 增加会调用 acquire_anonymous_ownership 函数。

```
DBUG_ASSERT(get_gtid_mode(GTID_MODE_LOCK_SID) != GTID_MODE_ON);
anonymous_gtid_count.atomic_add(1);
```

（2）统计值 ONGOING_ANONYMOUS_TRANSACTION_COUNT 减少会调用 release_anonymous_ownership 函数。

```
DBUG_ASSERT(get_gtid_mode(GTID_MODE_LOCK_SID) != GTID_MODE_ON);
anonymous_gtid_count.atomic_add(-1);
```

下面我们将分主库和从库两部分分别进行讨论。

#### 1. 主库

- 主库增加

当主库事务提交时，在 order commit 的 FLUSH 阶段分配 GTID 时，如果是匿名事务则会增加，主要由 MYSQL_BIN_LOG::process_flush_stage_queue 调入 acquire_anonymous_ownership 函数完成。

- 主库减少

当主库事务提交，order commit 的 COMMIT 阶段进行 InnoDB 层提交后会减少，主要由 MYSQL_BIN_LOG::process_commit_stage_queue 调入 release_anonymous_ownership 函数完成。

#### 2. 从库

- 从库增加

当 SQL 线程或者 MTS 工作线程应用 GTID Event 时，如果发现是匿名的 GTID Event，则会增加，主要由 Gtid_log_event::do_apply_event 调入 acquire_anonymous_ownership 函数完成。

- 从库减少

当 SQL 线程或者 MTS 工作线程应用 XID Event 执行 InnoDB 层提交后会减少，由 Xid_log_event::do_commit 调入 release_anonymous_ownership 函数完成。

我们可以看到，统计值 ONGOING_ANONYMOUS_TRANSACTION_COUNT 实际上就是没有提交完成的匿名事务的数量。需要注意的是，主库和从库更改的时机是不一样的，主库在 COMMIT 阶段才进行更改，不包含语句的执行时间，从库则包含了执行时间，因此从库更容易观察到这个统计值，其可能的取值如表 1-1 所示。

表 1-1

| 类　型 | 可能的取值 |
|---|---|
| 主库 | 由于存在多个用户线程提交的情况，所以这个值可能大于 1 |
| 单 SQL 线程 | 由于只有一个 SQL 应用线程，所以这个值最大为 1，并且可能在 0 和 1 之间跳动 |
| MTS | 由于存在多个工作线程，所以这个值可能大于 1 |

在实际的测试中，如果从库的这个值不为 0，那么从库不允许更改，报错如下。

```
mysql> SET @@GLOBAL.GTID_MODE = ON;
ERROR 3111 (HY000): SET @@GLOBAL.GTID_MODE = ON is not allowed because there are ongoing,
anonymous transactions. Before setting @@GLOBAL.GTID_MODE = ON, wait until SHOW STATUS
LIKE 'ANONYMOUS_TRANSACTION_COUNT' shows zero on all servers. Then wait for all existing,
```

```
anonymous transactions to replicate to all slaves, and then execute SET @@GLOBAL.GTID_MODE
= ON on all servers. See the Manual for details.
```

但是这个报错不能涵盖所有匿名事务存在的可能性，因此还是要人为地多观察。

### 1.4.10　设置 MASTER_AUTO_POSITION = 1 的影响

设置 MASTER_AUTO_POSITION = 1 至少会产生下列两个方面的影响。

（1）删除原来所有的 relay log，重新接收需要的 Event。

```
THD_STAGE_INFO(thd, stage_purging_old_relay_logs);
if (mi->rli->purge_relay_logs(thd,
                              0 /* not only reset, but also reinit */,
                              &errmsg))
{
  error= ER_RELAY_LOG_FAIL;
  my_error(ER_RELAY_LOG_FAIL, MYF(0), errmsg);
  goto err;
}
```

（2）只会接收主库相应的 GTID Event，匿名事务的 Event 将不会接收。

因此，匿名事务的 Event 全部丢失了，所以一定要牢记开启 GTID 的注意事项。

### 1.4.11　离线开启 GTID 丢失数据的测试

这个测试很简单，实际上在线开启 GTID 丢失数据也是一样的道理，但是在线开启 GTID 丢失数据的情况不太好模拟，因此我们以离线开启 GTID 为例。

首先，我们需要在 POSITION MODE 的主库中执行如下大事务。

```
mysql> begin;
Query OK, 0 rows affected (0.00 sec)

mysql> delete from testgpan;
Query OK, 393216 rows affected (1 min 46.20 sec)

mysql> commit;
Query OK, 0 rows affected (4.05 sec)
```

从库中的结果如图 1-3 所示。

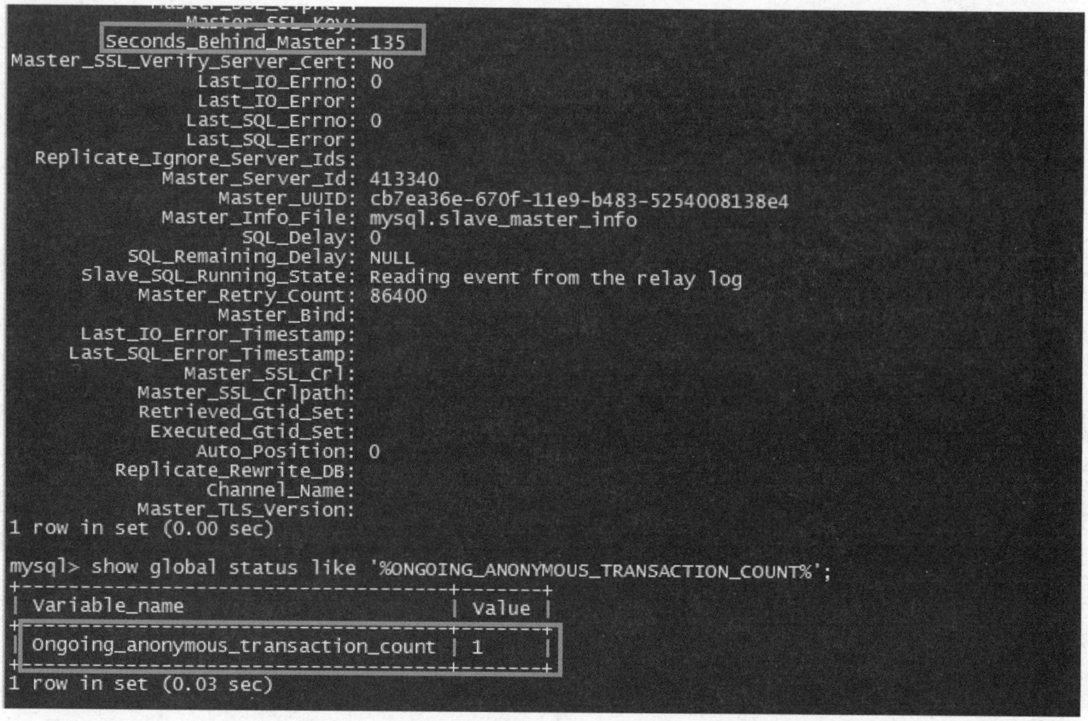

```
               Master_SSL_Key:
        Seconds_Behind_Master: 135
Master_SSL_Verify_Server_Cert: No
                Last_IO_Errno: 0
                Last_IO_Error:
               Last_SQL_Errno: 0
               Last_SQL_Error:
  Replicate_Ignore_Server_Ids:
             Master_Server_Id: 413340
                  Master_UUID: cb7ea36e-670f-11e9-b483-5254008138e4
             Master_Info_File: mysql.slave_master_info
                    SQL_Delay: 0
          SQL_Remaining_Delay: NULL
      Slave_SQL_Running_State: Reading event from the relay log
           Master_Retry_Count: 86400
                  Master_Bind:
      Last_IO_Error_Timestamp:
     Last_SQL_Error_Timestamp:
               Master_SSL_Crl:
           Master_SSL_Crlpath:
           Retrieved_Gtid_Set:
            Executed_Gtid_Set:
                Auto_Position: 0
         Replicate_Rewrite_DB:
                 Channel_Name:
           Master_TLS_Version:
1 row in set (0.00 sec)

mysql> show global status like '%ONGOING_ANONYMOUS_TRANSACTION_COUNT%';
+-------------------------------------+-------+
| Variable_name                       | Value |
+-------------------------------------+-------+
| Ongoing_anonymous_transaction_count | 1     |
+-------------------------------------+-------+
1 row in set (0.03 sec)
```

图 1-3

这个时候，我们执行“stop slave”命令关闭主库和从库实例，然后修改 GTID 相关参数开启 GTID。实际上正常关闭从库将会进行大事务的回滚，这将会在 4.7 节介绍。

接着启动主库和从库实例，注意从库需要设置 skip-slave-start 不随实例启动，然后设置 MASTER_AUTO_POSTION=1，如下。

```
mysql> CHANGE MASTER TO MASTER_AUTO_POSITION = 1;
start slave;Query OK, 0 rows affected (0.61 sec)

mysql> start slave;
Query OK, 0 rows affected (0.19 sec)
```

启动后发现 testgpan 表中的数据并没有被删除，但是主从状态是正常的，如图 1-4 所示。

```
mysql> select count(*) from testgpan;
+----------+
| count(*) |
+----------+
|   393216 |
+----------+
1 row in set (24.54 sec)

mysql> show slave status \G
*************************** 1. row ***************************
               Slave_IO_State: Waiting for master to send event
                  Master_Host: 192.168.99.41
                  Master_User: repl
                  Master_Port: 3340
                Connect_Retry: 60
              Master_Log_File: binlog.000003
          Read_Master_Log_Pos: 154
               Relay_Log_File: relay.000002
                Relay_Log_Pos: 361
        Relay_Master_Log_File: binlog.000003
             Slave_IO_Running: Yes
            Slave_SQL_Running: Yes
              Replicate_Do_DB:
          Replicate_Ignore_DB:
           Replicate_Do_Table:
       Replicate_Ignore_Table:
      Replicate_Wild_Do_Table:
  Replicate_Wild_Ignore_Table:
                   Last_Errno: 0
                   Last_Error:
                 Skip_Counter: 0
          Exec_Master_Log_Pos: 154
              Relay_Log_Space: 558
              Until_Condition: None
               Until_Log_File:
                Until_Log_Pos: 0
           Master_SSL_Allowed: No
           Master_SSL_CA_File:
           Master_SSL_CA_Path:
              Master_SSL_Cert:
            Master_SSL_Cipher:
               Master_SSL_Key:
        Seconds_Behind_Master: 0
```

图 1-4

也就是说，数据已经不一致了，造成这种问题的原因有如下两个。

（1）设置 MASTER_AUTO_POSITION = 1 会清理原来的所有 relay log，因此 relay log 中已经没有这个匿名事务的 Event 了。

（2）设置 MASTER_AUTO_POSITION = 1，DUMP 线程会使用从库的 Executed_Gtid_Set 和 Retrieved_Gtid_Set 的并集定位 binary log，因此匿名事务的 Event 也不会发送了。这将在 3.5 节和 4.4 节介绍。

# 第 2 章　Event

binary log 的基本单位就是本章将要描述的 Event。在主从复制中传递和应用的也是这些 Event，因此熟悉常用的 Event 对理解主从复制乃至整个 MySQL 都是非常重要的。

## 2.1　binary log Event 的总体格式

### 2.1.1　引言

如果要深入学习主从原理，那么不熟悉 binary log 中的常用 Event 是不行的，本书也始终以 Event 为基础进行讲解。在主从间，Event 起到了数据载体的作用，它们在主从之间传递，可以说是一组协议。这里将用一定的篇幅来解释常用的 Event。针对每一个 Event 会给出一些函数接口，为想调试的用户提供函数入口。

曾听朋友说过，即便是看过了这些 Event 也记不住细节，其实这个问题大家都一样。笔者认为不需要记忆太多细节，但是我们应该牢牢树立从 Event 的角度去看 binary log 的理念，学习的时候自己解析一遍这里提到的 Event，然后整理一个笔记。用到这部分知识的时候脑海中有一个大概轮廓，通过翻阅自己的笔记或者本书，能够快速回忆起来就可以了。

### 2.1.2　binary log 综述

总的说来，每个 binary log 都是由开头 4 字节的魔术数和一个一个 Event 组成的，因此了解常用 Event 的格式，就能解析这些 Event。我们可以在 Linux 系统中使用 hexdump -Cv 查看魔术数，如下。

```
[root@gp1 log]# hexdump -Cv binlog.000021
00000000  fe 62 69 6e 15 fd a2 5c  0f fc 8b 0e 00 77 00 00  |.bin...\.....w..|
......
```

这里 fe 62 69 6e 的十六进制编码就是 binary log 的魔术数，因此，我们在使用 mysqlbinlog

进行 binary log 解析的时候总是从# at 4 开始的。这个魔术数在源码中定义如下。

```
/* 4 bytes which all binlogs should begin with */
#define BINLOG_MAGIC        "\xfe\x62\x69\x6e"
```

## 2.1.3　Event 的总体格式

图 2-1 是 Event 的总体格式.

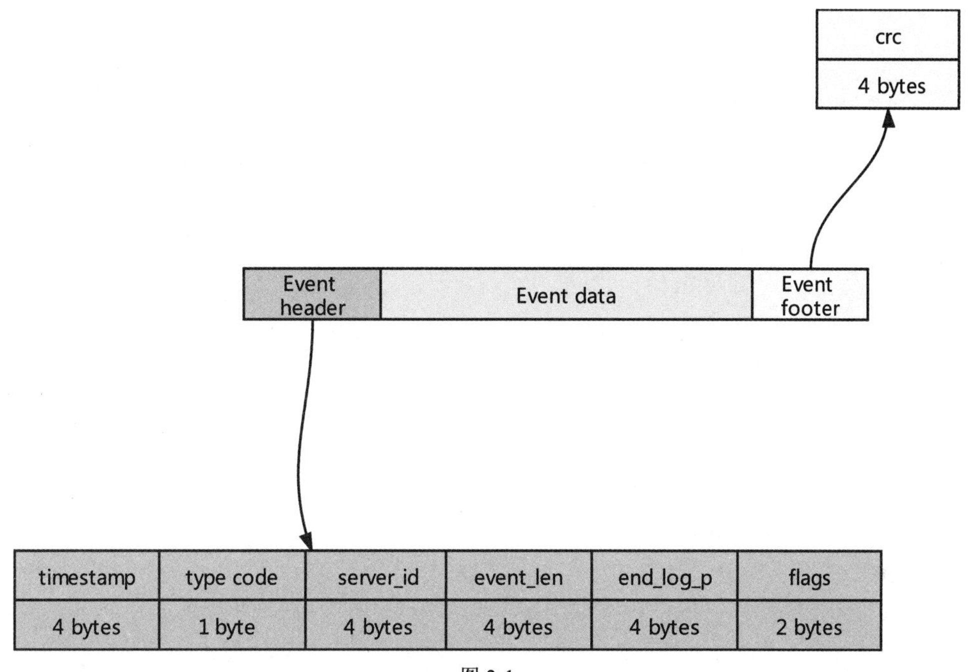


图 2-1

在这里先不介绍 Event data，因为每一种 Event 的这一部分都是不同的。后面将分别对常用的 Event 进行解析。

## 2.1.4　Event header 和 Event footer

这两部分在每个 Event 中都是一样的，大小和格式都是固定的。下面解释它们的含义。

### 1. Event header

**timestamp**：固定 4 字节，是从新纪元时间（1970 年 1 月 1 日 0 时 0 分 0 秒）以来的秒数。这个时间是命令发起的时间。如何定义命令发起呢？它是语句开始执行的时间，源码可以是在

dispatch_command 函数的开头设置的（thd->set_time()）。言外之意就是语法意义、权限检查、优化器生成执行计划的时间都包括在里面。还要注意这个时间在从库计算 Seconds_Behind_Master 的时候是一个重要的依据，这一点我们将在 4.9 节详细介绍。

**type code**：固定 1 字节，是 Event 的编码。每个 Event 都有自己的编码。

**server_id**：固定 4 字节，就是生成这个 Event 数据库的 server_id。即便从库端开启了参数 log_slave_updates，从库将主库的 Event 写到自己的 binary log 中，这个 server_id 也依然是主库的 server_id，源码有如下设置：

```
thd->server_id = ev->server_id; //server_id将会继承到从库
// use the original server_id for logging
```

如果这个 Event 再次传到主库，那么需要跳过，不会写入 relay log。源码可以在 Log_event::do_shall_skip（由 queue_event 函数调入）函数中找到跳过逻辑，如下。

```
  if ((server_id == ::server_id && !rli->replicate_same_server_id) ||
//server_id == ::server_id 代表本地 server_id和 Event 的 server_id
//如果相同，则忽略。但是受到参数 replicate_same_server_id的影响
      (rli->slave_skip_counter == 1 && rli->is_in_group()))
    return EVENT_SKIP_IGNORE;
```

**event_len**：固定 4 字节，是整个 Event 的长度。

**end_log_p**：固定 4 字节，是下一个 Event 的开始位置。

**flags**：固定 2 字节，某些 Event 包含这个标识，比如 Format_description_log_event 中的 LOG_EVENT_BINLOG_IN_USE_F 标识说明本 binary log 是当前正在写入的。

2. Event footer

**crc**：固定 4 字节，这部分就是整个 Event 的 crc 校验码，用于标识 Event 的完整性。

如果要查看它们的完整定义可以参考源码的 Log_event_header 类和 Log_event_footer 类。实际上在源码中还将 Event data 部分更细致地分为 header 和 body 部分，对应了固定部分和可变部分，后面我们会看到。

### 2.1.5 具体解析

我们使用 mysqlbinlog –hexdump 来解析这两个固定的部分，下面是一个典型的 XID_EVENT 的打印格式，大家也可以试试。

```
/mysqldata/mysql3340/bin/mysqlbinlog --hexdump binlog.000024
......
# at 1164
#190402 16:21:55 server_id 953340  end_log_pos 1195 CRC32 0xb859a955
# Position  Timestamp   Type   Master ID        Size      Master Pos    Flags
#      48c a3 1b a3 5c   10   fc 8b 0e 00   1f 00 00 00   ab 04 00 00   00 00
#      49f 3b 00 00 00 00 00 00 00  55 a9 59 b8             |........U.Y.|
#       Xid = 59
# at 1195
......
```

**timestamp**：a3 1b a3 5c 小端显示，实际上就是十六进制的 5ca31ba3。将其换算为十进制值就是 1554193315，我们使用 Linux 的命令 date -d 进行如下换算。

```
[root@mysqltest1 ~]# date -d @1554193315
Tue Apr  2 16:21:55 CST 2019
```

这个时间刚好就是 mysqlbinlog 解析出来的 190402 16:21:55。

**type code**：10 是十六进制值。将其转换为十进制值是 16，这就是每个 Event 独有的 type code。

**server_id**：fc 8b 0e 00 小端显示，实际上就是十六进制的 000e8bfc。将其转换为十进制值就是 953340。这就是 server_id。

**event_len**：1f 00 00 00 小端显示，十六进制值是 0000001f。将其转换十进制值是 31。这是本 Event 的长度。打印出来的 at 1164 到 at 1195 刚好是 31 字节。

**end_log_p**：ab 04 00 00 小端显示，十六进制值是 000004ab。将其转换为十进制值是 1195。这就是下一个 Event 开始的地址。我们能够在 mysqlbinlog 解析中看到这个位置：#at 1195。

**flags**：00 00。

**crc**：55 a9 59 b8。

### 2.1.6　本书涉及的 Event 类型

因为能力和篇幅有限，不可能介绍所有的 Event，本书只介绍下列常用的 Event。

**QUERY_EVENT= 2**：在语句模式下记录实际的语句。在行模式下 DML 不记录任何语句相关的信息，DDL 是记录的语句。本书只考虑行模式。

**FORMAT_DESCRIPTION_EVENT= 15:** 说明 binary log 的版本信息。总是在每一个 binary log 的开头。

**XID_EVENT= 16:** 当事务提交的时候记录这个 Event，其中携带了 XID 信息。

**TABLE_MAP_EVENT = 19:** 包含 table_id 和具体表名的映射关系。

**WRITE_EVENT = 30:** INSERT 语句生成的 Event，包含插入的实际数据，是行模式才有的。

**UPDATE_EVENT = 31:** UPDATE 语句生成的 Event，包含数据的前后映像数据，是行模式才有的。

**DELETE_EVENT = 32:** DELETE 语句生成的 Event，包含实际需要删除的数据，是行模式才有的。

**GTID_EVENT= 33:** 在开启 GTID 的时候生成关于 GTID 的信息，并且携带了 last commit 和 seq number 信息。

**ANONYMOUS_GTID_LOG_EVENT= 34:** 在关闭 GTID 的时候生成，并且携带了 last commit 和 seq number 信息。

**PREVIOUS_GTIDS_EVENT= 35:** 前面所有的 binary log 包含的 GTID SET，relay log 代表 I/O 线程收到的 GTID SET。

接下来，我们按照一个事务生成 Event 的顺序进行详细讲解，要了解完整的 Event type code 可以参考源码中的 Log_event_type 枚举类型。

最后重申一下 Event 的重要性，Event 是主从同步的基础，了解常用的 Event 是学习主从原理不可或缺的部分。

## 2.2 重点 Event 之 FORMAT_DESCRIPTION_EVENT 和 PREVIOUS_ GTIDS_LOG_EVENT

### 2.2.1 FORMAT_DESCRIPTION_EVENT

#### 1. FORMAT_DESCRIPTION_EVENT 的作用

FORMAT_DESCRIPTION_EVENT 是 binary log 的第一个 Event。这个 Event 比较简单，因为它携带的数据都是固定的，没有可变部分。其中包含 binary log 的版本信息、MySQL 的版本信息、Event_header 的长度，以及每个 Event type 的固定部分的长度。

下列信息将会保存在从库的内存中：

（1）在从库的内存中保存主库的信息，源码变量是 Master_info.mi_description_event。

（2）将从库的 relay log 的 FORMAT_DESCRIPTION_EVENT Event 记录为和主库相同的值，它存储在源码变量 Relay_log_info.rli_description_event 中。Format_description_log_event::do_apply_event 函数中，包含如下片段：

```
/* Save the information describing this binlog */
copy_crypto_data(*rli->get_rli_description_event());
const_cast<Relay_log_info *>(rli)->set_rli_description_event(this);
```

至少在以下场景下会读取其中的信息：

（1）每次 SQL 线程应用 Event 的时候都会获取其 Event_header 的长度和相应 Event 固定部分的长度。

（2）在 I/O 线程启动的时候检测版本，参考 get_master_version_and_clock 函数。

（3）将信息写入 relay log 开头的 FORMAT_DESCRIPTION_EVENT。

它一定出现在 binary log 开头，位置固定为#4。

### 2. 源码重要接口

主库

- 初始化构造函数：Format_description_log_event::Format_description_log_event(uint8_t binlog_ver，const char* server_ver=0);
- 写入 binlog cache：Format_description_log_event::write(IO_CACHE* file)。

从库

- 读取构造函数：Format_description_log_event::Format_description_log_event(const char* buf, uint event_len,const Format_description_event *description_event);
- 应用函数：Format_description_log_event::do_apply_event。

### 3. 主体格式

FORMAT_DESCRIPTION_EVENT 没有可变部分，如图 2-2 所示。

| binlog_version | server_version | create_timestamp | header_length | array of post-header |
| --- | --- | --- | --- | --- |

图 2-2

其中，固定部分如下。

**binlog_version**：2 字节，binary log 的版本为 4。

**server_version**：50 字节，MySQL 的版本为字符串形式。

**create_timestamp**：4 字节，在 MySQL 每次启动时，第一个 binary log 的 FORMAT_DESCRIPTION_EVENT 都会记录其启动时间，在其他情况下为 0。源码中有如下解释，供参考。

```
  If this event is at the start of the first binary log since server startup 'created'
should be the timestamp when the event (and the binary log) was created.  In the other
case (i.e. this event is at the start of a binary log created by FLUSH LOGS or automatic
rotation), 'created' should be 0.  This "trick" is used by MySQL >=4.0.14 slaves to know
whether they must drop stale temporary tables and whether they should abort unfinished
transaction.
```

**header_length**：1 字节，Event header 的长度当前为 19。

**array of post-header**：当前 MySQL 版本为 39 字节。这是一个数组，用于说明每个 Event 类型的固定部分有多大。

#### 4. 实例解析

下面是一个 FORMAT_DESCRIPTION_EVENT（mysqlbinlog --hexdump 输出）：

```
  # at 4
  #190410 15:00:40 server_id 953340  end_log_pos 123 CRC32 0x82817180
  # Position  Timestamp   Type   Master ID        Size      Master Pos    Flags
  #        4 98 94 ad 5c   0f   fc 8b 0e 00   77 00 00 00   7b 00 00 00   00 00
  #       17 04 00 35 2e 37 2e 32 32  2d 32 32 2d 64 65 62 75 |..5.7.22.22.debu|
  #       27 67 2d 6c 6f 67 00 00 00  00 00 00 00 00 00 00 00 |g.log...........|
  #       37 00 00 00 00 00 00 00 00  00 00 00 00 00 00 00 00 |................|
  #       47 00 00 00 00 98 94 ad 5c  13 38 0d 00 08 00 12 00 |.........8......|
  #       57 04 04 04 04 12 00 00 5f  00 04 1a 08 00 00 00 08 |................|
  #       67 08 08 02 00 00 00 0a 0a  0a 2a 2a 00 12 34 00 01 |.............4..|
  #       77 80 71 81 82                                      |.q..|
  #       Start: binlog v 4, server v 5.7.22-22-debug-log created 190410 15:00:40 at
startup
```

从第五行开始解析如下。

**04 00**：binary log 的版本为 4。

**35 2e~00 00**：当前 MySQL 的版本是 5.7.22-22-debug-log。

**98 94 ad 5c**：小端显示，因为本 binary log 是 MySQL 启动以来的第一个 binary log，所以这里就是相应的启动时间，十六进制值为 5cad9498，十进制值为 1554879640。转换一下，时间如下：

```
[root@gp1 log]# date -d @1554879640
Wed Apr 10 15:00:40 CST 2019
```

**13**：Event header 的长度，十进制值为 19。

**38 0d~00 01**：不做解析，表示的是每个 Event 固定部分的大小。

### 5. 生成时机

FORMAT_DESCRIPTION_EVENT 作为 binary log 的第一个 Event，一般都是在 binary log 切换的时候发生的。例如，flush binary logs 命令；binary log 自动切换；重启 MySQL 实例。

注意，在本 Event 的 Event header 中，flags 如果为 LOG_EVENT_BINLOG_IN_USE_F，则说明当前 binary log 没有关闭（比如本 binary log 为当前写入文件或者异常关闭 MySQL 实例）。如果异常关闭 MySQL 实例，那么会检测这个值以决定是否做 binary log recovery。

## 2.2.2　PREVIOUS_GTIDS_LOG_EVENT

### 1. PREVIOUS_GTIDS_LOG_EVENT 的作用

这个 Event 只包含可变部分。通常作为 binary log 的第二个 Event，用于描述前面所有 binary log 包含的 GTID SET（包括已经删除的）。

前面我们说过，初始化 GTID 模块的时候也会扫描 binary log 中的这个 Event。在 relay log 中同样包含这个 Event，主要用于描述 I/O 线程接收过哪些 GTID，后面我们能看到 MySQL 实例初始化的时候可能扫描 relay log 中的这个 Event 来确认 Retrieved_Gtid_Set，在 4.7 节会进行详细介绍。

### 2. 源码重要接口

主库

- 初始化构造函数：Previous_gtids_log_event::Previous_gtids_log_event(const Gtid_set *set)；
- 写入 binlog cache：Previous_gtids_log_event::write(IO_CACHE* file)。

从库

- 读取构造函数：Previous_gtids_log_event::Previous_gtids_log_event(const char *buf, uint event_len,const Format_description_event *description_event)；
- 本 Event 始终会被跳过，不会被 SQL 线程应用：Previous_gtids_log_event::do_shall_skip(Relay_log_info *rli)。

### 3. 主体格式

整个写入过程集中在 Gtid_set::encode 函数中，因为 GTID SET 中可能出现多个 server_uuid，并且可能出现 GTID SET Interval，因此是可变的。在 Gtid_set::encode 函数中，我们也可以清晰地看到它在循环扫描 GTID SET 中的每个 server_uuid 和每个 GTID SET Interval，如下。

```
for (rpl_sidno sid_i= 0; sid_i < sidmap_max_sidno; sid_i++)//循环扫描每一个 server_uuid
  {
   ...
    do
    {
      n_intervals++;
      // store one interval
      int8store(buf, iv->start);
      buf+= 8;
      int8store(buf, iv->end);
      buf+= 8;
      // iterate to next interval
      ivit.next();
      iv= ivit.get();
    } while (iv != NULL);//循环扫描每一个区间
    // store number of intervals
    int8store(n_intervals_p, n_intervals);//写入区间总数
   }
  }
```

图 2-3 展示了这种结构。

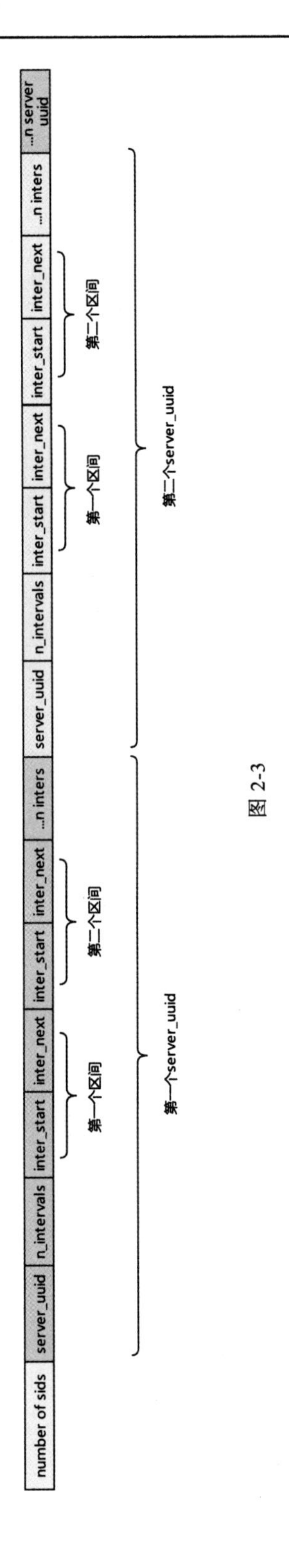
number of sids
server_uuid
n_intervals
inter_start
inter_next
inter_start
inter_next
...n inters
第一个区间
第二个区间
第一个server_uuid
server_uuid
n_intervals
inter_start
inter_next
inter_start
inter_next
...n inters
第一个区间
第二个区间
第二个server_uuid
...n server uuid

图 2-3

以下为可变部分。

- number of sids：8 字节，小端显示，本 GITD SET 中 server_uuid 的数量。
- server_uuid：16 字节，GTID SET 中的 server_uuid。
- n_intervals：8 字节，本 server_uuid 中 GTID SET Interval 的数量。
- inter_start：8 字节，每个 GTID SET Interval 起始的 gno。
- inter_next：8 字节，每个 GTID SET Interval 结尾的下一个 gno。

注意：由于一个 GTID SET 可以包含多个 server_uuid，所以第 2 到第 5 部分可能包含多个。如果某个 server_uuid 中还包含多个 GTID SET Interval，则第 4 和第 5 部分也可能包含多个 GTID SET Interval（参见图 2-3）。

#### 4. 实例解析

下面是一个 PREVIOUS_GTIDS_LOG_EVENT（mysqlbinlog --hexdump 输出），是由笔者手动删除 auto.cnf 后构造出来的。

```
# Position  Timestamp   Type   Master ID        Size      Master Pos    Flags
#       7b 94 f2 09 5d   23   01 00 00 00   6f 00 00 00   ea 00 00 00   80 00
#       8e 02 00 00 00 00 00 00 00  24 98 54 63 a5 36 11 e8 |..........Tc.6..|
#       9e a3 0c 52 54 00 81 38 e4  01 00 00 00 00 00 00 00 |..RT..8.........|
#       ae 01 00 00 00 00 00 00 00  08 00 00 00 00 00 00 00 |................|
#       be 6c ea 48 f6 92 6c 11 e9  b1 cb 52 54 00 81 38 e4 |l.H..l....RT..8.|
#       ce 01 00 00 00 00 00 00 00  01 00 00 00 00 00 00 00 |................|
#       de 05 00 00 00 00 00 00 00  65 f8 02 90             |........e...|
#       Previous-GTIDs
# 24985463-a536-11e8-a30c-5254008138e4:1-7,
# 6cea48f6-926c-11e9-b1cb-5254008138e4:1-4
```

从第二排开始解析如下。

**02 00 00 00 00 00 00 00**：包含 2 个 server_uuid。小端显示就是 2。

**24 98 54 63 a5 36 11 e8 a3 0c 52 54 00 81 38 e4**：第一个 server_uuid。

**01 00 00 00 00 00 00 00**：n_intervals 表示本 GTID SET Interval 的数量。小端显示就是 1。

**01 00 00 00 00 00 00 00**：inter_start，第一个 GTID SET Interval 起始的 gno 为 1。

**08 00 00 00 00 00 00 00**：inter_next，第一个 GTID SET Interval 结尾的下一个 gno 为 8。

**6c ea 48 f6 92 6c 11 e9 b1 cb 52 54 00 81 38 e4**：第二个 server_uuid。

**01 00 00 00 00 00 00 00**：n_intervals 表示本 GTID SET Interval 的数量。小端显示就是 1。

**01 00 00 00 00 00 00 00**：inter_start，第一个 GTID SET Interval 起始的 gno 为 1。

**05 00 00 00 00 00 00 00**：inter_next，第一个 GTID SET Interval 结尾的下一个 gno 为 5。

解析结果如下。

24985463-a536-11e8-a30c-5254008138e4:1-7

6cea48f6-926c-11e9-b1cb-5254008138e4:1-4

可以看到它们是一致的，只是 inter_next 应该减去了 1，因为 Event 中记录的是 GTID SET Interval 结尾的下一个 gno。

### 5. 生成时机

一般在 binary log 切换的时候，PREVIOUS_GTIDS_LOG_EVENT 作为第二个 Event 写入 binary log。

## 2.3　重点 Event 之 GTID_EVENT

本节比较简单，因为 GTID_EVENT 和 ANONYMOUS_GTID_EVENT 格式一致，只是携带的数据不一样而已，我们只解释 GTID_EVENT 即可。

### 2.3.1　GTID_EVENT 的作用

GTID 的作用我们前面已经说过了，后面还会提及。这里我们只需要知道 GTID_LOG_EVENT 主要记录下面三部分内容。

（1）GTID 的详细信息。

（2）逻辑时钟详细信息，即 last commit 和 seq number。

（3）是否是行模式的，比如 DDL 语句就不是行模式的。

我们需要注意，在显示开启事务的情况下，GTID_EVENT 和 XID_EVENT Event header 的 timestamp 都是 commit 命令发起的时间，当然，如果没有显示开启事务，那么 timestamp 还是命令发起的时间。3.2 节会详细说明。

### 2.3.2 源码重要接口

#### 1. 主库

- 初始化构造函数：Gtid_log_event::Gtid_log_event(THD* thd_arg, bool using_trans,int64 last_committed_arg,int64 sequence_number_arg,bool may_have_sbr_stmts_arg);
- GTID_EVENT 不需要写入 binlog cache：从内存直接写入 binary log，作为事务的第一个 Event。但是其中包含一个写入内存的函数叫作 write_to_memory，其中的 write_data_header_to_memory 函数描述了写入的格式。

#### 2. 从库

- 读取构造函数：Gtid_log_event::Gtid_log_event(const char *buffer, uint event_len,const Format_description_event *description_event);
- 应用函数：Gtid_log_event::do_apply_event。

### 2.3.3 主体格式

如图 2-4 所示，我们可以看到 GTID_EVENT 的 Event data 只有固定部分，没有可变部分。

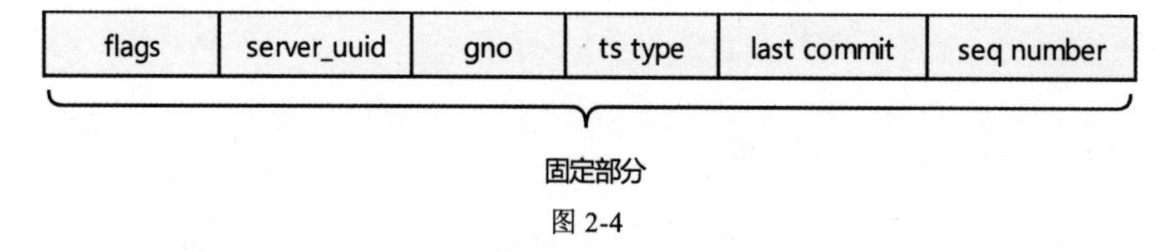


图 2-4

其中，**flags**：1 字节，主要用于表示是否是行模式的，如果是则为 0X00，否则为 0X01。注意 DDL 都不是行模式的，而是语句模式的。

**server_uuid**：16 字节，server_uuid 变量去掉中间“-”的十六进制表示。

**gno**：8 字节，小端显示。表示 GTID 的序号。

**ts type**：1 字节，固定为 02。

**last commit**：8 字节，小端显示。

**seq number**：8 字节，小端显示。

关于 last commit 和 seq number 的生成方式分别会在 3.3 节和 3.4 节进行详细介绍。

### 2.3.4　简单解析

下面是一个 GTID_EVENT（mysqlbinlog --hexdump 输出）。

```
# Position  Timestamp   Type   Master ID        Size      Master Pos    Flags
#      164 4c 8e 08 5d   21   01 00 00 00   41 00 00 00   a5 01 00 00   00 00
#      177 00 24 98 54 63 a5 36 11  e8 a3 0c 52 54 00 81 38 |...Tc.6....RT..8|
#      187 e4 40 00 00 00 00 00 00  00 02 01 00 00 00 00 00 |................|
#      197 00 00 02 00 00 00 00 00  00 00 2b 7d 83 83       |..............|
#       GTID   last_committed=1        sequence_number=2       rbr_only=yes
/*!50718 SET TRANSACTION ISOLATION LEVEL READ COMMITTED*//*!*/;
SET @@SESSION.GTID_NEXT= '24985463-a536-11e8-a30c-5254008138e4:64'/*!*/;
```

其中，**00**：说明这是行模式的事务。实际上解析出来也有，即 rbr_only=yes。

**24 98 54 63 a5 36 11 e8 a3 0c 52 54 00 81 38 e4**：笔者的 server_id，如下。

```
mysql> show variables like '%server_uuid%';
+---------------+--------------------------------------+
| Variable_name | Value                                |
+---------------+--------------------------------------+
| server_uuid   | 24985463-a536-11e8-a30c-5254008138e4 |
+---------------+--------------------------------------+
```

**40 00 00 00 00 00 00 00**：GTID 的序号，小端显示，为 0X40，即十进制值 64。

**02**：ts type。

**01 00 00 00 00 00 00 00**：即 last_committed=1，小端显示，为 0X01。

**02 00 00 00 00 00 00 00**：即 sequence_number=2，小端显示，为 0X02。

### 2.3.5　生成时机

GTID_EVENT 生成和写入 binary log 都在 order commit 的 FLUSH 阶段，这里就不过多解释了，3.3 节将会详细介绍。

### 2.3.6　ANONYMOUS_GTID_EVENT

这是匿名 GTID Event，在 MySQL 5.7 中，如果不开启 GTID 则使用这种格式。它除了不生成 GTID 相关信息，其他和 GTID_EVENT 保持一致，即 server_uuid 和 gno 为 0。因此就不单独解析了，有兴趣的读者可以自行解析一下，比较简单。

## 2.3.7　GTID 的三种模式

（1）自动生成 GTID：主库一般是这种情况，源码叫作 AUTOMATIC_GROUP。

（2）指定 GTID：从库或者使用 GTID_NEXT 一般是这种情况，源码叫作 GTID_GROUP。

（3）匿名 GTID：不开启 GTID 的时候生成，源码叫作 ANONYMOUS_GROUP。

下面是源码及注释，供参考。

```
  /**
    Specifies that the GTID has not been generated yet; it will be
    generated on commit.  It will depend on the GTID_MODE: if
    GTID_MODE<=OFF_PERMISSIVE, then the transaction will be anonymous;
    if GTID_MODE>=ON_PERMISSIVE, then the transaction will be assigned
    a new GTID.
    This is the default value: thd->variables.gtid_next has this state
    when GTID_NEXT="AUTOMATIC".
    It is important that AUTOMATIC_GROUP==0 so that the default value
    for thd->variables->gtid_next.type is AUTOMATIC_GROUP.
  */
AUTOMATIC_GROUP= 0,
  /**
    Specifies that the transaction has been assigned a GTID (UUID:NUMBER).
    thd->variables.gtid_next has this state when GTID_NEXT="UUID:NUMBER".
    This is the state of GTID-transactions replicated to the slave.
  */
GTID_GROUP,
  /**
    Specifies that the transaction is anonymous, i.e., it does not
    have a GTID and will never be assigned one.
    thd->variables.gtid_next has this state when GTID_NEXT="ANONYMOUS".
    This is the state of any transaction generated on a pre-GTID
    server, or on a server with GTID_MODE==OFF.
  */
ANONYMOUS_GROUP
```

# 2.4 重点 Event 之 QUERY_EVENT 和 MAP_EVENT

## 2.4.1 QUERY_EVENT

### 1. QUERY_EVENT 的作用

QUERY_EVENT 不仅会记录一些语句的运行环境，比如 SQL_MODE、客户端字符集、自增环境设置、当前登录数据库等，而且会记录执行时间。但对于行模式的 DDL 和 DML 记录的执行时间会有所不同，需要额外注意，如下。

**DML**：执行时间记录的是第一条数据更改后的时间，而不是 DML 语句执行的时间（一个 DML 语句可能修改很多条数据）。这个时间往往非常短，不能正确地表示 DML 语句执行的时间。语句部分记录的是 begin。

**DDL**：执行时间记录的是实际语句的执行时间，语句部分记录的是实际的语句。

执行时间是 Seconds_Behind_Master 计算的一个影响因素，4.9 节将会详细介绍 Seconds_Behind_Master 的计算公式。一个事务只有一个 QUERY_EVENT。

### 2. 源码重要接口

主库

- **初始化构造函数**：Query_log_event::Query_log_event(THD* , char const* , size_t, bool, bool, bool, int, bool)；
- **写入 binlog cache**：Query_log_event::write(IO_CACHE* file)。

从库

- **读取构造函数**：Query_log_event::Query_log_event(char const*, uint, binary_log::Format_description_event const* , binary_log::Log_event_type)；
- **应用函数**：Query_log_event::do_apply_event。

### 3. 主体格式

QUERY_EVENT 包含固定和可变两部分，如图 2-5 所示。

| slave_proxy_id | query_exec_time | db_len | error_code | status_vars_len | status variables | db | query |
|---|---|---|---|---|---|---|---|
| 4字节 | 4字节 | 1字节 | 2字节 | 2字节 | 可变 | 可变 | 可变 |
| 固定部分 | | | | | 可变部分 | | |

图 2-5

其中，固定部分如下。

**slave_proxy_id**：4 字节，主库生成 Event 的 thread id，它和 show processlist 中的 id 对应。

**query_exec_time**：4 字节，这是执行时间。但是对于行模式的 DML 语句，这个执行时间并不准确，上面已经描述了原因。而对于 DDL，它还是比较准确的。

**db_len**：1 字节，用于描述数据库名的长度。

**error_code**：2 字节，执行语句的错误码。

**status_vars_len**：2 字节，status variables 部分的长度。

可变部分如下。

**status variables**：环境参数，其中包含很多种格式。每种格式都有自己的长度和数据域，因此可以轻松地读取到各种值。比如 SQL_MODE、客户端字符集、自增环境、客户端排序字符集等，但是其过于复杂，这里不做解析。

**db**：当前登录的 database 名字，以 0x00 结尾。主库来源为源码变量 thd->db。如果是语句模式，则从库做过滤的时候会使用这个名字。

**query**：具体的语句。对于行模式的 DML，记录的是 begin，而对于 DDL，记录的是具体的语句。

如果我们打开 Query_log_event::do_apply_event 函数，就会看到，这个 Event 在从库应用的时候会设置各种环境，比如客户端字符集、自增环境设置、当前登录数据库等，然后执行相应的语句，而对于行模式的 DML，这里只会执行 begin。注意一个细节，其中包含一段代码：

```
thd->set_time(&(common_header->when));
```

这段代码会设置线程的命令执行时间为 Event header 中 Timestamp 的时间，因此，我们在从库上执行 now()函数时，是可以得到正确的结果的。

### 4. 实例解析

下面是一个行模式的 DML 的 QUERY_EVENT（mysqlbinlog --hexdump 输出）：

```
# at 550
#190404 11:17:21 server_id 953340  end_log_pos 622 CRC32 0xee3e742e
# Position  Timestamp   Type   Master ID        Size      Master Pos    Flags
#      226 41 77 a5 5c   02   fc 8b 0e 00   48 00 00 00   6e 02 00 00   08 00
#      239 06 00 00 00 00 00 00 00  04 00 00 1a 00 00 00 00 |................|
#      249 00 00 01 00 00 20 40 00  00 00 00 06 03 73 74 64 |.............std|
#      259 04 53 00 53 00 21 00 74  65 73 74 00 42 45 47 49 |.S.S...test.BEGI|
#      269 4e 2e 74 3e ee                                   |N.t..|
#       Query   thread_id=6     exec_time=0     error_code=0
SET TIMESTAMP=1554347841/*!*/;
BEGIN
```

其中，固定部分如下。

**06 00 00 00**：thread id 为 6。

**00 00 00 00**：执行时间，对于行模式的 DML 来讲通常不准。

**04**：当前登录数据库名的长度。

**00 00**：错误码。

**1a 00**：status variables 部分的长度，十六进制值 1a 就是十进制值 26。

可变部分如下。

**status variables**：略。

**74 65 73 74 00**：当前登录库名 test 的 ASCII 编码，以 0x00 结尾。

**42 45 47 49 4e**：语句 BEGIN 的 ASCII 编码。

中间有一部分是 status variables，这部分过于复杂，所以没有做实际解析。

### 5. 生成时机

对于行模式的 DML 而言，生成时机是在事务的第一个 DML 语句的第一行数据修改之后。通常来讲，一个事务对应一个 QUERY_EVENT。

DDL 的生成时机在整个操作执行完成之后。

## 2.4.2 MAP_EVENT

### 1. MAP_EVENT 的作用

MAP_EVENT 是行模式特有的，它的主要作用是映射 table id 和实际访问表。其中还包含了一些表的定义，如表所在库名、表名、字段类型、可变字段长度等。这里的库名和 QUERY_EVENT 的库名不一样，这个库名来自表的定义，而 QUERY_EVENT 的库名来自当前登录的数据库，即源码变量 thd->db。

### 2. 源码重要接口

主库

- **初始化构造函数**：Table_map_log_event::Table_map_log_event(THD *thd_arg, TABLE *tbl, const Table_id& tid,bool is_transactional)；
- **写入 binlog cache**：Table_map_log_event::write_data_header，Table_map_log_event::write_data_body。

从库

- **读取构造函数**：Table_map_log_event(const char *buf, uint event_len, const Format_description_event *description_event)；
- **应用函数**：Table_map_log_event::do_apply_event。

### 3. 主体格式

MAP_EVENT 的主体格式如图 2-6 所示。

| table id | Reserved | db len | db name | table len | table name | no of cols | array of col types | metadata len | metadata block | m_null_bits |
|---|---|---|---|---|---|---|---|---|---|---|
| 6字节 | 2字节 | 可变 | 可变 | 可变 | 可变 | 可变 | 可变 | 可变 | 可变 | 可变 |

固定部分

可变部分

图 2-6

其中，固定部分如下。

**table_id**：6 字节，这个 table_id 和 InnoDB 层的 table_id 不一样，它分配的时机是第一次打开表定义时。它不是固定的，重启 MySQL 实例或者执行 flush table 命令都会导致其改变。下面是 table_id 更改的代码：

```
1、在 get_table_share 函数中包含代码：
assign_new_table_id(share);
2、在 assign_new_table_id 函数中包含代码：
share->table_map_id= last_table_id++;
```

**Reserved**：2 字节，保留以后使用。

可变部分如下。

**db len**：表所在数据库名的长度。

**db name**：实际数据库名，以 0x00 结尾。

**table len**：表名的长度。

**table name**：实际表名，以 0x00 结尾。

**no of cols**：表中字段数量。

**array of col types**：字段的类型数组。

**metadata len**：metadata block 的长度。

**metadata block**：对于可变字段需要记录字段的长度，但对于 int 这种数据类型就不需要了，因为它的长度是固定的。下面代码是 varchar 关于可变长度的输出，它占用 2 字节。

```
int Field_varstring::do_save_field_metadata(uchar *metadata_ptr)
{
  DBUG_ASSERT(field_length <= 65535);
  int2store((char*)metadata_ptr, field_length);//2 字节
  return 2;
}
```

如果感兴趣可以查看 do_save_field_metadata 函数。

**m_null_bits**：一个位图，用于表示字段是否可以为空。下面是位图的获取方式。

```
  for (unsigned int i= 0 ; i < m_table->s->fields ; ++i)
    if (m_table->field[i]->maybe_null()) //是否为空
      m_null_bits[(i / 8)]+= 1 << (i % 8);
```

### 4. 实例解析

执行如下语句：

```
1、建表
mysql> show create table ty;
+-------+-----------------------------------------------------------------------+
| Table | Create Table |
+-------+-----------------------------------------------------------------------+
| ty    | CREATE TABLE `ty` (
  `id` int(11) NOT NULL AUTO_INCREMENT,
  `a` int(11) DEFAULT NULL,
  `b` int(11) DEFAULT NULL,
  PRIMARY KEY (`id`),
  KEY `idxa` (`a`)
) ENGINE=InnoDB AUTO_INCREMENT=10 DEFAULT CHARSET=utf8mb4 |
+-------+-----------------------------------------------------------------------+
1 row in set (0.00 sec)

2、插入一条数据
mysql> insert into ty values(10,10,10);
Query OK, 1 row affected (33.80 sec)
```

这个 INSERT 语句的 MAP_EVENT 如下：

```
# at 1403
#190404 17:13:53 server_id 953340  end_log_pos 1448 CRC32 0x6b26d36f
# Position  Timestamp   Type   Master ID        Size      Master Pos    Flags
#      57b d1 ca a5 5c   13    fc 8b 0e 00    2d 00 00 00   a8 05 00 00    00 00
#      58e 6c 00 00 00 00 00 01 00  02 67 70 00 02 74 79 00 |l........gp..ty.|
#      59e 03 03 03 03 00 06 6f d3  26 6b                   |......o..k|
#       Table_map: `gp`.`ty` mapped to number 108
```

其中，**6c 00 00 00 00 00**：表示 table_id，即十六进制值 6c，转换为十进制值 108。

**01 00**：保留。

**02**：表所在的数据库名长度为 2。

**67 70 00**：数据库名 gp 的 ASCII 表示，以 0x00 结尾。

**02**：表名的长度为 2。

**74 79 00**：表名 ty 的 ASCII 表示，以 0x00 结尾。

**03**：表拥有 3 个字段。

**03 03 03**：每个字段的类型都是 03，实际就是 int。具体可以参考 enum_field_types 这个枚举类型。

**00**：metadata 长度为 0，没有可变字段。

**06**：位图，即二进制值 110，表示第一个字段不可以为空，其他两个字段可以为空。

### 5. 生成时机

本 Event 只会在行模式下生成。生成时机是事务的每条 DML 语句修改的第一行数据在 InnoDB 引擎层修改完成，并且在 QUERY_EVENT 生成之后。通常来讲，每个语句的每个表都会包含这样一个 MAP_EVENT。

### 6. table_id 的易变性

前面我们说过了，table_id 是可变的，现在来构造这种情况，如表 2-1 所示，还是使用上面的 ty 表。

表 2-1

| 会话 1 | 会话 2 |
| --- | --- |
| begin; | |
| insert into gp.ty values(16,16,16); | |
| | flush tables; |
| insert into gp.ty values(17,17,17); | |
| commit; | |

我们可以观察到如下情况（输出做了适当换行）。

```
mysqlbinlog binlog.000004  --base64-output='decode-rows' -vv

# at 2299
#190404 17:45:37 server_id 953340  end_log_pos 2364 CRC32 0xdab38228
GTID    last_committed=9        sequence_number=10      rbr_only=yes
/*!50718 SET TRANSACTION ISOLATION LEVEL READ COMMITTED*//*!*/;
SET @@SESSION.GTID_NEXT= '010fde77-2075-11e9-ba07-5254009862c0:13'/*!*/;
# at 2364
#190404 17:45:02 server_id 953340  end_log_pos 2434 CRC32 0x6c6f4b4e
Query   thread_id=4     exec_time=3     error_code=0
SET TIMESTAMP=1554371102/*!*/;
BEGIN
/*!*/;
# at 2434
```

```
#190404 17:45:02 server_id 953340  end_log_pos 2479 CRC32 0x330de473
Table_map: `gp`.`ty` mapped to number 133
# at 2479
#190404 17:45:02 server_id 953340  end_log_pos 2527 CRC32 0xa7ee5e32
Write_rows: table id 133 flags: STMT_END_F
### INSERT INTO `gp`.`ty`
### SET
###   @1=16 /* INT meta=0 nullable=0 is_null=0 */
###   @2=16 /* INT meta=0 nullable=1 is_null=0 */
###   @3=16 /* INT meta=0 nullable=1 is_null=0 */
# at 2527
#190404 17:45:30 server_id 953340  end_log_pos 2572 CRC32 0x165ecd40
Table_map: `gp`.`ty` mapped to number 147
# at 2572
#190404 17:45:30 server_id 953340  end_log_pos 2620 CRC32 0xd74c892d
Write_rows: table id 147 flags: STMT_END_F
### INSERT INTO `gp`.`ty`
### SET
###   @1=17 /* INT meta=0 nullable=0 is_null=0 */
###   @2=17 /* INT meta=0 nullable=1 is_null=0 */
###   @3=17 /* INT meta=0 nullable=1 is_null=0 */
# at 2620
#190404 17:45:37 server_id 953340  end_log_pos 2651 CRC32 0xdd87b549
Xid = 78
COMMIT/*!*/;
```

这是一个事务，其中，相同表的 table_id 却不一样，可以观察到如下现象。

- **at 2434**：Table_map: gp.ty mapped to number 133。
- **at 2527**：Table_map: gp.ty mapped to number 147。

我们发现，这里同样的 ty 表对应了两个不同的 table_id，证明 table_id 是可变的。

## 2.5　重点 Event 之 WRITE_EVENT 和 DELETE_EVENT

### 2.5.1　WRITE_EVENT

#### 1. WRITE_EVENT 的作用

本 Event 是 INSERT 语句生成的 Event，主要用于记录 INSERT 语句的 after_image 实际数据，其中还包含 table_id、映像位图、字段数量、行数据位图等信息。实际上所有的 DML 语句虽然从客户端看都是一条语句，但是 Event 记录的时候都是以行为单位的，而且是更改一行记录一行，3.2 节将详细说明这个流程。

### 2. 源码重要接口

本 Event 和后面的 UPDATE_EVENT 和 DELETE_EVENT 都来自同一个父类 Rows_log_event。

主库

- **初始化构造函数**: Write_rows_log_event::Write_rows_log_event(THD* , TABLE* , const Table_id& table_id,bool is_transactional,const uchar* extra_row_info)。
- **数据写入函数**：Rows_log_event::do_add_row_data。
- **写入 binlog cache 函数**：Rows_log_event::write_data_header, Rows_log_event::write_data_body。

从库

- **读取构造函数**：Write_rows_log_event(const char *buf, uint event_len, const Format_description_event *description_event)。
- **应用函数**：Rows_log_event::do_apply_event。

### 3. 主体格式

本 Event 的主体格式如图 2-7 所示。

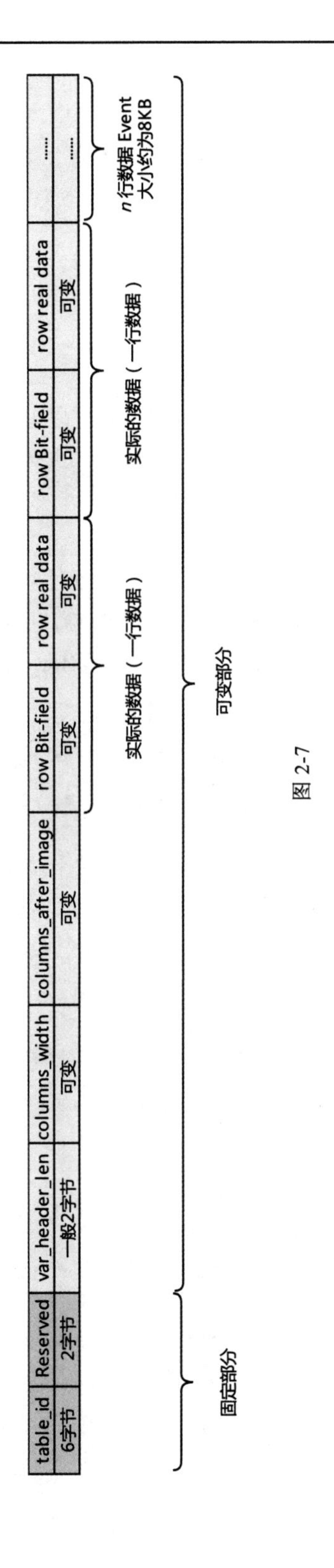

table_id
6字节
Reserved
2字节
var_header_len
一般2字节
columns_width
可变
columns_after_image
可变
row Bit-field
可变
row real data
可变
row Bit-field
可变
row real data
可变
......
......
固定部分
可变部分
实际的数据（一行数据）
实际的数据（一行数据）
n 行数据 Event
大小约为8KB


图 2-7

其中，固定部分如下。

**table_id**：6 字节，我们看到本 Event 中并没有包含访问表的具体信息，只包含了一个 table_id。因为我们的 MAP_EVENT 中已经包含了相应的 table_id 到实际访问表的映射，这里记录 table_id 就可以了。

**Reserved**：2 字节，保留以后使用。

可变部分如下。

**var_header_len**：当前 2 字节，通常为 0x02 00。可以参考 Rows_log_event::write_data_header 函数。

**columns_width**：字段个数。

**columns_after_image**：after_image 为位图，最少 1 字节。这里主要表示 Event 中是否需要记录全部的字段值，受到参数 binlog_row_image 影响，后面会单独讨论。这里需记住，如果参数 binlog_row_image 设置为 FULL，那么 columns_after_image 会记录为 0xff，如下。

```
static inline void bitmap_set_all(MY_BITMAP *map)
{
  memset(map->bitmap, 0xFF, 4 * no_words_in_map(map));
}
```

**row Bit-field**：位图，最少 1 字节。这个数据是行数据自带的，也就是构造 Event 的时候传入的，每位代表一个字段。如果有实际数据则为 0，否则为 1。注意在 MAP_EVENT 中，有一个表示字段属性是否可以为 NULL 的位图 m_null_bits，这里的位图是某个字段数据是否实际为 NULL，两者并不一样。

**row real data**：实际行数据。这个数据是行数据自带的，按照字段的顺序排列。

#### 4. 实例解析

我们进行如下操作。

```
mysql> show create table gptest \G
*************************** 1. row ***************************
       Table: gptest
Create Table: CREATE TABLE `gptest` (
  `id` int(11) NOT NULL AUTO_INCREMENT,
  `name` varchar(20) DEFAULT NULL,
  `a` int(11) DEFAULT NULL,
  PRIMARY KEY (`id`),
```

```
  KEY `IDX_NAME` (`name`)
) ENGINE=InnoDB AUTO_INCREMENT=41 DEFAULT CHARSET=utf8
1 row in set (0.00 sec)

mysql> show variables like '%image%';
+------------------+-------+
| Variable_name    | Value |
+------------------+-------+
| binlog_row_image | FULL  |
+------------------+-------+
1 row in set (0.03 sec)
mysql> insert into gptest values(1,'gaopeng',3);
Query OK, 1 row affected (2.50 sec)
```

使用解析语句如下。

```
mysqlbinlog binlog.000008 --hexdump -vv --base64-output='decode-rows'
```

结果如下。

```
# at 2061
#190408 11:59:44 server_id 953340  end_log_pos 2113 CRC32 0x87f0035f
# Position  Timestamp   Type   Master ID        Size      Master Pos    Flags
#      80d 30 c7 aa 5c   1e   fc 8b 0e 00   34 00 00 00   41 08 00 00   00 00
#      820 7e 00 00 00 00 00 01 00  02 00 03 ff f8 01 00 00 |................|
#      830 00 07 67 61 6f 70 65 6e  67 03 00 00 00 5f 03 f0 |..gaopeng.......|
#      840 87                                               |.|
#       Write_rows: table id 126 flags: STMT_END_F
### INSERT INTO `gp`.`gptest`
### SET
###   @1=1 /* INT meta=0 nullable=0 is_null=0 */
###   @2='gaopeng' /* VARSTRING(60) meta=60 nullable=1 is_null=0 */
###   @3=3 /* INT meta=0 nullable=1 is_null=0 */
```

解析如下。

**7e 00 00 00 00 00：** table_id，十六进制值 7e，即十进制值 126。

**01 00：** 保留。

**02 00：** 固定为 0x02 00。

**03：** 字段个数。

**ff：** columns_after_image，如果参数 binlog_row_image 设置为 FULL，则固定为 0xff。

**f8**：位图，转换为二进制值 11111000，代表 3 列都有实际数据。

**01 00 00 00**：实际数据为 1。

**07 67 61 6f 70 65 6e 67**：0x07 表示可变长度类型 varchar 的长度为 7 字节，67 61 6f 70 65 6e 67 为 gaopeng 字符串的 ASCII 编码。

**03 00 00 00**：实际数据为 3。

### 5. 生成时机

本 Event 只会在行模式下生成，后面我们马上要讲的 UPDATE_EVENT/DELETE_EVENT 和它一样，通常它们生成的时机都是在第一条数据在 InnoDB 层变更完成，并且在 QUERY_EVENT 和 MAP_EVENT 之后。

### 6. 修改多行数据

如果需要变更的数据不止一行，那么怎么处理呢？DML 语句可以使用一条语句变更多条数据，在这种情况下，只需要将行数据增加到这个 Event 就可以了，参考 Rows_log_event::do_add_row_data 函数。

一个 Event 可以无限大吗？显然是不行的，在 THD::binlog_prepare_pending_ rows_event 函数中有如下判断。

```
pending->get_data_size() + needed > opt_binlog_rows_event_max_size
```

我们可以清晰地看到，如果本次加入的数据（needed）加上已有的数据的大小大于 opt_binlog_rows_event_max_size 的设置，那么就会建立一个新的 Event 来继续存储。opt_binlog_rows_event_max_size 的实际大小是 8192 字节，如下。

```
{"binlog-row-event-max-size", 0,
 "The maximum size of a row-based binary log event in bytes. Rows will be "
 "grouped into events smaller than this size if possible. "
 "The value has to be a multiple of 256.",
 &opt_binlog_rows_event_max_size, &opt_binlog_rows_event_max_size,
 0, GET_ULONG, REQUIRED_ARG,
 /* def_value */ 8192, /* min_value */  256, /* max_value */ ULONG_MAX,
 /* sub_size */     0, /* block_size */ 256,
 /* app_type */ 0
}
```

因此，我们可以认为一个 DML Event 中可以包含多行数据，但是其大小应该在 8192 字节左右，大事务可能包含多个 DML Event。

### 7. 写入 binlog cache 的时机

如上所述，如果 DML 语句涉及多行数据的变更，根据修改量的大小可能生成多个 DML Event。那么它们在什么时候写入 binlog cache 呢？实际上，MySQL 每次新开启一个 DML Event 之后都会将现有的 Event 写入 binlog cache，下面是 THD::binlog_prepare_pending_rows_event 函数的片段。

```
ev= new RowsEventT(this, table, table->s->table_map_id,
                          is_transactional, extra_row_info);//新建一个 DML Event
    if (unlikely(!ev))
      DBUG_RETURN(NULL);
    ev->server_id= serv_id;
    /*
      flush the pending event and replace it with the newly created
      event...
    */
    if (unlikely(
       mysql_bin_log.flush_and_set_pending_rows_event(this, ev,
       is_transactional)))//将上一个已经达到 8192 字节的 DML Event 写入 binlog cache
```

因此，并不需要等到所有的 DML Event 都生成后才一次性写入 binlog cache，那样会带来更多的内存消耗，是不可取的。

后面的 UPDATE_EVENT 和 DELETE_EVENT 的生成时机和写入 binglog cache 的时机都和这里的 WRITE_EVENT 一致，就不再详细描述了。

## 2.5.2　DELETE_EVENT

### 1. DELETE_EVENT 的作用

本 Event 是 DELETE 语句生成的 Event，主要用于记录 DELETE 语句的 before_image 实际数据，其中还包含 table_id、映像位图、字段数量、行数据位图等信息。

### 2. 源码重要接口

主库

- **初始化构造函数**：Delete_rows_log_event::Delete_rows_log_event(THD* , TABLE* , const Table_id& table_id,bool is_transactional,const uchar* extra_row_info)。
- **数据写入函数**：Rows_log_event::do_add_row_data。
- **写入 binlog cache 函数**：Rows_log_event::write_data_header，Rows_log_event::write_data_body。

从库

- **读取构造函数**：Delete_rows_log_event::Delete_rows_log_event(const char *buf, uint event_len,const Format_description_event *description_event)。
- **应用函数**：Rows_log_event::do_apply_event。

### 3. 主体格式

本 Event 的主体格式如图 2-8 所示。

其中，固定部分如下。

**table_id**：6 字节。

**Reserved**：2 字节，保留以后使用。

可变部分如下。

**var_header_len**：当前 2 字节，通常为 0x02 00。

**columns_width**：字段个数。

**columns_before_image**：before_image 位图，最少 1 字节。这里主要表示 Event 中是否需要记录全部字段值，受到参数 binlog_row_image 影响，后面会单独讨论。这里需要记住，如果参数 binlog_row_image 被设置为 FULL，则记录为 0xff。

**row Bit-field**：位图，最少 1 字节。这个数据是行数据自身携带的，也就是构造 Event 的时候传入的，每位代表一个字段。如果字段有实际数据则为 0，否则为 1。

**row real data**：实际行数据。这是自带的，按照字段排序。

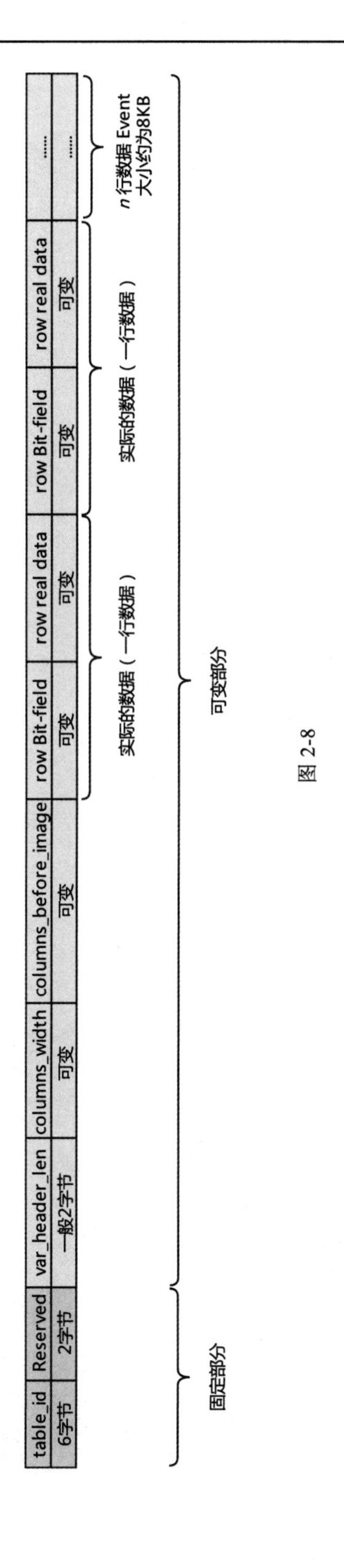
table_id
6字节
Reserved
2字节
var_header_len
一般2字节
columns_width
可变
columns_before_image
可变
row Bit-field
可变
row real data
可变
row Bit-field
可变
row real data
可变
......
......
实际的数据（一行数据）
实际的数据（一行数据）
n 行数据 Event 大小约为8KB
固定部分
可变部分

图 2-8

#### 4. 实例解析

我们进行如下操作。

```
mysql> show create table gptest \G
*************************** 1. row ***************************
       Table: gptest
Create Table: CREATE TABLE `gptest` (
  `id` int(11) NOT NULL AUTO_INCREMENT,
  `name` varchar(20) DEFAULT NULL,
  `a` int(11) DEFAULT NULL,
  PRIMARY KEY (`id`),
  KEY `IDX_NAME` (`name`)
) ENGINE=InnoDB AUTO_INCREMENT=4089 DEFAULT CHARSET=utf8
1 row in set (0.00 sec)

mysql> show variables like '%image%';
+------------------+-------+
| Variable_name    | Value |
+------------------+-------+
| binlog_row_image | FULL  |
+------------------+-------+
1 row in set (0.00 sec)

mysql> insert into gptest values(1,'gaopeng',3);
Query OK, 1 row affected (2.50 sec)
mysql> delete from gptest where id=1;
Query OK, 1 row affected (0.01 sec)
```

使用解析语句如下。

```
mysqlbinlog binlog.000010 --hexdump -vv --base64-output='decode-rows'
```

结果如下。

```
# at 420
#190408 17:41:35 server_id 953340  end_log_pos 472 CRC32 0xacbbbefd
# Position  Timestamp   Type   Master ID        Size      Master Pos    Flags
#      1a4 4f 17 ab 5c   20   fc 8b 0e 00   34 00 00 00   d8 01 00 00   00 00
#      1b7 7e 00 00 00 00 00 01 00  02 00 03 ff f8 01 00 00 |................|
#      1c7 00 07 67 61 6f 70 65 6e  67 03 00 00 00 fd be bb |..gaopeng.......|
#      1d7 ac                                              |.|
#       DELETE_rows: table id 126 flags: STMT_END_F
### DELETE FROM `gp`.`gptest`
### WHERE
###   @1=1 /* INT meta=0 nullable=0 is_null=0 */
```

```
###   @2='gaopeng' /* VARSTRING(60) meta=60 nullable=1 is_null=0 */
###   @3=3 /* INT meta=0 nullable=1 is_null=0 */
```

解析如下。

**7e 00 00 00 00 00**：table_id，十六进制值 7e，即十进制值 126。

**01 00**：保留。

**02 00**：固定为 0x02 00。

**03**：字段个数。

**ff**：columns_before_image，如果参数 binlog_row_image 设置为 FULL，则固定为 0xff。

**f8**：位图，二进制值 11111000，代表 3 列都有实际的数据。

**01 00 00 00**：实际数据为 1。

**07 67 61 6f 70 65 6e 67**: 0x07 表示可变长度类型 varchar 的长度为 7 字节，67 61 6f 70 65 6e 67 为 gaopeng 字符串的 ASCII 编码。

**03 00 00 00**：实际数据为 3。

这个解析过程和 WRITE_EVENT 的解析过程的区别在于 Event header 的 type。如果将 WRITE_EVENT 的 type 改为 DELETE_EVENT，将 DELETE_EVENT 的 type 改为 WRITE_EVENT，那么会发生什么呢？请大家思考一下。

## 2.6　重点 Event 之 UPDATE_EVENT 和 XID_EVENT

### 2.6.1　UPDATE_EVENT

#### 1. UPDATE_EVENT 的作用

UPDATE_EVENT 是 UPDATE 语句生成的 Event，主要用于记录 UPDATE 语句的 before_image 实际数据和 after_image 实际数据，其中还包含 table_id、映像位图、字段数量、行数据位图等信息。

## 2. 源码重要接口

主库

- **初始化构造函数**：Update_rows_log_event::Update_rows_log_event(THD *thd_arg, TABLE tbl_arg,const Table_id& tid,bool is_transactional,const uchar extra_row_info)。
- **数据写入函数**：Rows_log_event::do_add_row_data。
- **写入 binlog cache 函数**：Rows_log_event::write_data_header，Rows_log_event::write_data_body。

从库

- **读取构造函数**：Update_rows_log_event::Update_rows_log_event(const char *buf, uintevent_len,const Format_description_event *description_event)。
- **应用函数**：Rows_log_event::do_apply_event。

## 3. 主体格式

UPDATE_EVENT 的格式更加复杂一些，因此使用了更加丰富的区域来区别，如图 2-9 所示。

其中，固定部分如下。

**table_id**：6 字节。

**Reserved**：2 字节，保留以后使用。

可变部分如下。

**var_header_len**：当前 2 字节，通常为 0x02 00。

**columns_width**：字段个数。

**columns_before_image**：before_image 为位图，最少 1 字节。这里主要表示在 Event 中是否需要记录全部的字段值，受到参数 binlog_row_image 的影响，后面将单独讨论。如果参数 binlog_row_image 设置为 FULL，则记录为 0xff。

**columns_after_image**：after_image 为位图，最少 1 字节。这里主要表示在 Event 中是否需要记录全部的字段值，受到参数 binlog_row_image 的影响，后面将单独讨论。如果参数 binlog_row_image 设置为 FULL，则记录为 0xff。

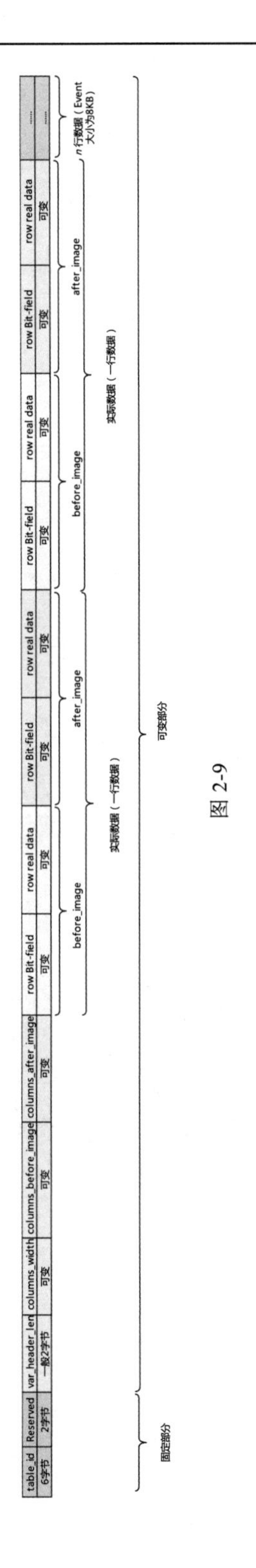

table_id
6字节
Reserved
2字节
var_header_len
一般2字节
columns_width
可变
columns_before_image
可变
columns_after_image
可变
row Bit-field
可变
row real data
可变
row Bit-field
可变
row real data
可变
row Bit-field
可变
row real data
可变
row Bit-field
可变
row real data
可变
......
......
before_image
after_image
before_image
after_image
实际数据（一行数据）
实际数据（一行数据）
n行数据（Event大小为8KB）
固定部分
可变部分


图 2-9

注意：下列部分分为 before_image 和 after_image，参见图 2-9。

**row Bit-field**：位图，最少 1 字节。这个数据是行数据自带的，也就是在构造 Event 的时候传入的。每位代表一个字段。如果字段有实际数据则为 0，否则为 1。

**row real data**：实际行数据。这是自带的，按照字段排序。

### 4. 实例解析

我们进行如下操作：

```
mysql> show create table gptest \G
*************************** 1. row ***************************
       Table: gptest
Create Table: CREATE TABLE `gptest` (
  `id` int(11) NOT NULL AUTO_INCREMENT,
  `name` varchar(20) DEFAULT NULL,
  `a` int(11) DEFAULT NULL,
  PRIMARY KEY (`id`),
  KEY `IDX_NAME` (`name`)
) ENGINE=InnoDB AUTO_INCREMENT=41 DEFAULT CHARSET=utf8
1 row in set (0.00 sec)

mysql> show variables like '%image%';
+------------------+-------+
| Variable_name    | Value |
+------------------+-------+
| binlog_row_image | FULL  |
+------------------+-------+
1 row in set (0.03 sec)

mysql> select * from gptest;
+----+---------+------+
| id | name    | a    |
+----+---------+------+
| 41 | gaopeng |    5 |
+----+---------+------+
1 row in set (0.01 sec)

mysql> update gptest set name='yanlei' where id=41;
Query OK, 1 row affected (0.20 sec)
Rows matched: 1  Changed: 1  Warnings: 0
```

使用解析语句如下。

```
mysqlbinlog binlog.000008 --hexdump -vv --base64-output='decode-rows'
```

结果如下。

```
# at 5607
#190624 14:54:18 server_id 413340  end_log_pos 5676 CRC32 0xcc57e47e
# Position  Timestamp   Type   Master ID        Size      Master Pos    Flags
#     15e7 9a 73 10 5d   1f    9c 4e 06 00    45 00 00 00    2c 16 00 00    00 00
#     15fa 87 00 00 00 00 00 01 00  02 00 03 ff ff f8 29 00 |................|
#     160a 00 00 07 67 61 6f 70 65  6e 67 05 00 00 00 f8 29 |...gaopeng......|
#     161a 00 00 00 06 79 61 6e 6c  65 69 05 00 00 00 7e e4 |....yanlei......|
#     162a 57 cc                                            |W.|
#       Update_rows: table id 135 flags: STMT_END_F
```

**87 00 00 00 00 00**：table_id 为十六进制值 87、十进制值 135。

**01 00**：保留。

**02 00**：固定为 0x02 00。

**03**：字段个数。

**ff**：columns_before_image，如果参数 binlog_row_image 设置为 FULL，则固定为 0xff。

**ff**：columns_after_image，如果参数 binlog_row_image 设置为 FULL，则固定为 0xff。

**before_image**

**f8**：before_image 的 row Bit-field，二进制值 11111000，代表 3 列都有实际的数据。

**29 00 00 00**：实际数据为 41。

**07 67 61 6f 70 65 6e 67**：0x07 可变长度类型 varchar 的长度为 7 字节，67 61 6f 70 65 6e 67 为 gaopeng 字符串的 ASCII 编码。

**05 00 00 00**：实际数据为 5。

**after_image**

**f8**：after_image 的 row Bit-field，二进制值 11111000，代表 3 列都有实际的数据。

**29 00 00 00**：实际数据为 41。

**06 79 61 6e 6c 65 69**：0x06 可变长度类型 varchar 的长度为 6 字节，79 61 6e 6c 65 69 为 yanlei 字符串的 ASCII 编码。

**05 00 00 00**：实际数据为 5。

这部分分为 before_image 和 after_image，需要特别注意。如果我们将 before_image 和 after_image 完全交换会发生什么呢？请大家思考一下。

注意，STMT_END_F 是一个标记，用于说明本 Event 是本 DML 语句的最后一个 DML Event。可以参考 THD::binlog_flush_pending_rows_event 函数，如下。

```
  /*
    Mark the event as the last event of a statement if the stmt_end
    flag is set.
  */
...
    if (stmt_end)
    {
      pending->set_flags(Rows_log_event::STMT_END_F);
//设置 STMT_END_F 标记
      binlog_table_maps= 0;
    }
...
```

## 2.6.2 XID_EVENT

### 1. XID 的作用

我们在解析 binary log 的时候经常会看到在事务结束的位置会包含一个 XID，什么是 XID 呢？XID 实际是 binary log 和 InnoDB 层之间保证事务一致性的桥梁。我们先来看看 XID 的生成过程。

（1）事务中的每个语句都会生成一个 query_id，如下。

```
dispatch_command 函数中包含：
thd->set_query_id(next_query_id());
它取自 global_query_id 这一源码变量。
```

（2）设置 XID，以事务中第一个语句的 query_id 为准，如下。

```
 void set_query_id(query_id_t query_id)
 {
   if (m_xid.is_null())
     m_xid.set(query_id);
 }
```

我们知道事务的提交顺序可能和事务第一条语句发起的顺序并不一致，因此 XID 在 binary

log 中可能并不是按顺序排列的。同时，它不是连续的，因为我们的 select 语句也会生成 query_id，所以可能导致 XID 存在很大的“空洞”。

在进行异常恢复时，InnoDB 层所有处于 prepare 阶段的事务都需要根据 MySQL 层最后一个 binary log 中事务的 XID 来判断是回滚还是提交（在 InnoDB 的 Undo log record header 中 TRX_UNDO_XA_XID 记录了 XID)，下面是对这个行为的证明。

参考 trx_rollback_or_clean_recovered 函数，这是 InnoDB 做 Crash recovery 回滚的函数。注释如下。

```
/* Note: For XA recovered transactions, we rely on MySQL to
do rollback. They will be in TRX_STATE_PREPARED state. If the server
is shutdown and they are still lingering in trx_sys_t::trx_list
then the shutdown will hang. */
```

从 MYSQL_BIN_LOG::recovery 函数中可以看到事务的扫描逻辑，并发送 XID 给 InnoDB 层，供其判断回滚或提交。下面是 MySQL 层发送 XID 给 InnoDB 层进行判断的代码。

```
if (total_ha_2pc > 1 && ha_recover(&xids))
  goto err2;
```

XID 在一个 binary log 中是唯一的，因此对 XID 的总结如下。

- XID 在 binary log 中不是递增的。
- XID 在 binary log 中不是连续的。
- XID 在一个 binary log 中是唯一的。
- XID 存在于 MySQL 层的 binary log 中，以及 InnoDB 层的 Undo log record header 的 TRX_UNDO_XA_XID 中。
- XID 用于 MySQL 层和 InnoDB 层配合，决定对处于 prepare 状态的事务做何种操作。

### 2. XID_EVENT 的作用

上面已经描述了 XID 的作用，XID_EVENT 就是用于携带 XID 的 Event。从库应用的时候会进行 commit 操作，并且和 GTID_EVENT 一样，它们的 Event header 的 timestamp 都是 commit 命令发起的时间。当然，如果没有显示开启事务，那么 timestamp 还是 DML 命令发起的时间。3.2 节会详细说明。

### 3. 源码重要接口

主库

- **初始化构造函数**：Xid_log_event::Xid_log_event(THD* thd_arg, my_xid x)。

- 写入 **binlog cache** 函数：Xid_log_event::write(IO_CACHE* file)。

从库

- 读取构造函数：Xid_log_event(const char* buf, const Format_description_event* description_event)。
- 应用函数：Xid_apply_log_event::do_apply_event 调用 Xid_log_event::do_ commit。

### 4．主体格式

这个 Event 的格式也很简单，没有携带复杂的数据，没有固定部分，XID 放到了可变部分，8 字节，记录的是 XID 的值。

### 5．实例解析

下面是一个 XID_EVENT（mysqlbinlog --hexdump 输出）：

```
# at 1219
#190409 18:03:12 server_id 953340  end_log_pos 1250 CRC32 0x05ec9353
# Position  Timestamp   Type   Master ID        Size      Master Pos    Flags
#      4c3 e0 6d ac 5c   10   fc 8b 0e 00   1f 00 00 00   e2 04 00 00   00 00
#      4d6 43 00 00 00 00 00 00 00  53 93 ec 05             |C.......S...|
#       Xid = 67
COMMIT/*!*/;
```

**43 00 00 00 00 00 00 00**：十六进制值 43，即十进制值 67，即实际的 XID。

### 6．生成时机

虽然 XID 在事务的第一条语句就已经定了，但是构造 Event 和写入 binlog cache 是在整个提交过程 prepare 之后，order commit 之前。3.2 节和 3.3 节会描述这个流程。

## 2.7 参数 binlog_row_image 的影响

这一节我们来讨论一下参数 binlog_row_image 带来的影响，总的说来，如果没有磁盘空间需求，保持默认值是最好的。

### 2.7.1 参数影响

这个参数一共有三种取值，除了官方文档，笔者觉得源码中的如下注释也比较清晰，如表 2-2 所示。

表 2-2

| 参数设置 | 含　　义 |
| --- | --- |
| binlog_row_image= MINIMAL | - This marks the PKE fields in the read_set<br>- This marks all fields where a value was specified in the write_set |
| binlog_row_image= NOBLOB | - This marks PKE + all non-blob fields in the read_set<br>- This marks all fields where a value was specified and all non-blob fields in the write_set |
| binlog_row_image= FULL | - all columns in the read_set<br>- all columns in the write_set |

这里的 read_set 和 write_set 分别代表 columns_before_image 位图和 columns_after_image 位图。我们在解释 DML Event 的时候多次提到，这里对应一下，如下。

**INSERT 语句**：记录变更的 after_image（插入的数据），内部使用 write_set 过滤。

**DELETE 语句**：记录变更的 before_image（删除的数据），内部使用 read_set 过滤。

**UPDATE 语句**：记录变更的 before_image 和 after_image（修改的数据），内部使用 read_set 和 write_set 过滤。

本节主要讨论 MINIMAL 和 FULL 设置。对于上面源码的说明进行如下解释。

**MINIMAL**：对于 before_image，只会记录主键或者第一个非空的唯一键到 Event。而对于 after_image，只会记录需要变更的字段，包括自增值。

**FULL**：对于前映像和后映像，都记录全部字段。注意，不仅某些闪回工具依赖这种设置，记录全部字段对于我们诊断问题、修复数据也有帮助。同时，设置为 FULL 可以让从库在选择索引的时候有更多的选择，提高从库应用 Event 的效率。关于从库数据的查找将会在 4.6 节详细解释。如果没有对磁盘空间的要求，那么本参数最好设置为 FULL。

注意，如果表中没有主键也没有非空的唯一键，那么即便是设置参数 binlog_row_image 为 MINIMAL，before_image 也会记录全部的字段值。我们来看看 THD::binlog_prepare_row_images 函数中的源码片段，如下。

```
/**
   if there is a primary key in the table (ie, user declared PK or a
   non-null unique index) and we dont want to ship the entire image,
   and the handler involved supports this.
  */
if (table->s->primary_key < MAX_KEY &&//如果没有主键也没有非空的唯一键，那么 read_set
                                     //不会更改
     (thd->variables.binlog_row_image < BINLOG_ROW_IMAGE_FULL) &&
     !ha_check_storage_engine_flag(table->s->db_type(), HTON_NO_BINLOG_ROW_OPT))
```

如果 table->s->primary_key < MAX_KEY 条件不满足，即没有找到主键或者非空唯一键，则 read_set 不会改变，将保持记录全字段。

### 2.7.2 过滤方式

上面提到的 read_set 和 write_set 可以理解为一种和字段相对应的位图。它是一种规则，作用之一就是规定哪些字段需要写入 Event。

每次写入 Event 之前，数据都是全字段的行数据（THD::binlog_update_row 的 record 指针指向的值）。但是随后会通过 read_set 和 write_set 的设置进行过滤，生成写入 Event 的行数据，参考 pack_row 函数。THD::binlog_update_row 函数中的这部分代码如下。

```
size_t const before_size= pack_row(table, table->read_set, before_row,
                                    before_record);
size_t const after_size= pack_row(table, table->write_set, after_row,
                                   after_record);
```

这一步，写入 Event 的行数据就已经被 read_set 和 write_set 过滤了。当然，如果参数设置为 FULL，则记录全字段。

### 2.7.3 DML Event 中的标识

前文提到过，每个 DML Event 都包含 columns_after_image/columns_before_image 位图。但只是简单地说，对于 FULL 设置始终是 0Xff。这里我们就知道了，如果本参数不设置为 FULL，那么 read_set 和 write_set 最终会分别写入 columns_before_image 和 columns_after_image。

这里以 DELETE 语句为例进行比较。

建表语句和数据如下。

```
mysql> show create table gpt2 \G
*************************** 1. row ***************************
       Table: gpt2
Create Table: CREATE TABLE `gpt2` (
  `a` int(11) DEFAULT NULL,
  `b` int(11) NOT NULL,
  `c` varchar(20) DEFAULT NULL,
  UNIQUE KEY `b` (`b`)
) ENGINE=InnoDB DEFAULT CHARSET=utf8
1 row in set (0.01 sec)
mysql> select * from gpt2;
+------+----+---------+
```

```
| a    | b  | c       |
+------+----+---------+
|    1 | 10 | gaopeng |
|    2 | 20 | gaopeng |
+------+----+---------+
2 rows in set (0.00 sec)
```

执行如下语句。

```
mysql> show variables like '%image%';
+------------------+-------+
| Variable_name    | Value |
+------------------+-------+
| binlog_row_image | FULL  |
+------------------+-------+
1 row in set (0.01 sec)

mysql>  delete from gpt2 where a=1;
Query OK, 1 row affected (0.21 sec)
```

使用 mysqlbinlog 解析，如下。

```
mysqlbinlog  binlog.000005  -vv   --hexdump  --base64-output='decode-rows';
```

下面是语句生成的 DELETE_EVENT。

```
# at 912
#190409 17:55:43 server_id 953340  end_log_pos 964 CRC32 0x6b54ab55
# Position  Timestamp   Type   Master ID        Size      Master Pos    Flags
#      390 1f 6c ac 5c   20   fc 8b 0e 00   34 00 00 00   c4 03 00 00   00 00
#      3a3 82 00 00 00 00 00 01 00  02 00 03 ff f8 01 00 00 |................|
#      3b3 00 0a 00 00 00 07 67 61  6f 70 65 6e 67 55 ab 54 |......gaopengU.T|
#      3c3 6b                                               |k|
#       DELETE_rows: table id 130 flags: STMT_END_F
### DELETE FROM `gp`.`gpt2`
### WHERE
###   @1=1 /* INT meta=0 nullable=1 is_null=0 */
###   @2=10 /* INT meta=0 nullable=0 is_null=0 */
###   @3='gaopeng' /* VARSTRING(60) meta=60 nullable=1 is_null=0 */
```

关键部分解析。

**ff：** binlog_row_image 为 FULL，就是记录十六进制值 ff。

**f8：** 十六进制值 f8 转换为二进制值为 11111000，参考 2.5 节。

**01 00 00 00**：实际数据的第一个字段为数字 1。

**0a 00 00 00**：实际数据的第二个字段为数字 10。

**07 67 61 6f 70 65 6e 67**：实际数据字符串 gaopeng 的 ASCII 码。

修改参数 binlog_row_image 为 MINIMAL，执行语句如下。

```
mysql> set binlog_row_image=0;
Query OK, 0 rows affected (0.00 sec)

mysql> show variables like '%image%';
+------------------+---------+
| Variable_name    | Value   |
+------------------+---------+
| binlog_row_image | MINIMAL |
+------------------+---------+
1 row in set (0.02 sec)

mysql>  delete from gpt2 where a=2;
Query OK, 1 row affected (0.18 sec)
```

使用 mysqlbinlog 解析如下。

```
mysqlbinlog  binlog.000005  -vv  --hexdump  --base64-output='decode-rows';
```

下面是 DELETE_EVENT：

```
# at 1179
#190409 18:03:12 server_id 953340  end_log_pos 1219 CRC32 0xcd6a6eaa
# Position  Timestamp   Type   Master ID        Size      Master Pos    Flags
#      49b e0 6d ac 5c   20    fc 8b 0e 00   28 00 00 00   c3 04 00 00   00 00
#      4ae 82 00 00 00 00 00 01 00  02 00 03 02 fe 14 00 00 |................|
#      4be 00 aa 6e 6a cd                                   |..nj.|
#       DELETE_rows: table id 130 flags: STMT_END_F
### DELETE FROM `gp`.`gpt2`
### WHERE
###   @2=20 /* INT meta=0 nullable=0 is_null=0 */
```

关键部分解析。

**02**：十六进制值 02，即二进制值 00000010，这里是位图的表示方式。说明第二个字段是需要记录到 Event 的。

**fe**：十六进制值 fe，即二进制值 11111110，参考 2.5 节。

**14 00 00 00**：实际的数据，十六进制值 14，即十进制值 20。

我们清楚地看到 before_image 值记录非空唯一键的值。如果从库本表的结构和主库不同，不包含主键和非空唯一键，只有一个 a 列上的索引，那么由于主库参数 binlog_row_image 被设置为 MINIMAL，这个索引是用不到的，将会引起全表扫描。这是因为 a 列的值根本就不会在 Event 中记录。但是如果参数 binlog_row_image 被设置为 FULL，那么 a 列上的索引是可以使用的，这是因为 Event 中记录了全部字段的值。关于从库数据的查找将会在 4.6 节详细解释。

# 2.8　巧用 Event 发现问题

## 2.8.1　工具简介

有了对 Event 的了解，就可以利用它们来完成工作了。笔者在学习了这些常用的 Event 后，曾经使用 C 语言写过一个解析 Event 的工具，叫作 infobin，意思就是从 binary log 提取信息。这个工具在大多数情况下运行良好，其主要功能如下。

- 分析 binary log 中是否有长期未提交的事务，长期未提交的事务将会引发更多的锁争用。
- 分析 binary log 中是否有大事务，大事务的提交可能堵塞其他事务的提交。
- 分析 binary log 中的每个表分别生成了多少 DML Event，这样就能知道哪个表的修改量最大。
- 分析 binary log 中 Event 的生成速度，这样就能知道哪个时间段生成的 Event 更多。

这个工具的帮助信息如下。

```
[root@gp1 infobin]#  ./infobin
USAGE ERROR!
--USAGE:./infobin binlogfile pieces bigtrxsize bigtrxtime [-t] [-force]
[binlogfile]:binlog file!
[piece]:how many piece will split,is a Highly balanced histogram,
       find which time generate biggest binlog.(must:piece<2000000)
[bigtrxsize](bytes):larger than this size trx will view.(must:trx>256(bytes))
[bigtrxtime](sec):larger than this sec trx will view.(must:>0(sec))
[[-t]]:if [-t] no detail is print out,the result will small
[[-force]]:force analyze if unkown error check!!
```

接下来具体看看这些功能是怎么实现的。

### 2.8.2 分析长期未提交的事务

前面多次提到过手动提交的事务的特点，以 INSERT 语句为列。

- GTID_EVENT 和 XID_EVENT 是 commit 命令发起的时间。
- QUERY_EVENT 是第一个 INSERT 命令发起的时间。
- MAP_EVENT/WRITE_EVENT 是每个 INSERT 命令发起的时间。

用 XID_EVENT 的时间减去 QUERY_EVENT 的时间就可以得到从第一个 DML 命令发起到 commit 命令发起之间所消耗的时间，再使用一个用户输入参数来自定义长期未提交的事务就可以了，工具中使用 bigtrxtime 作为输入。

我们来用一个例子说明，做如表 2-3 所示的语句，开启一个事务，插入 3 条数据后提交。

表 2-3

| 语　　句 | 时　　间 |
|---|---|
| begin | T1 |
| insert into testrr values(20); | 11:25:22 |
| insert into testrr values(30); | 11:25:26 |
| insert into testrr values(40); | 11:25:28 |
| commit; | 11:25:30 |

Event 的顺序如表 2-4 所示。

表 2-4

| Event | 时　　间 |
|---|---|
| GTID_EVENT | 11:25:30 |
| QUERY_EVENT | 11:25:22 |
| MAP_EVENT（第 1 个 insert） | 11:25:22 |
| WRITE_EVENT（第 1 个 insert） | 11:25:22 |
| MAP_EVENT（第 2 个 insert） | 11:25:26 |
| WRITE_EVENT（第 2 个 insert） | 11:25:26 |
| MAP_EVENT（第 3 个 insert） | 11:25:28 |
| WRITE_EVENT（第 3 个 insert） | 11:25:28 |
| XID_EVENT | 11:25:30 |

如果使用最后一个 XID_EVENT 的时间减去 QUERY_EVENT 的时间，那么这个事务从第一条语句开始到 commit 命令发起之间的时间就被计算出来了。注意，实际上 begin 命令只是做了一个标记，让事务不会自动进入提交流程。

### 2.8.3　分析大事务

这部分的实现比较简单，只需要扫描每一个事务 GTID_EVENT 和 XID_EVENT 之间的 Event，并将它们的总和计算出来，就可以得到每一个事务生成 Event 的大小了（为了保证兼容性，最好计算 QUERY_EVENT 和 XID_EVENT 之间的 Event 总量）。再使用一个用户输入参数自定义大事务就可以了，工具中使用 bigtrxsize 作为输入参数。

如果参数 binlog_row_image 设置为 FULL，那么我们可以大概计算一下特定表的每行数据修改生成日志的大小。

- **INSERT 和 DELETE**：因为只包含 before_image 或者 after_image（假设 100 字节），所以加上一些额外的开销，一行数据大约有 110 字节。如果将大事务定为 100MB，那么数据修改量大约为 100 万行。
- **UPDATE**：因为同时包含 before_image 和 after_image，所以需要在上面计算的 110 字节的基础上乘以 2。如果将大事务定为 100MB，那么数据修改量大约为 50 万行。

笔者认为用 20MB 定义大事务比较合适，也可以根据自己的需求计算。

### 2.8.4　分析 binary log 中 Event 的生成速度

这一步很容易实现，只需要把 binary log 按照输入参数进行分片，统计结束 Event 和开始 Event 的时间差值就能大概算出生成每个分片花费的时间，我们使用 piece 作为分片的传入参数。通过这个分析，我们可以大概知道哪一段时间的 Event 生成量更大，也侧面反映了 MySQL 数据库的繁忙程度。

### 2.8.5　分析每个表生成了多少个 DML Event

这个功能也非常实用。通过这个分析，我们可以知道数据库中哪一个表的修改量最大。其实现方式主要是通过扫描 binary log 中的 MAP_EVENT 和接下来的 DML Event，通过 table id 获取表名，再将 DML Event 的大小归入这个表中，做一个链表，排序输出。但是前面我们说过，即便在同一个事务中，table id 也可能改变，这是写工具的时候没有考虑到的，因此这个工具有一定的问题，但是它在大部分情况下是可以正常运行的。

### 2.8.6　工具展示

下面就来展示一下前面说的这些功能，笔者做了如下操作。

```
mysql> flush binary logs;
Query OK, 0 rows affected (0.51 sec)
mysql> select count(*) from tti;
+----------+
| count(*) |
+----------+
|    98304 |
+----------+
1 row in set (0.06 sec)
mysql> delete from tti;
Query OK, 98304 rows affected (2.47 sec)
mysql> begin;
Query OK, 0 rows affected (0.00 sec)
mysql> insert into tti values(1,'gaopeng');
Query OK, 1 row affected (0.00 sec)
mysql> select sleep(20);
+-----------+
| sleep(20) |
+-----------+
|         0 |
+-----------+
1 row in set (20.03 sec)
mysql> commit;
Query OK, 0 rows affected (0.22 sec)
mysql> insert into tpp values(10);
Query OK, 1 row affected (0.14 sec)
```

在示例中切换了一个 binary log，同时做了以下 3 个事务。

（1）删除了 tti 表中 98304 行数据。

（2）向 tti 表插入了一条数据，等待了 20 多秒提交。

（3）向 tpp 表插入了一条数据。

我们使用工具分析得到的统计输出。

```
./infobin mysql-bin.000005 3 1000000 15 -t > log.log
结果如下。
...
-------------Total now--------------
Trx total[counts]:3
Event total[counts]:125
Max trx event size:8207(bytes) Pos:420[0X1A4]
Avg binlog size(/sec):9265.844(bytes)[9.049(kb)]
Avg binlog size(/min):555950.625(bytes)[542.921(kb)]
```

```
--Piece view:
(1)Time:1561442359-1561442383(24(s)) piece:296507(bytes)[289.558(kb)]
(2)Time:1561442383-1561442383(0(s)) piece:296507(bytes)[289.558(kb)]
(3)Time:1561442383-1561442455(72(s)) piece:296507(bytes)[289.558(kb)]
--Large than 500000(bytes) trx:
(1)Trx_size:888703(bytes)[867.874(kb)] trx_begin_p:299[0X12B]
trx_end_p:889002[0XD90AA]
Total large trx count size(kb):#867.874(kb)
--Large than 15(secs) trx:
(1)Trx_sec:31(sec)  trx_begin_time:[20190625 14:00:08(CST)]
trx_end_time:[20190625 14:00:39(CST)] trx_begin_pos:889067
trx_end_pos:889267 query_exe_time:0
--Every Table binlog size(bytes) and times:
Note:size unit is bytes
---(1)Current Table:test.tpp::
   Insert:binlog size(40(Bytes)) times(1)
   Update:binlog size(0(Bytes)) times(0)
   Delete:binlog size(0(Bytes)) times(0)
   Total:binlog size(40(Bytes)) times(1)
---(2)Current Table:test.tti::
   Insert:binlog size(48(Bytes)) times(1)
   Update:binlog size(0(Bytes)) times(0)
   Delete:binlog size(888551(Bytes)) times(109)
   Total:binlog size(888599(Bytes)) times(110)
---Total binlog dml event size:888639(Bytes) times(111)
```

可以发现，我们做的操作都被统计出来了。

包含一个日志总量为 800KB 左右的大事务，这是删除 tti 表中的 98304 行数据造成的。

```
--Large than 500000(bytes) trx:
(1)Trx_size:888703(bytes)[867.874(kb)] trx_begin_p:299[0X12B]
trx_end_p:889002[0XD90AA]
```

包含一个长期未提交的事务，时间为 31 秒，这是特意等待 20 多秒提交引起的。

```
--Large than 15(secs) trx:
(1)Trx_sec:31(sec)  trx_begin_time:[20190625 14:00:08(CST)]
 trx_end_time:[20190625 14:00:39(CST)] trx_begin_pos:889067
 trx_end_pos:889267 query_exe_time:0
```

本 binary log 有两个表的修改记录：tti 和 tpp，其中 tti 表有 DELETE 操作和 INSERT 操作，tpp 表只有 INSERT 操作，并且包含了日志的大小。

```
--Every Table binlog size(bytes) and times:
Note:size unit is bytes
```

```
---(1)Current Table:test.tpp::
   Insert:binlog size(40(Bytes)) times(1)
   Update:binlog size(0(Bytes)) times(0)
   Delete:binlog size(0(Bytes)) times(0)
   Total:binlog size(40(Bytes)) times(1)
---(2)Current Table:test.tti::
   Insert:binlog size(48(Bytes)) times(1)
   Update:binlog size(0(Bytes)) times(0)
   Delete:binlog size(888551(Bytes)) times(109)
   Total:binlog size(888599(Bytes)) times(110)
---Total binlog dml event size:888639(Bytes) times(111)
```

学习完 Event，读者就可以通过各种编程语言去试着解析 binary log 了，也许读者还能写出更好的工具来实现更多的功能。当然也可以通过 mysqlbinlog 进行解析，再通过 shell/python 进行统计。本工具是通过 C 语言编写的，且直接解析 binary log 中的 Event，因此在解析速度上有明显的优势。

# 第3章　主库

无论如何，Event 首先需要在主库中生成才能传递到从库。因此，本章介绍主库是如何生成 Event 的，在理解主库生成 Event 的过程后，才能形成主从认知体系。不仅如此，理解主库生成 Event 的过程还能让读者对提交有更加深入的认识。

## 3.1　binlog cache 简介

当我们执行 DML 语句的时候会向 binlog cache 不断地写入 Event，作为 Event 的“中转站”，我们有必要详细地学习其原理。

### 3.1.1　binlog cache 综述

整个事务的 Event 在 commit 时才会真正写入 binary log，在此之前，这些 Event 都被存放在另一个地方，我们可以将其统称为 binlog cache。图 3-1 是 binlog cache 的结构图。

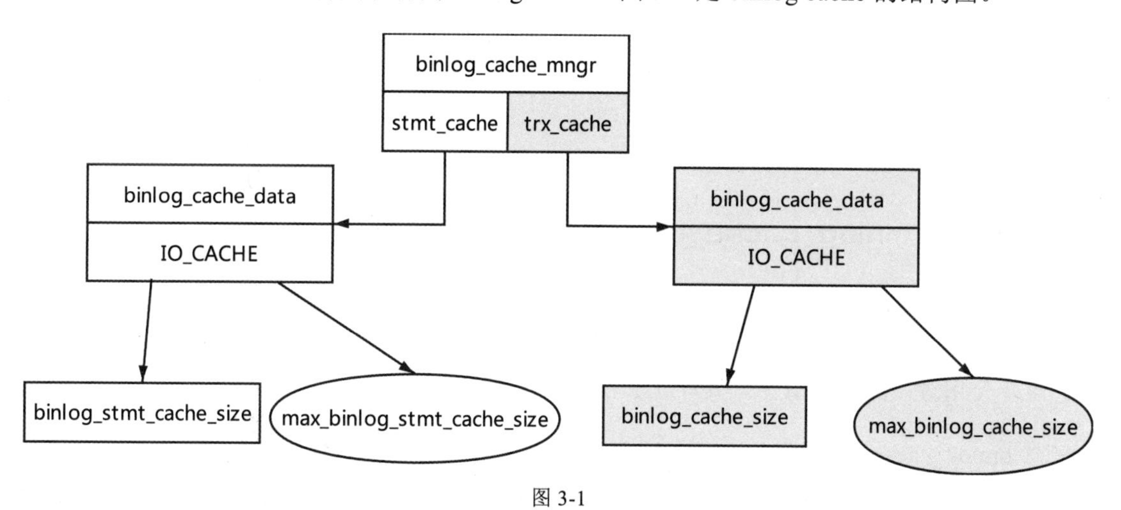


图 3-1

在这个结构图中我们主要研究 trx_cache 部分。binlog cache 是由 IO_CACHE 实现的，其中包含以下两部分。

（1）binlog cache 缓冲区：由参数 binlog_cache_size 控制。

（2）binlog cache 临时文件：由参数 max_binlog_cache_size 控制。

下面将使用 binlog cache 缓冲区和 binlog cache 临时文件来分别代表这两部分。

### 3.1.2 使用 binlog cache 的流程

（1）开启读写事务。

（2）执行 DML 语句，在 DML 语句第一次执行时会分配内存空间给 binlog cache 缓冲区。

（3）执行 DML 语句期间生成的 Event 不断写入 binlog cache 缓冲区。

（4）如果 binlog cache 缓冲区已经写满，则将 binlog cache 缓冲区的数据写入 binlog cache 临时文件，同时清空 binlog cache 缓冲区，这个临时文件名以 ML 开头。

（5）事务提交，binlog cache 缓冲区和 binlog cache 临时文件数据全部写入 binary log 进行固化，释放 binlog cache 缓冲区和 binlog cache 临时文件。注意，保留此时 binlog cache 缓冲区的内存空间，以供下次事务使用，binlog cache 临时文件的大小被截断为 0，保留文件描述符。也就是保留 IO_CACHE 结构，并且保留 IO_CACHE 中分配的内存空间和临时文件的文件描述符。

（6）断开连接，这个过程会释放 IO_CACHE，同时释放其持有的 binlog cache 缓冲区及 binlog cache 临时文件。

下一节我们将介绍 Event 写入的流程。

### 3.1.3 参数 binlog_cache_size 的作用及其初始化

参数 binlog_cache_size 是会话级别的参数，官方文档中声明，如果开启了 binary log 功能，则用于表示在事务执行期间保存 Event 的缓存大小。如果经常使用大事务，则应该加大这个参数，避免使用过多的物理磁盘。其默认大小为 32768 字节。

从 binlog_cache_use 和 binlog_cache_disk_use 中可以看出是否使用了 binlog cache 缓冲区和 binlog cache 临时文件，计数单位是次。我们可以在 THD::binlog_setup_trx_data 函数中找到参数 binlog_cache_size 的生效点，代码片段如下。

```
open_cached_file(&cache_mngr->trx_cache.cache_log, mysql_tmpdir,
                          LOG_PREFIX, binlog_cache_size, MYF(MY_WME)))
```

对代码的解释如下。

**&cache_mngr->trx_cache.cache_log**：一个 IO_CACHE 实例。

**mysql_tmpdir**：为参数 tmpdir 定义的目录。

**LOG_PREFIX**：临时文件的前缀，如果是 binlog cache 临时文件，则文件名以 ML 开头。如果是 filesort 的临时排序文件，则文件名以 MY 开头。

**binlog_cache_size**：参数 binlog_cache_size 的大小。

### 3.1.4　临时文件的分配和使用

如前所述，当事务需要存储的 Event 已经不能在 binlog cache 缓冲区中存下时，我们需要开启 binlog cache 临时文件来存储。

这种临时文件存放在参数 tmpdir 定义的目录下，文件名以 ML 开头。这里使用 Linux 的 ls 命令不能看到这个文件，这是因为它使用了 Linux 临时文件建立的方法，需要避免其他进程使用这个文件，进而破坏这个文件的内容。也就是说，这个文件是 MySQL 进程内部专用的。下面就是建立方式，位于 create_temp_file 函数中。

```
org_file=mkstemp(to);//建立文件
    if (mode & O_TEMPORARY)
      (void) my_delete(to, MYF(MY_WME));//unlink 文件描述符
```

对于这种文件可以使用 lsof|grep delete 命令来查看，最后笔者会给出一个例子。

当 binlog cache 缓冲区不够用时会调用 my_b_flush_io_cache 函数，这个函数的主要功能如下。

- 在 binlog cache 缓冲区被写满后，将 binlog cache 缓冲区的数据全部写入 binlog cache 临时文件。
- 清空 binlog cache 缓冲区。
- 将 binlog_cache_disk_use 统计值增加 1。

其逻辑如下。

```
if (info->file == -1)//如果是第一次建立临时文件，则这里的文件描述为"-1"
{
if (real_open_cached_file(info))//打开临时文件返回文件描述符
length=(size_t) (info->write_pos - info->write_buffer)//统计本次写入临时文件数据的大小
pos_in_file=info->pos_in_file;
info->pos_in_file+=length;//将当前文件写入位置加上本次写入数据的大小，即下次文件写入的位置
if (mysql_file_write(info->file,info->write_buffer,length,info->myflags | MY_NABP))
//将数据写入临时文件
info->append_read_pos=info->write_pos=info->write_buffer;
//此处将 info->write_pos 指针指向 binlog cache 缓冲区开始的位置，binlog cache 缓冲全部释放
++info->disk_writes;//binlog_cache_disk_use 增加
...
```

### 3.1.5 参数 max_binlog_cache_size 的作用

参数 max_binlog_cache_size 是会话级别的参数，定义了 binlog cache 临时文件的最大容量。如果某个事务的 Event 总量大于参数 max_binlog_cache_size 设置+参数 binlog_cache_size 设置的大小，则会报错，如下。

```
ERROR 1197 (HY000): Multi-statement transaction required more than
'max_binlog_cache_size' bytes of storage; increase this mysqld variable
and try again
```

在_my_b_write 函数中可以看到如下代码。

```
if (pos_in_file+info->buffer_length > info->end_of_file) //判断 binlog cache 临时文件
//的位置加上本次需要写盘的数据是否大于 info->end_of_file 的值，大于则报错
  {
    errno=EFBIG;
    set_my_errno(EFBIG);
    return info->error = -1;
  }
```

其中 info->end_of_file 的值来自参数 max_binlog_cache_size。

### 3.1.6 如何观察到临时文件

前文已经说过，使用 lsof|grep delete 命令可以观察到这种文件，下面是一个大事务的实例，我们能够观察到以 ML 开头的临时文件。

```
[root@test ~]# lsof|grep delete|grep ML
mysqld    21414      root   77u      REG              252,3     65536    1856092
/root/mysql5.7.14/percona-server-5.7.14-7/mysql-test/var/tmp/mysqld.1/MLUFzokf
(deleted)
[root@test ~]# lsof|grep delete|grep ML
mysqld    21414      root   77u      REG              252,3    131072    1856092
/root/mysql5.7.14/percona-server-5.7.14-7/mysql-test/var/tmp/mysqld.1/MLUFzokf
(deleted)
[root@test ~]# lsof|grep delete|grep ML
mysqld    21414      root   77u      REG              252,3    163840    1856092
/root/mysql5.7.14/percona-server-5.7.14-7/mysql-test/var/tmp/mysqld.1/MLUFzokf
(deleted)
```

这也是有时磁盘空间的使用率很高，但通过 ls 命令又找不到文件的一个原因。当然，前文也说了，filesort 使用的是以 MY 开头的临时文件。

## 3.2　事务 Event 的生成和写入流程

前面详细描述了一个事务包含的各种 Event，并且详细介绍了 binlog cache 的相关知识。这里需要将 Event 的写入过程流程化，只有这样才让大家更加明白整个过程，详细的提交流程将在下一节介绍。

### 3.2.1　流程综述

这里假定使用 DELETE 语句，并且一次删除了多条数据，生成了多个 DELETE_EVENT。图 3-2 是写入的流程图。

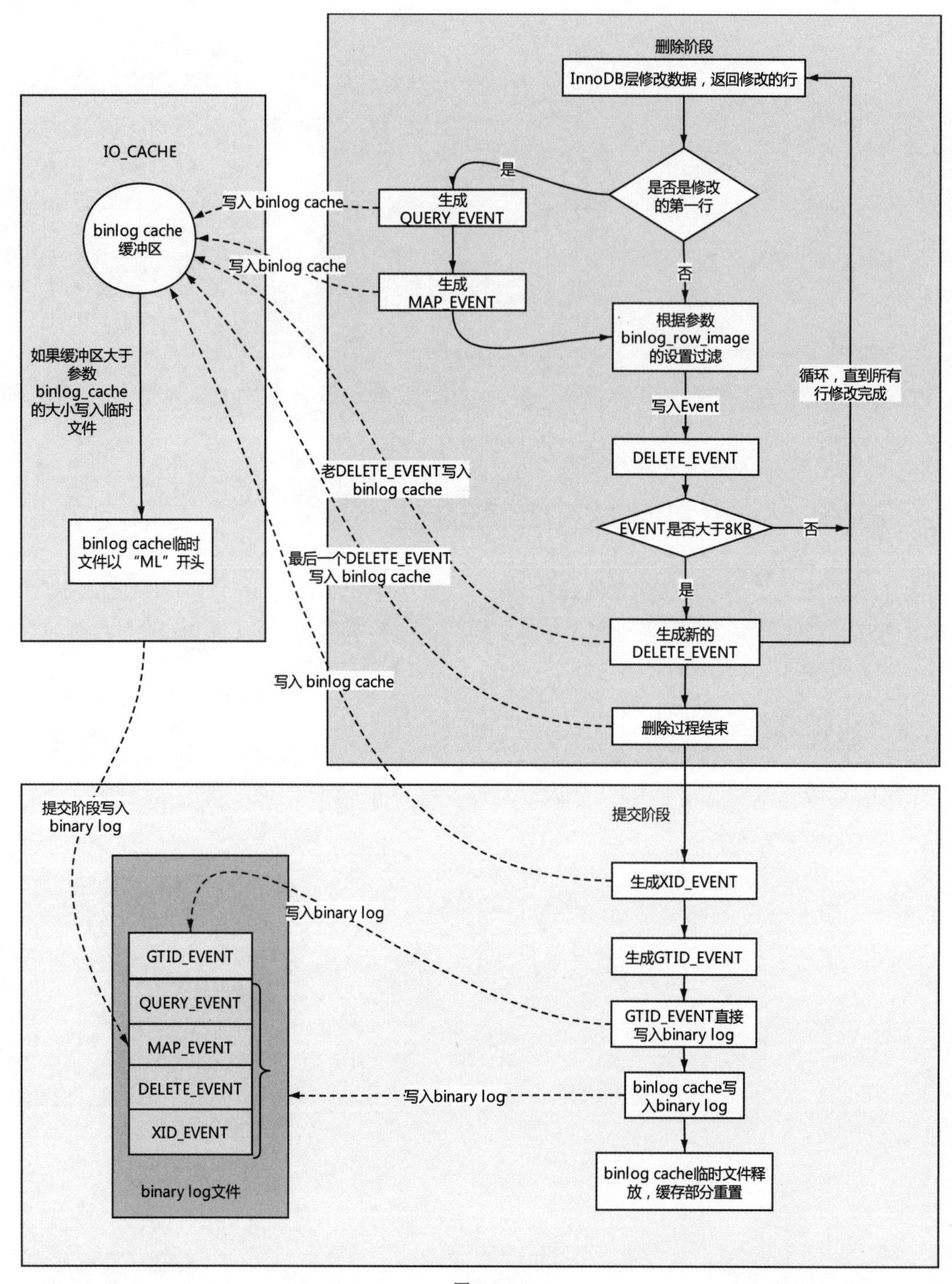
删除阶段
InnoDB层修改数据，返回修改的行
IO_CACHE
是
是否是修改的第一行
写入 binlog cache
生成 QUERY_EVENT
binlog cache 缓冲区
写入binlog cache
生成 MAP_EVENT
否
根据参数 binlog_row_image 的设置过滤
如果缓冲区大于参数 binlog_cache 的大小写入临时文件
循环，直到所有行修改完成
写入Event
DELETE_EVENT
老DELETE_EVENT写入 binlog cache
EVENT是否大于8KB
否
binlog cache临时文件以“ML”开头
最后一个DELETE_EVENT 写入 binlog cache
是
生成新的 DELETE_EVENT
写入 binlog cache
删除过程结束
提交阶段写入 binary log
提交阶段
生成XID_EVENT
写入binary log
GTID_EVENT
生成GTID_EVENT
QUERY_EVENT
GTID_EVENT直接写入binary log
MAP_EVENT
DELETE_EVENT
写入binary log
binlog cache写入binary log
XID_EVENT
binary log文件
binlog cache临时文件释放，缓存部分重置

图 3-2

这里分析一下每个步骤。

### 3.2.2　删除阶段流程

（1）InnoDB 层删除了一行数据，并且返回删除的这行数据。数据以 MySQL 层的行格式表示。

（2）如果是第一条语句的第一行数据，那么需要生成 QUERY_EVENT，并且写入 binlog cache。

（3）对于每条语句的第一行数据，都需要生成 MAP_EVENT，并且写入 binlog cache。

（4）根据参数 binlog_row_image 设置字段过滤，留下需要的字段数据。

（5）生成 DELETE_EVENT，并且将这行删除的数据写入 DELETE_EVENT。

（6）随着删除行不断增多，DELETE_EVENT 可能大于 8KB。

（7）如果 DELETE_EVENT 大于 8KB，则新建一个 DELETE_EVENT，上一个 DELETE_EVENT 会写入 binlog cache。

（8）数据删除完成后将最后一个 DELETE_EVENT 写入 binlog cache。

在这个过程中，如果 binlog cache 缓冲区不够，则会将 Event 写入一个以“ML”开头的 binlog cache 临时文件。

### 3.2.3　提交阶段流程

（1）生成 XID_EVENT，并且写入 binlog cache。

（2）生成 GTID_EVENT，这个 Event 直接写入 binary log，不写入 binlog cache。

（3）binlog cache 一次性写入 binary log 中。大事务提交性能问题的根源就是大量的 Event 需要一次性写入 binary log，这个过程会堵塞其他事务的提交，下一节会详细说明。

（4）binlog cache 使用完成后会清理内存，同时将临时文件清空。

### 3.2.4 两个注意点

这里我们需要注意两个问题，如下。

（1）在这个过程中，GTID_EVENT 直接写入 binary log，因此 GTID_EVENT 是事务的第一个 Event。

（2）XID_EVENT 和 GTID_EVENT 在提交阶段生成，因此如果显示使用 begin commit 命令提交事务，那么 XID_EVENT 和 GTID_EVENT 是 commit 命令发起的时间，其他 Event 是 DML 命令发起的时间。

这里只是简单地描述了 Event 写入 binary log 的过程。更加详细的提交流程将在下一节描述。

## 3.3 MySQL 层事务提交流程简析

本节将解释 MySQL 层详细的事务提交流程，由于篇幅有限，这里只包含一些重要的步骤。某些参数的设置会直接影响到提交流程，我们会逐一解释这些参数的含义。本节介绍的大部分内容都集中在 MYSQL_BIN_LOG::prepare 函数和 MYSQL_BIN_LOG::ordered_commit 函数上。

### 3.3.1 参数设置

本部分假定参数设置为：

- 参数 binlog_group_commit_sync_delay：0
- 参数 binlog_group_commit_sync_no_delay_count：0
- 参数 binlog_order_commits：ON
- 参数 sync_binlog：1
- 参数 binlog_transaction_dependency_tracking：COMMIT_ORDER

关于参数 binlog_transaction_dependency_tracking 需要重点说明一下。我们知道 InnoDB 的行锁是在语句运行期间获取的，如果多个事务同时进入了提交流程（prepare 阶段），那么在 InnoDB 层提交释放 InnoDB 行锁资源之前，各个事务之间肯定是没有行冲突的，因此这些事务可以在从库端并行执行。在基于 COMMIT_ORDER 的并行复制中，last commit 和 seq number 正是基于这种思想生成的，如果 last commit 相同则视为可以在从库并行回放，4.1 节将解释从库判定并行回放的规则。

在基于 WRITESET 的并行复制中，last commit 将会在 WRITESET 的影响下继续降低，使从库获得更好的并行回放效果。它也是以 COMMIT_ORDER 为基础的，这个将在下一节讨论。本节只讨论基于 COMMIT_ORDER 的并行复制中 last commit 和 seq number 的生成方式。

参数 sync_binlog 有以下功能。

**参数 sync_binlog=0**：binary log 不进行 sync 刷盘，依赖于操作系统刷盘机制。同时会在 FLUSH 阶段后通知 DUMP 线程发送 Event。

**参数 sync_binlog=1**：binary log 在每次 SYNC 队列形成后都进行 sync 刷盘，约等于每次 GROUP COMMIT 都进行刷盘。同时会在 SYNC 阶段后通知 DUMP 线程发送 Event。注意，sync_binlog 非 1 的设置可能导致主库异常重启后，从库比主库事务更多。

**参数 sync_binlog>1**：binary log 将在指定次 SYNC 队列形成后进行 sync 刷盘，约等于在指定次 GROUP COMMIT 后刷盘。同时会在 FLUSH 阶段后通知 DUMP 线程发送 Event。

关于通知 DUMP 线程发送 Event 的功能还会在 3.5 节进行介绍。

### 3.3.2　总体流程图

这里先展示整个流程，让大家有一个整体的认知，如图 3-3 所示。

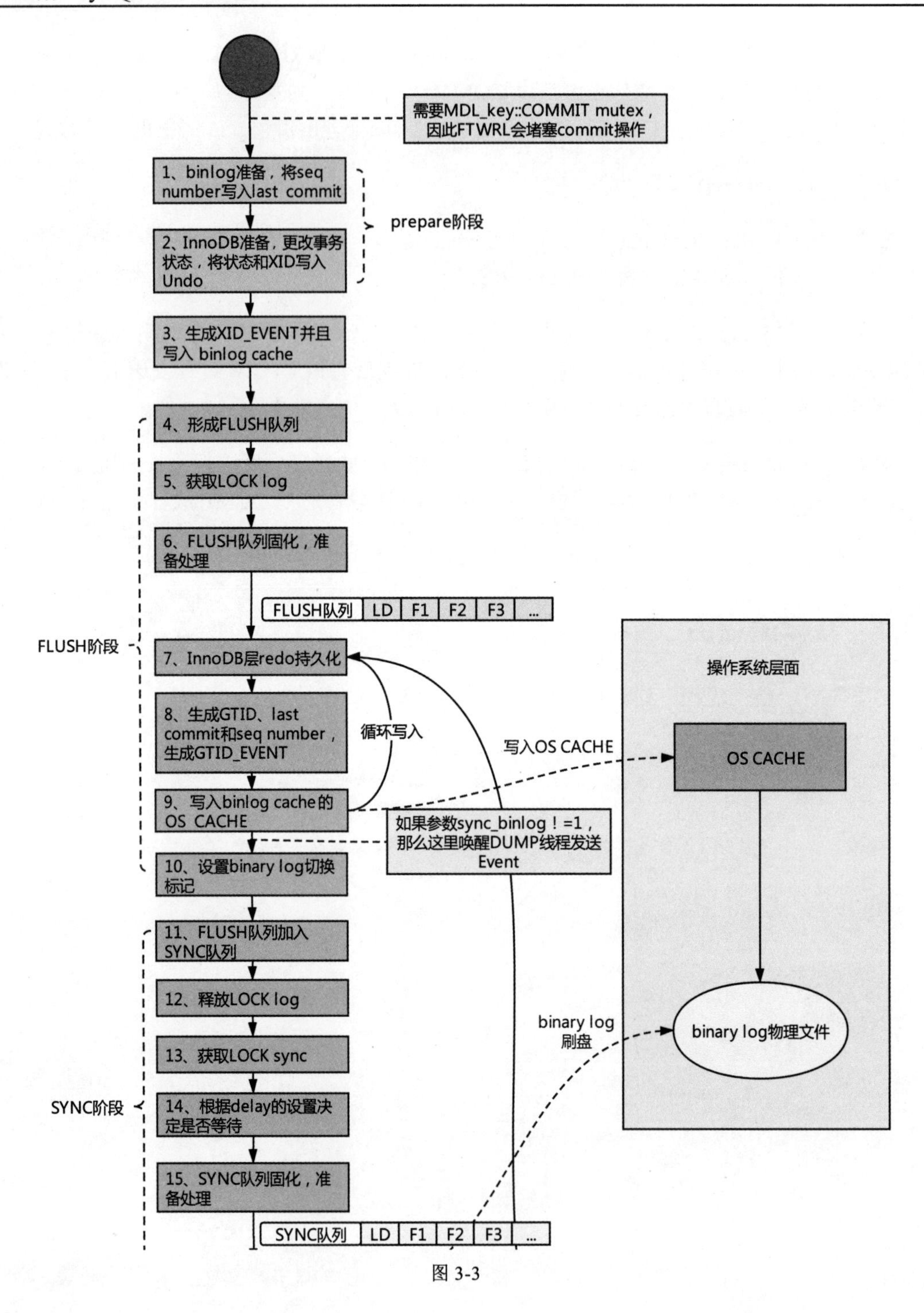
需要MDL_key::COMMIT mutex，因此FTWRL会堵塞commit操作
1、binlog准备，将seq number写入last commit
2、InnoDB准备，更改事务状态，将状态和XID写入Undo
prepare阶段
3、生成XID_EVENT并且写入 binlog cache
4、形成FLUSH队列
5、获取LOCK log
6、FLUSH队列固化，准备处理
FLUSH队列 LD F1 F2 F3 ...
FLUSH阶段
7、InnoDB层redo持久化
8、生成GTID、last commit和seq number，生成GTID_EVENT
循环写入
9、写入binlog cache的OS CACHE
如果参数sync_binlog！=1，那么这里唤醒DUMP线程发送Event
10、设置binary log切换标记
写入OS CACHE
操作系统层面
OS CACHE
11、FLUSH队列加入SYNC队列
12、释放LOCK log
13、获取LOCK sync
binary log 刷盘
binary log物理文件
SYNC阶段
14、根据delay的设置决定是否等待
15、SYNC队列固化，准备处理
SYNC队列 LD F1 F2 F3 ...

图 3-3

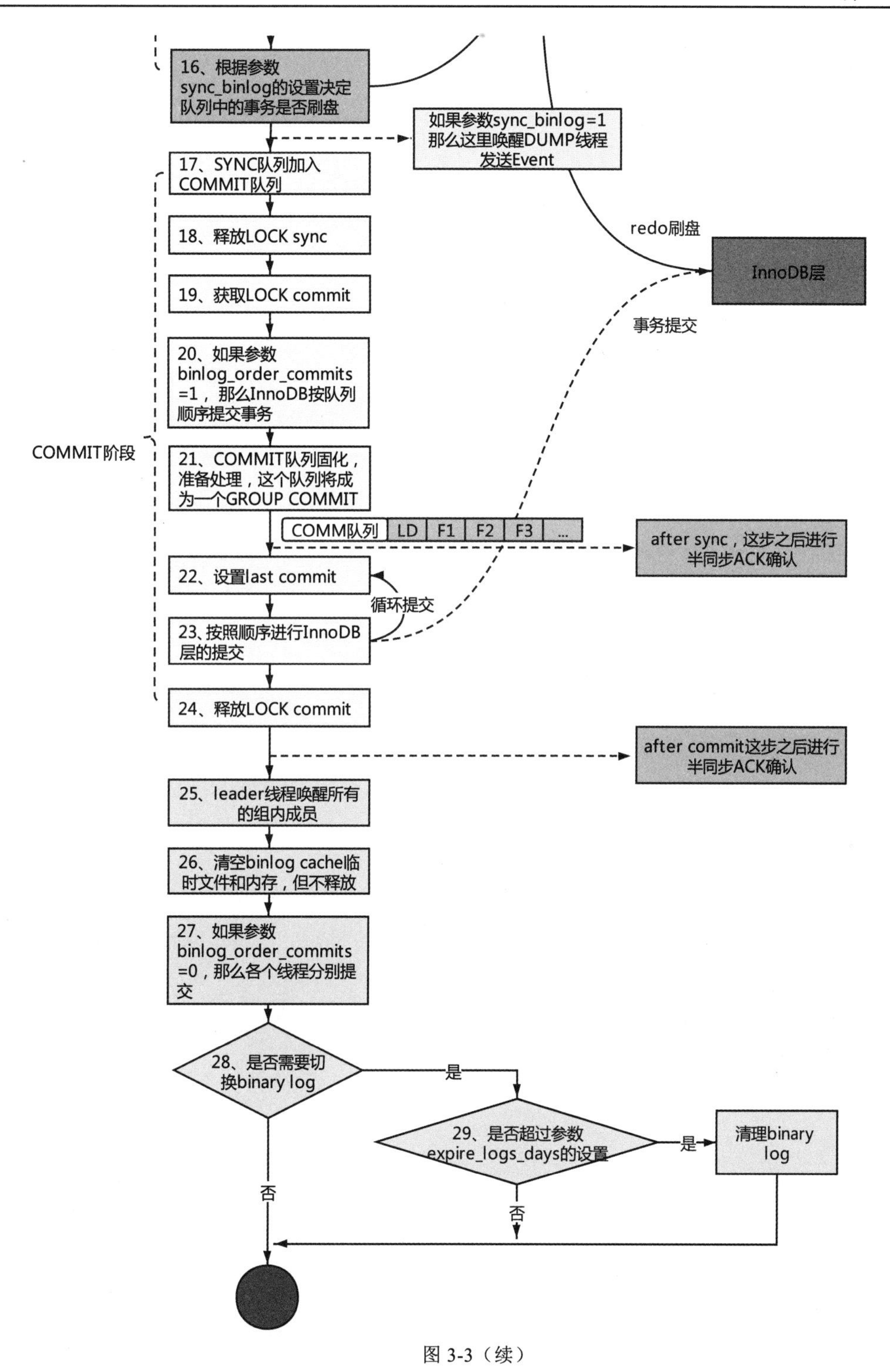
16、根据参数sync_binlog的设置决定队列中的事务是否刷盘
如果参数sync_binlog=1那么这里唤醒DUMP线程发送Event
17、SYNC队列加入COMMIT队列
18、释放LOCK sync
redo刷盘
InnoDB层
19、获取LOCK commit
事务提交
20、如果参数binlog_order_commits=1，那么InnoDB按队列顺序提交事务
COMMIT阶段
21、COMMIT队列固化，准备处理，这个队列将成为一个GROUP COMMIT
COMM队列
LD
F1
F2
F3
...
after sync，这步之后进行半同步ACK确认
22、设置last commit
循环提交
23、按照顺序进行InnoDB层的提交
24、释放LOCK commit
after commit这步之后进行半同步ACK确认
25、leader线程唤醒所有的组内成员
26、清空binlog cache临时文件和内存，但不释放
27、如果参数binlog_order_commits=0，那么各个线程分别提交
28、是否需要切换binary log
是
29、是否超过参数expire_logs_days的设置
是
清理binary log
否
否

图 3-3（续）

### 3.3.3 步骤解析第一阶段

本阶段即图 3-3 中的第 1~3 步。

**注意：** 在第 1 步之前会有一个获取 MDL_key::COMMIT 锁的操作，因此，FTWRL 会堵塞 commit 操作，堵塞状态为 Waiting for commit lock，可以参考 FTWRL 调用的 make_global_read_lock_block_commit 函数。

第 1 步，binlog 准备。将上一次 COMMIT 队列中最大的 seq number 写入本次事务的 last commit。可以参考 binlog_prepare 函数。

第 2 步，InnoDB 准备。更改事务的状态，并且将事务的状态和 XID 写入 Undo。可以参考 trx_prepare 函数。

第 3 步，生成 XID_EVENT 并且写入 binlog cache。在 2.6 节中说过，XID 实际上来自 query_id，这里只是生成 Event 而已。可以参考 MYSQL_BIN_LOG::commit 函数。

### 3.3.4 步骤解析第二阶段（FLUSH 阶段）

本阶段即图 3-3 中的第 4~10 步。

第 4 步，形成 FLUSH 队列。在这一步中，不断有事务加入 FLUSH 队列。第一个加入 FLUSH 队列的为本阶段的 leader 线程，非 leader 线程将会堵塞，直到 COMMIT 阶段后由 leader 线程唤醒。

第 5 步，获取 LOCK log。

第 6 步，这一步就是将 FLUSH 阶段的队列取出来准备处理。也就是从此时起，本 FLUSH 队列就不能再更改了。可以参考 stage_manager.fetch_queue_for 函数。

第 7 步，这里事务会进行 InnoDB 层的 redo 持久化，并且会帮助其他事务进行 redo 的持久化。可以参考 MYSQL_BIN_LOG::process_flush_stage_queue 函数。下面是注释和一小段代码。

```
/*
  We flush prepared records of transactions to the log of storage
  engine (for example, InnoDB redo log) in a group right before
  flushing them to binary log.
*/
ha_flush_logs(NULL, true);//InnoDB redo 持久化
```

第8步，这一步会生成GTID和seq number，连同前面的last commit生成GTID_EVENT，然后直接写入binary log。注意，这里直接写入了binary log而没有写入binlog cache，因此GTID_EVENT总是事务的第一个Event。参考binlog_cache_data::flush函数中下面一段。

```
trn_ctx->sequence_number= mysql_bin_log.m_dependency_tracker.step();
...
    if (!error)
      if ((error= mysql_bin_log.write_gtid(thd, this, &writer)))
//生成GTID 写入binary log
        thd->commit_error= THD::CE_FLUSH_ERROR;
    if (!error)
      error= mysql_bin_log.write_cache(thd, this, &writer);
//将其他Event 写入binary log
```

对于seq number和last commit的取值来讲，实际上在MySQL内部维护着一个全局的结构Transaction_dependency_tracker。其中包含如下三种可能的取值方式。

- Commit_order_trx_dependency_tracker
- Writeset_trx_dependency_tracker
- Writeset_session_trx_dependency_tracker

到底使用哪一种取值方式，由参数binlog_transaction_dependency_tracking决定。这里先学习将参数设置为COMMIT_ORDER 的方式，下一节会专门讨论WRITESET取值的方式。

将参数设置为COMMIT_ORDER，需要使用Commit_order_trx_dependency_tracker的取值方式，该取值方式有如下特点。

- 每次事务提交，seq number都会加1。
- last commit在binlog准备阶段就赋值给了每个事务。
- last commit是前一个COMMIT队列的最大seq number。这个将在后面介绍。

seq number和last commit这两个值的类型都为Logical_clock，其中维护了一个叫作offset（偏移量）的值，用来记录每次binary log切换时，sequence_number的相对偏移量。因此，seq number和last commit在每个binary log中都会重新计数，下面是offset的源码注释。

```
  /*
    Offset is subtracted from the actual "absolute time" value at
    logging a replication event. That is the event holds logical
    timestamps in the "relative" format. They are meaningful only in
    the context of the current binlog.
    The member is updated (incremented) per binary log rotation.
  */
  int64 offset;
```

下面是计算 seq number 的方式，可以参考 Commit_order_trx_dependency_tracker::get_dependency 函数。

```
    sequence_number=
      trn_ctx->sequence_number - m_max_committed_transaction.get_offset();
  //这里获取 seq number
```

我们清楚地看到这里有一个减去 offset 的操作，这也是 seq number 和 last commit 在每个 binary log 中都会重新计数的原因。

第 9 步，将 binlog cache 里的所有 Event 都写入 OS CACHE。其中，一个事务包含 QUERY_EVENT、MAP_EVENT、DML Event、XID_EVENT。

注意，之前 GTID_EVENT 已经写入 binary log，这里写入 binary log 的是 binlog cache 中的其他 Event。写入 binary log 调用的是 Linux 的 write 函数，在正常情况下它会进入图 3-3 中的 OS CACHE 中，这个时候可能还没有真正写入磁盘介质。

重复 7 ~ 9 步，对 FLUSH 队列中所有的事务做同样的处理。

注意：如果参数 sync_binlog != 1，那么这里会唤醒 DUMP 线程发送 Event。

第 10 步，判断 binary log 是否需要切换，并且设置一个切换标记。依据就是整个队列每个事务写入的 Event 总量加上现有的 binary log 大小是否超过了参数 max_binlog_size 的设置。可以参考 MYSQL_BIN_LOG::process_flush_stage_queue 函数，如下。

```
  if (total_bytes > 0 && my_b_tell(&log_file) >= (my_off_t) max_size)
     *rotate_var= true; //标记需要切换
```

注意，这里先将所有的 Event 都写入 binary log，然后再进行判断。因此对于大事务来讲，其 Event 肯定都包含在同一个 binary log 中。

到这里 FLUSH 阶段就结束了。

### 3.3.5　步骤解析第三阶段（SYNC 阶段）

本阶段即图 3-3 中的第 11~16 步。

第 11 步，FLUSH 队列加入 SYNC 队列。第一个进入 FLUSH 队列的 leader 线程为本阶段的 leader。其他 FLUSH 队列加入 SYNC 队列，且其他 FLUSH 队列的 leader 线程会被 LOCK sync 堵塞，直到 COMMIT 阶段后由 leader 线程唤醒。

第 12 步，释放 LOCK log。

第 13 步，获取 LOCK sync。

第 14 步，这里根据参数 delay 的设置决定是否等待一段时间。从图 3-3 中我们可以看出，delay 的时间越久，加入 SYNC 队列的时间就越长，也就可能有更多的 FLUSH 队列加入，这个 SYNC 队列的事务就越多。这不仅会提高 sync 效率，而且增加了 GROUP COMMIT 组成员的数量（因为 last commit 还没有更改，所以时间拖得越长，一组事务中事务的数量就越多），从而提高了从库 MTS 的并行效率。但是其缺点也很明显，即可能导致简单的 DML 语句时间拖长，因此不能设置得过大。delay 包含如下两个参数。

（1）参数 binlog_group_commit_sync_delay：通过人为设置 delay 时长来增加整个 GROUP COMMIT 组中的事务数量，并且减少磁盘刷盘 sync 的次数，但是受到参数 binlog_group_commit_sync_no_delay_count 的限制。单位为 1/1000000 秒，最大值为 1 000 000，也就是 1 秒。

（2）参数 binlog_group_commit_sync_no_delay_count：在 delay 的时间内，如果 GROUP COMMIT 中的事务数量达到了设置值就直接跳出等待。而不需要等待参数 binlog_group_commit_sync_delay 的时长。单位是事务的数量。

第 15 步，将 SYNC 阶段的队列取出来准备处理。也就是从这时起，SYNC 队列就不能再更改了。这个队列和 FLUSH 队列的事务顺序一样，但是数量可能不一样。

第 16 步，根据 sync_binlog 的设置决定队列中的事务是否刷盘。可以参考 MYSQL_BIN_LOG::sync_ binlog_file 函数，逻辑也很简单。

到这里 SYNC 阶段就结束了。注意，如果参数 sync_binlog = 1，则会唤醒 DUMP 线程发送 Event。

### 3.3.6　步骤解析第四阶段（COMMIT 阶段）

本阶段即图 3-3 中的第 17~24 步。

第 17 步，SYNC 队列加入 COMMIT 队列。第一个进入 SYNC 队列的 leader 线程为本阶段的 leader 线程。其他 SYNC 队列加入 COMMIT 队列，且其他 SYNC 队列的 leader 线程会被 LOCK commit 堵塞，直到 COMMIT 阶段后由 leader 线程唤醒。

第 18 步，释放 LOCK sync。

第 19 步，获取 LOCK commit。

第 20 步，根据参数 binlog_order_commits 的设置决定是否按照队列的顺序进行 InnoDB 层的提交，如果参数 binlog_order_commits=1，那么 InnoDB 按照队列顺序提交事务。如果参数 binlog_order_commits=0，则第 21～23 步将不会进行，也就是不会进行 InnoDB 层的提交。

第 21 步，将 COMMIT 阶段的队列取出来准备处理。也就是从这时起，COMMIT 队列就不能再更改了。这个 COMMIT 队列将成为一个 GROUP COMMIT，且与 FLUSH 队列和 SYNC 队列事务的顺序一样，数量可能不一样。

注意，如果参数 rpl_semi_sync_master_wait_point 设置为 AFTER_SYNC，那么这里将会进行 ACK 确认，可以看到实际的 InnoDB 层提交操作还没有进行，等待期间状态为 Waiting for semi-sync ACK from slave。

第 22 步，在 InnoDB 层提交之前必须更改 last commit。COMMIT 队列中每个事务都会更新它，如果事务的 seq number 大于当前 last commit 则更改它，小于则不变。可以参考 Commit_order_trx_dependency_tracker::update_max_committed 函数，下面是这一小段代码：

```
m_max_committed_transaction.set_if_greater(sequence_number);//如果更大则更改
```

第 23 步，COMMIT 队列中的每个事务按照顺序进行 InnoDB 层的提交。可以参考 innobase_commit 函数。

在这一步，InnoDB 层会做很多动作，比如 Readview 的更新、Undo 状态的更新、InnoDB 锁资源的释放。

完成这一步，实际上在 InnoDB 层事务就可见了。笔者曾经遇到过由于 leader 线程唤醒本组其他线程出现问题而导致整个 commit 操作堵塞，但是在数据库中这些事务的修改已经可见的案例。

循环执行第 22～23 步，直到 COMMIT 队列处理完成。

注意：如果参数 rpl_semi_sync_master_wait_point 设置为 AFTER_COMMIT，这里将会进行 ACK 确认，可以看到实际的 InnoDB 层提交操作已经完成了，等待期间状态为 Waiting for semi-sync ACK from slave。

第 24 步，释放 LOCK commit。

到这里 COMMIT 阶段就结束了。

### 3.3.7 步骤解析第五阶段

本阶段即图 3-3 中的第 25~29 步。

第 25 步，leader 线程会唤醒所有的组内成员，分别进行操作。

第 26 步，每个事务成员都清空 binlog cache 内存和临时文件，但不释放，保留文件描述符。

第 27 步，如果参数 binlog_order_commits 被设置为 0，那么各个线路分别提交，也就是说 COMMIT 队列中的每个事务分别进行 InnoDB 层的提交（不按照 binary log 中事务的顺序）。

第 28 步，根据第 10 步设置的切换标记，决定是否需要切换 binary log。

第 29 步，如果切换了 binary log，则还需要根据参数 expire_logs_days 的设置判断是否清理 binary log。

### 3.3.8　提交阶段的注意点

在整个过程中，我们看到在生成 last commit 和 seq number 时并没有其他的开销，但是下一节介绍的基于 WRITESET 的并行复制就有一定的开销了。

我们需要明白的是 FLUSH、SYNC、COMMIT 的每一个阶段都有一个相应的队列，每个队列都不一样。但是其中的事务顺序是一样的，是否能够在从库并行回放完全取决于准备阶段获取的 last commit，这个我们将在 4.1 节详细介绍。

FLUSH、SYNC、COMMIT 三个队列事务的数量有这样关系：COMMIT 队列≥SYNC 队列≥FLUSH 队列。如果压力不大，那么这三个队列包含的事务数量可能相同且为 1。

从流程中可以看出，基于 COMMIT_ORDER 的并行复制在数据库压力不大的情况下可能出现每个队列都只有一个事务的情况。在这种情况下，基于 COMMIT_ORDER 的并行复制就不能在从库并行回放了，但是下一节我们讲的基于 WRITESET 的并行复制可以改变这种情况。

这里我们也更加明显地看到大事务的 Event 会在提交时一次性写入 binary log。如果 COMMIT 队列中包含了大事务，那么必然堵塞本队列中的其他事务提交，后续的提交操作也不能完成。笔者认为这也是 MySQL 不适合大事务的一个重要原因。

## 3.4　基于 WRITESET 的并行复制方式

基于 COMMIT_ORDER 的并行复制只有在有压力的情况下才可能形成一组，在压力不大的情况下，从库回放的并行度并不会太高。但是基于 WRITESET 的并行复制的目标就是在 ORDER_COMMIT 的基础上尽可能降低 last commit，这样在从库可以获得更好的并行度（即便在主库串行执行的事务在从库也能并行回放）。它使用的方式是扫描 WRITESET 中的每一个元素（行数据的 hash 值），在一个叫 WRITESET 的历史 MAP（行数据的 hash 值和 seq number 的一个 MAP）中进行比对，寻找是否有冲突的行，然后做相应的处理，后面我们会详细介绍这种行为。使用这种方式我们需要在主库设置如下两个参数。

（1）参数 transaction_write_set_extraction=XXHASH64；

（2）参数 binlog_transaction_dependency_tracking=WRITESET。

这两个参数是在 MySQL 5.7.22 中引入的。

## 3.4.1 奇怪的 last commit

我们先来看图 3-4，仔细观察其中的 last commit（图中为 last_committed）：

```
GTID    last_committed=830    sequence_number=897
GTID    last_committed=160    sequence_number=898
GTID    last_committed=719    sequence_number=899
GTID    last_committed=511    sequence_number=900
GTID    last_committed=160    sequence_number=901
GTID    last_committed=160    sequence_number=902
GTID    last_committed=829    sequence_number=903
GTID    last_committed=160    sequence_number=904
GTID    last_committed=715    sequence_number=905
GTID    last_committed=638    sequence_number=906
GTID    last_committed=160    sequence_number=907
GTID    last_committed=836    sequence_number=908
GTID    last_committed=255    sequence_number=909
GTID    last_committed=498    sequence_number=910
GTID    last_committed=836    sequence_number=911
GTID    last_committed=903    sequence_number=912
GTID    last_committed=772    sequence_number=913
GTID    last_committed=383    sequence_number=914
GTID    last_committed=678    sequence_number=915
GTID    last_committed=693    sequence_number=916
GTID    last_committed=726    sequence_number=917
GTID    last_committed=819    sequence_number=918
```

图 3-4

我们可以看到其中的 last commit 是乱序的，这种情况在基于 COMMIT_ORDER 的并行复制方式下是不可能出现的。实际上它就是我们前面说的基于 WRITESET 的并行复制下尽可能降低 last commit 的结果。这种情况会在 MTS 从库获得更好的并行回放效果，4.1 节将会详细解释并行判定的标准。

## 3.4.2 WRITESET 是什么

WRITESET 是一个集合，使用的是 C++ STL 中的 set 容器，在类 Rpl_transaction_write_set_ctx 中包含了如下定义。

```
std::set<uint64> write_set_unique;
```

集合中的每一个元素都是 hash 值，这个 hash 值和我们的参数 transaction_write_

set_extraction 指定的算法有关，其来源就是行数据的主键和唯一键，每行数据的字段值包含二进制和字符串两种格式。

每行数据的具体格式如图 3-5 所示：

| 主键/唯一键名称 | 分隔符 | 库名 | 分隔符 | 库名长度 | 表名 | 分隔符 | 表名长度 | 键字段1 | 分隔符 | 长度 | 键字段2 | 分隔符 | 长度 | 其他字段 |
|---|---|---|---|---|---|---|---|---|---|---|---|---|---|---|

图 3-5

在 InnoDB 层修改一行数据后会将以上格式的数据通过 hash 算法写入 WRITESET。可以参考 add_pke 函数，后面笔者也会以伪代码的方式给出部分流程。

需要注意，一个事务的所有行数据的 hash 值都要写入一个 WRITESET。如果修改的行比较多，那么可能需要更多内存来存储这些 hash 值。为了更直观地观察到这种数据格式，可以使用 debug 的方式获取，下面我们来看一下。

## 3.4.3 WRITESET 的生成

我们使用如下表：

```
mysql> use test
Database changed
mysql> show create table jj10 \G
*************************** 1. row ***************************
       Table: jj10
Create Table: CREATE TABLE `jj10` (
  `id1` int(11) DEFAULT NULL,
  `id2` int(11) DEFAULT NULL,
  `id3` int(11) NOT NULL,
  PRIMARY KEY (`id3`),
  UNIQUE KEY `id1` (`id1`),
  KEY `id2` (`id2`)
) ENGINE=InnoDB DEFAULT CHARSET=latin1
```

写入一行数据：

```
insert into jj10 values(36,36,36);
```

这一行数据一共会生成 4 个元素，分别如下（注意，代码中显示的“?”是分隔符）。

### 1. 主键二进制格式

```
(gdb) p pke
$1 = "PRIMARY?test?4jj10?4\200\000\000$?4"
```

分解为图 3-6 的形式。

| 主键名称 | 分隔符 | 库名 | 分隔符 | 库名长度 | 表名 | 分隔符 | 表名长度 | 键字段1 | 分隔符 | 长度 |
|---|---|---|---|---|---|---|---|---|---|---|
| PRIMARY | ? | test | ? | 4 | jj10 | ? | 4 | 0X80000024 | ? | 4 |

图 3-6

### 2. 主键字符串格式

```
(gdb) p pke
$2 = "PRIMARY?test?4jj10?436?2"
```

分解为图 3-7 的形式。

| 主键名称 | 分隔符 | 库名 | 分隔符 | 库名长度 | 表名 | 分隔符 | 表名长度 | 键字段1 | 分隔符 | 长度 |
|---|---|---|---|---|---|---|---|---|---|---|
| PRIMARY | ? | test | ? | 4 | jj10 | ? | 4 | 36 | ? | 2 |

图 3-7

### 3. 唯一键二进制格式

```
(gdb) p pke
$3 = "id1?test?4jj10?4\200\000\000$?4"
```

解析同上。

### 4. 唯一键字符串格式

```
(gdb) p pke
$4 = "id1?test?4jj10?436?2"
```

解析同上。

最终这些数据会通过 hash 算法写入 WRITESET。

## 3.4.4 add_pke 函数的流程

下面是一段伪代码，用来描述这种生成过程。

```
如果表中存在索引：
    将数据库名、表名写入临时变量
    循环扫描表中的每个索引：
          如果不是唯一索引：
                那么退出本次循环继续循环。
```

```
        循环两种生成格式数据(二进制格式和字符串格式):
            将索引名写入 pke。
            将临时变量信息写入 pke。
            循环扫描索引中的每一个字段:
               将每一个字段的信息写入 pke。
               如果字段扫描完成:
                  则将 pke 生成 hash 值并且写入写集合。
如果没有找到主键或者唯一键，则记录一个标记，后面会通过这个标记判定是否使用 WRITESET 的并行复制方式
```

### 3.4.5　WRITESET 设置对 last commit 的处理方式

前一节我们讨论了基于 ORDER_COMMIT 的并行复制是如何生成 last commit 和 seq number 的。实际上基于 WRITESET 的并行复制方式只是在 ORDER_COMMIT 的基础上对 last commit 做更进一步处理，并不影响原有 ORDER_COMMIT 的逻辑，因此回退到 ORDER_COMMIT 逻辑非常方便。可以参考 MYSQL_BIN_LOG::write_gtid 函数。

根据参数 binlog_transaction_dependency_tracking 取值的不同会做如下处理。

- **ORDER_COMMIT**：调用 m_commit_order.get_dependency 函数。这是前面我们讨论的方式。
- **WRITESET**：调用 m_commit_order.get_dependency 函数，然后调用 m_writeset.get_dependency 函数。可以看到 m_writeset.get_dependency 函数会对原有的 last commit 做处理。
- **WRITESET_SESSION**：调用 m_commit_order.get_dependency 函数，然后调用 m_writeset.get_dependency 函数，再调用 m_writeset_session.get_dependency 函数。m_writeset_session.get_dependency 函数会对 last commit 再次做处理。

这段描述对应的代码如下。

```
case DEPENDENCY_TRACKING_COMMIT_ORDER:
  m_commit_order.get_dependency(thd, sequence_number, commit_parent);
  break;
case DEPENDENCY_TRACKING_WRITESET:
  m_commit_order.get_dependency(thd, sequence_number, commit_parent);
  m_writeset.get_dependency(thd, sequence_number, commit_parent);
  break;
case DEPENDENCY_TRACKING_WRITESET_SESSION:
  m_commit_order.get_dependency(thd, sequence_number, commit_parent);
  m_writeset.get_dependency(thd, sequence_number, commit_parent);
  m_writeset_session.get_dependency(thd, sequence_number, commit_parent);
  break;
```

### 3.4.6 WRITESET 的历史 MAP

到这里，我们已经讨论了 WRITESET 是什么，也介绍了降低 last commit 值需要将事务的 WRITESET 和 WRITESET 的历史 MAP 进行比对，因此必须在内存中保存一份这样的历史 MAP。在源码中使用如下方式定义。

```
/*
  Track the last transaction seq number that changed each row
  in the database, using row hashes from the writeset as the index.
*/
typedef std::map<uint64,int64> Writeset_history; //MAP 实现
Writeset_history m_writeset_history;
```

我们可以看到这是 C++ STL 中的 MAP 容器，它包含 WRITESET 的 hash 值和最新一次本行数据修改事务的 seq number 的两个元素。

它是按照 WRITESET 的 hash 值进行排序的。

内存中还维护着一个叫 m_writeset_history_start 的值，用于记录 WRITESET 的历史 MAP 中最早事务的 seq number。如果 WRITESET 的历史 MAP 满了就会清理它，然后将本事务的 seq number 写入 m_writeset_history_start，作为最早的 seq number。后面会看到，事务 last commit 值的修改总是始于对它的比较判断，如果在 WRITESET 的历史 MAP 中没有找到冲突，那么直接设置 last commit 为这个 m_writeset_history_start 值即可。下面是清理 WRITESET 历史 MAP 的代码。

```
  if (exceeds_capacity || !can_use_writesets)
//WRITESET 的历史 MAP 已满
  {
    m_writeset_history_start= sequence_number;
//如果超过最大设置，则从当前 seq number 重新记录
    m_writeset_history.clear();
//清空历史 MAP
  }
```

### 3.4.7 WRITESET 的并行复制对 last commit 的处理流程

整个处理过程假设如下。

- 通过基于 ORDER_COMMIT 的方式并行复制后，构造出来 last commit=125，seq number=130。
- 本事务修改了 4 条数据，分别用 ROW1、ROW7、ROW6、ROW10 代表。

- 表只包含主键，没有唯一键，图中只保留行数据的二进制格式的 hash 值，而没有包含数据的字符串格式的 hash 值。

初始化情况如图 3-8 所示。

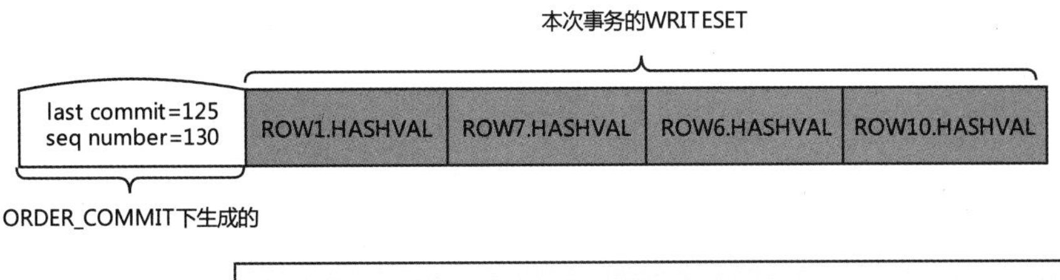


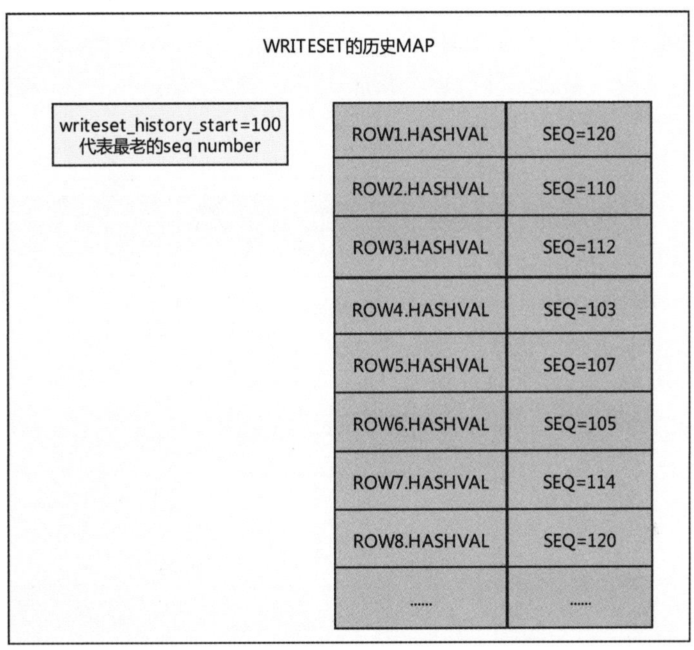


图 3-8

其过程如下。

（1）设置 last commit 为 writeset_history_start 的值，也就是 100。

（2）在 WRITESET 历史 MAP 中查找 ROW1.HASHVAL，找到冲突的行 ROW1.HASHVAL，将历史 MAP 中这行数据的 seq number 更改为 130，同时设置 last commit 为 120。

（3）在 WRITESET 历史 MAP 中查找 ROW7.HASHVAL，找到冲突的行 ROW7.HASHVAL，将 WRITESET 历史 MAP 中这行数据的 seq number 更改为 130。由于历史 MAP 中对应的 seq number 为 114，小于 120 不做更改，所以 last commit 依旧为 120。

（4）在 WRITESET 历史 MAP 中查找 ROW6.HASHVAL，找到冲突的行 ROW6.HASHVAL，将 WRITESET 历史 MAP 中这行数据的 seq number 更改为 130。由于历史 MAP 中对应的 seq number 为 105，小于 120 不做更改，所以 last commit 依旧为 120。

（5）在 WRITESET 历史 MAP 中查找 ROW10.HASHVAL，没有找到冲突的行，因此需要将这一行插入 WRITESET 历史 MAP 查找（需要判断插入后是否会导致历史 MAP 占满，如果会占满则不需要插入，后面随即要清理掉），即要将 ROW10.HASHVAL 和 seq number=130 插入 WRITESET 历史 MAP。

整个过程结束。last commit 由以前的 125 降为 120，目的达到了。我们可以看出，WRITESET 历史 MAP 相当于保存了一段时间以来修改行的快照，如果能保证本次事务修改的数据在这段时间内没有冲突，那么显然可以在从库中并行回放。last commit 降低后的结果如图 3-9 所示。

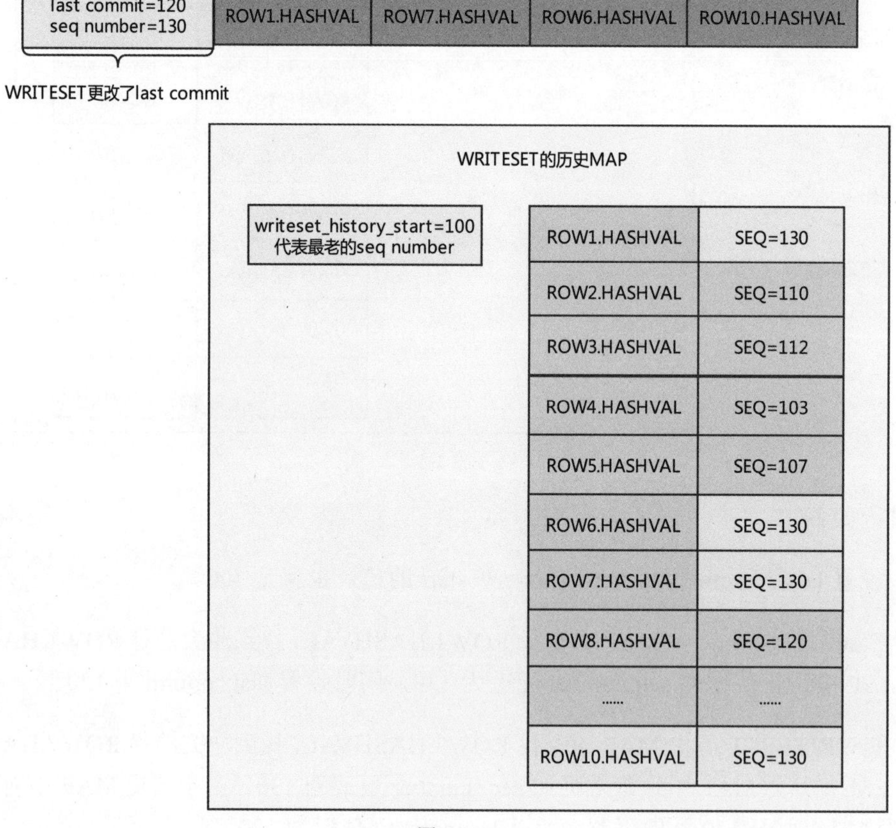


图 3-9

整个逻辑就在 Writeset_trx_dependency_tracker::get_dependency 函数中，下面是一些关键代码。

```
    if (can_use_writesets) //如果能够使用 WRITESET 方式，则进入如下逻辑
      {
        exceeds_capacity=
          m_writeset_history.size() + writeset->size() > m_opt_max_history_size;
    //如果大于参数 binlog_transaction_dependency_history_size，则设置清理标记
        /*
         Compute the greatest sequence_number among all conflicts and add the
         transaction's row hashes to the history.
        */
        int64 last_parent= m_writeset_history_start;//临时变量，设置为最小的一个 seq number
        for (std::set<uint64>::iterator it= writeset->begin(); it != writeset->end();
++it)//循环每一个 WRITESET 中的每一个元素
        {
          Writeset_history::iterator hst= m_writeset_history.find(*it);//判断本行记录是否
    //在 WRITESET history 中已经存在了。历史 MAP 中的元素是 key-value 方式的，key 是 WRITESET 的
    //hash 值，value 是 seq number
          if (hst != m_writeset_history.end()) //如果存在，则进入如下逻辑
          {
            if (hst->second > last_parent && hst->second < sequence_number)
              last_parent= hst->second;//如果已经大于，则不需要设置
            hst->second= sequence_number; //更改这行记录的 seq number
          }
          else
          {
            if (!exceeds_capacity)
              m_writeset_history.insert(std::pair<uint64, int64>(*it, sequence_number));
    //如果没有冲突，则插入
          }
        }

    ……
        if (!write_set_ctx->get_has_missing_keys())//如果没有主键和唯一键，则不更改 last commit
        {
          /*
           The WRITESET commit_parent then becomes the minimum of largest parent
           found using the hashes of the row touched by the transaction and the
           commit parent calculated with COMMIT_ORDER.
          */;
          commit_parent= std::min(last_parent, commit_parent);//这里更改 last commit,
                                                          //降低它的 last commit
        }
      }
```

```
        }
      }
    if (exceeds_capacity || !can_use_writesets)
      {
        m_writeset_history_start= sequence_number; //如果超过最大设置，则清空 WRITESET
                                                   //历史从当前 seq number 重新记录
        m_writeset_history.clear();//清空整个 WRITESET 历史
      }
```

### 3.4.8 WRITESET_SESSION 的方式

前面说过这种方式就是在 WRITESET 的基础上继续处理，实际上它的含义是同一个 session 的事务不允许在从库并行回放。代码很简单，如下。

```
    int64 session_parent= thd->rpl_thd_ctx.dependency_tracker_ctx().
                          get_last_session_sequence_number();//取本 session 的上一次事务的
  //seq number
    if (session_parent != 0 && session_parent < sequence_number) //如果本 session 已经
  //做过事务，并且本次的 seq number 大于上一次的 seq number
      commit_parent= std::max(commit_parent, session_parent);//则说明这个 session 做过多
  //次事务，不允许并发，修改为 order_commit 生成的 last commit
    thd->rpl_thd_ctx.dependency_tracker_ctx().
      set_last_session_sequence_number(sequence_number);//设置 session_parent 的值为本
  //次 seq number 的值
```

### 3.4.9 关于参数 binlog_transaction_dependency_history_size 的说明

本参数默认值为 25000。代表 WRITESET 历史 MAP 中元素的个数。如前面分析的 WRITESET 生成过程，修改一行数据可能生成多个 hash 值，因此这个值不能完全等同于修改的行数，可以理解为

```
  binlog_transaction_dependency_history_size/2 = 修改的行数 * （1+唯一键个数）
```

通过前面的分析可以发现，这个值越大，WRITESET 历史 MAP 中能容下的元素也就越多，生成的 last commit 就可能越精确（越小），从库并行回放的效率也就可能越高。需要注意的是，本参数设置得越大，相应的内存需求也就越高。

### 3.4.10 没有主键的情况

实际上，add_pke 函数会判断是否有主键或者唯一键。WRITESET 中存储了主键或者唯一键数据对应的 hash 值。参考 add_pke 函数，下面是判断：

```
    if (!((table->key_info[key_number].flags & (HA_NOSAME )) == HA_NOSAME)) //跳
//过非唯一的 KEY
      continue;
```

如果没有主键或者唯一键，那么下面的语句将被触发：

```
if (writeset_hashes_added == 0)
  ws_ctx->set_has_missing_keys();
```

在更改 last commit 时会进行如下判断：

```
  if (!write_set_ctx->get_has_missing_keys())//如果没有主键和唯一键，那么不更改
                                                    //last commit
  {
    /*
     The WRITESET commit_parent then becomes the minimum of largest parent
     found using the hashes of the row touched by the transaction and the
     commit parent calculated with COMMIT_ORDER.
    */;
    commit_parent= std::min(last_parent, commit_parent);//这里更改 last commit,
                                                          //降低它的 last commit
  }
}
```

因此如果没有主键，那么可以使用唯一键，如果二者都没有，那么 WRITESET 设置就不会生效回退到老的 ORDER_COMMIT 方式。

### 3.4.11 为什么同一个 session 执行的事务能生成同样的 last commit

有了前面的基础，我们就很容易解释这种现象了。其主要原因是 WRITESET 历史 MAP 的存在，只要这些事务修改的行没有冲突，也就是主键、唯一键不相同，那么在基于 WRITESET 的并行复制方式中就可能存在这种现象，但是如果参数 binlog_transaction_dependency_tracking 设置为 WRITESET_SESSION，则不会出现这种现象。

### 3.4.12 WRITESET 并行复制方式的优缺点

到这里我们明白了基于 WRITESET 的并行复制方式的优点，但是它也有如下明显的缺点。

- WRITESET 中每个 hash 值都需要和 WRITESET 的历史 MAP 进行比较。
- WRITESET 需要额外的内存空间。
- WRITESET 的历史 MAP 需要额外的内存空间。

如果从库没有延迟，则不需要考虑这种方式，即便有延迟我们也应该先考虑其他的优化方案。4.10 节将会介绍有哪些导致延迟的可能。

## 3.5 主库的 DUMP 线程

本节介绍主库的 DUMP 线程的启动和工作流程。每一个从库在主库都对应了一个 DUMP 线程，主要功能就是发送 Event 给从库，使用如下命令查看。

```
mysql> select id,COMMAND,STATE  from information_schema.processlist;
+----+------------------+----------------------------------------------------------------+
| id | COMMAND          | STATE                                                          |
+----+------------------+----------------------------------------------------------------+
|  1 | Daemon           | Waiting on empty queue                                         |
|  3 | Query            | executing                                                      |
|  9 | Binlog Dump GTID | Master has sent all binlog to slave; waiting for more updates |
+----+------------------+----------------------------------------------------------------+
```

实际上，在启动之前，DUMP 线程还会和从库的 I/O 线程进行多次语句交互，然后注册从库，最后才是启动 DUMP 线程。这些内容将放到 I/O 线程中讨论。这里主要讨论 POSITION MODE 和 GTID AUTO_POSITION MODE 下的启动流程。

### 3.5.1 POSITION MODE 和 GTID AUTO_POSITION MODE 的不同点

POSITION MODE 和 GTID AUTO_POSITION MODE 使用的从库信息是不一样的，调用的接口也不一样。笔者认为，清楚这一点对于理解整个主从体系异常重要，下面我们进行详细描述。

**POSITION MODE：调用 com_binlog_dump 函数**

会使用 I/O 线程传输过来的 master log name 和 master log position 进行主库 binary log 定位。

**GTID AUTO_POSITION MODE：调用 com_binlog_dump_gtid 函数**

会使用从库的 GTID SET 信息进行主库 binary log 的查找，然后使用 GTID SET 在 binary log 内部进行过滤，并且查找到具体的位置。也就是说，在这种模式下，master log name 和 master log position 是没有用处的。注意这个 GTID SET 和参数 relay_log_recovery 的设置有关，如果设置参数 relay_log_recovery=ON，那么 Retrieved_Gtid_Set 将不会使用。参数 relay_log_recovery 的具体作用将在 4.7 节进行详细描述。

下面我们结合从库的I/O线程进行描述，看看I/O线程是如何发送信息给DUMP线程的，也用于证明前面的结论。可以参考request_dump函数。

## 1. POSITION MODE

下面可以看到master log name和master log position都存在实际的值。

```
int4store(ptr_buffer, DBUG_EVALUATE_IF("request_master_log_pos_3", 3,
static_cast<uint32>(mi->get_master_log_pos())));//master log position 存入
int4store(ptr_buffer, server_id);//存入 server_id
memcpy(ptr_buffer, mi->get_master_log_name(), BINLOG_NAME_INFO_SIZE); //master log
// name 存入
```

debug主库的com_binlog_dump接口也可以得到同样的信息。

```
com_binlog_dump:
(gdb) p pos
 $1 = 3587
(说明位点存在)
(gdb) p packet + 10
 $3 = 0x7ffedc00a88b "binlog.000005"
(说明 binary log 的文件名存在)
```

## 2. GTID AUTO_POSITION MODE

在这种模式下，master log name和master log position不存在实际的值，只需要从库的GTID SET即可。

```
gtid_executed.add_gtid_set(mi->rli->get_gtid_set())//加入 Retrieved_Gtid_Set
gtid_executed.add_gtid_set(gtid_state->get_executed_gtids())//加入 Executed_Gtid_
Set
int4store(ptr_buffer, server_id);//存入 server_id
memset(ptr_buffer, 0, BINLOG_NAME_INFO_SIZE);//将 master log name 设置为 0
int8store(ptr_buffer, 4LL);//将 master log position 设置为 4
gtid_executed.encode(ptr_buffer);//将 GTID SET 存入
```

debug主库的com_binlog_dump_gtid接口也可以得到同样的信息。

```
(gdb) p gtid_string
 $17 = 0x7ffee400ef20 "010fde77-2075-11e9-ba07-5254009862c0:1,\ncb7ea36e
-670f-11e9-b483-5254008138e4:1-16"
(说明 GTID SET 存在)
(gdb) p name
$18 = '\000' <repeats 16 times>
(binary log 的文件名丢失，即 master log name 没有值)
```

```
(gdb) p pos
$19 = 4
(位点丢失，即 master log position 没有值)
```

如果使用 GTID MODE，也就是使用 GTID 但是不设置 AUTO_POSITION，那么将使用 POSITION MODE 的定位方法。也可以结合 4.4 节和 4.8 节理解。

## 3.5.2 流程图

图 3-10 是一张流程图，流程图中说明了 POSITION MODE 和 GTID AUTO_POSITION MODE 的不同。

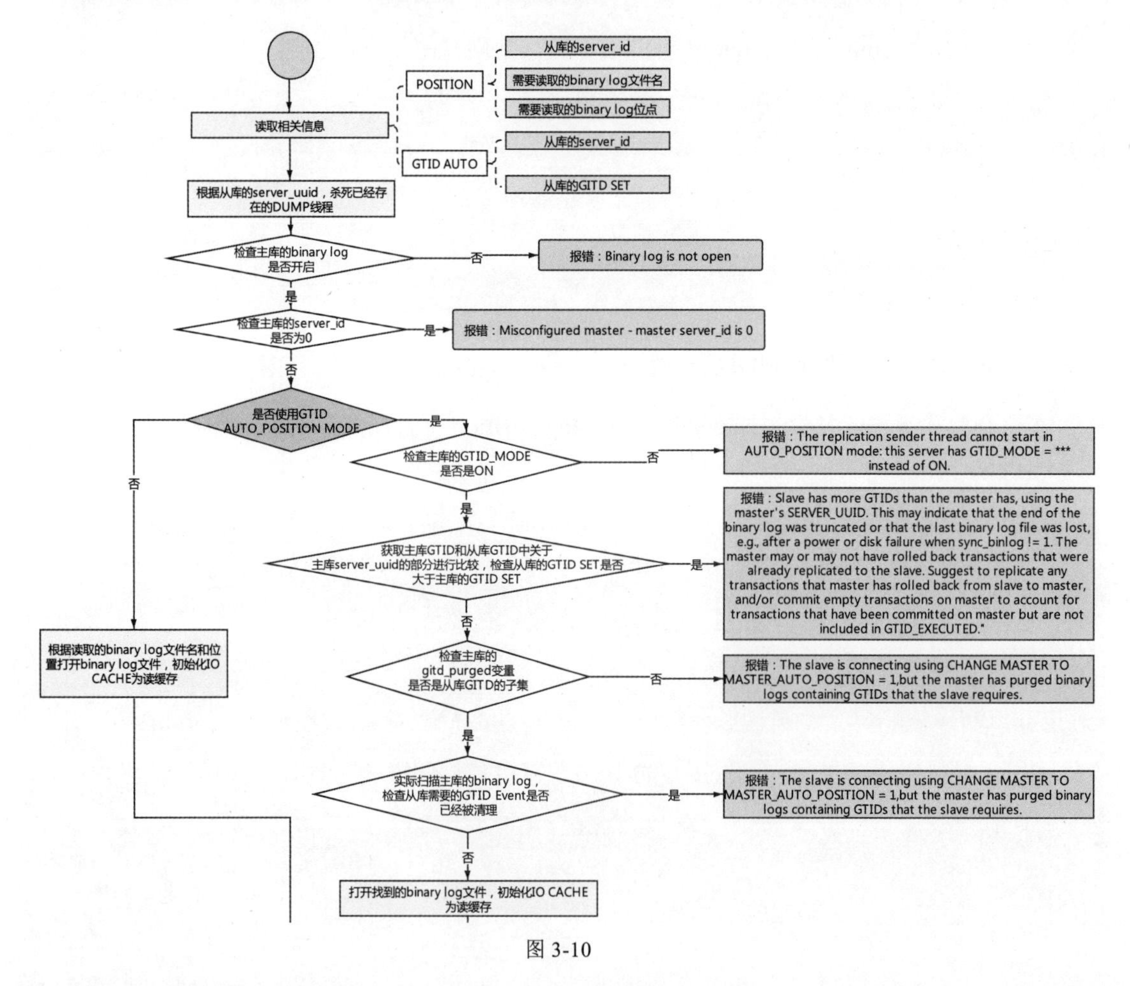


图 3-10

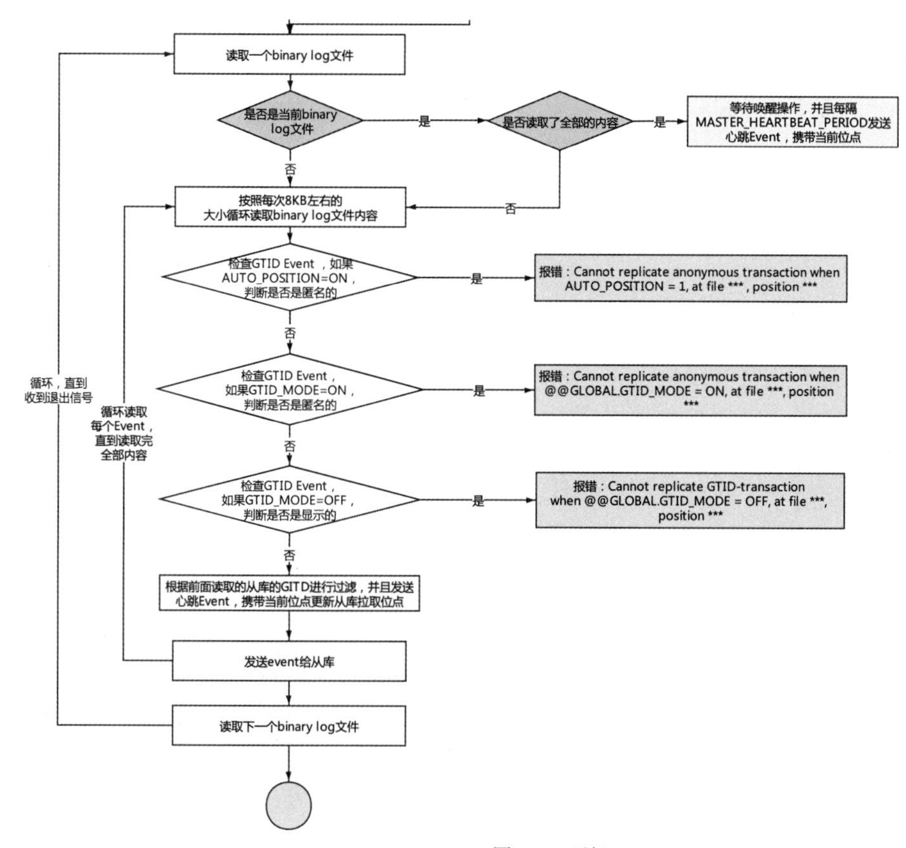


图 3-10（续）

## 3.5.3　步骤解析

### 1. 通过网络底层读取需要的信息

前面说过，这部分读取的信息和从库使用的 MODE 相关，不再赘述。下面是 com_binlog_dump_gtid 函数的一部分代码。

```
READ_INT(thd->server_id, 4);//读取从库的 server_id
READ_INT(name_size, 4);//读取主库 binary log 长度
READ_STRING(name, name_size, sizeof(name));//主库 binary log 位点
READ_INT(pos, 8);//主库位点
READ_INT(data_size, 4);
CHECK_PACKET_SIZE(data_size);
if (slave_gtid_executed.add_gtid_encoding(packet_position, data_size) !=
    RETURN_STATUS_OK)//读取从库的 GTID
```

### 2. 杀死已经存在的 DUMP 线程

kill_zombie_dump_threads 函数的作用是在主库启动 DUMP 线程之前，根据从库的 server_uuid 确认并杀死可能存在的老的 DUMP 线程。下面代码的作用就是查找是否存在这样的线程。

```
get_slave_uuid(thd, &slave_uuid);//获取从库的 server_uuid
Find_zombie_dump_thread find_zombie_dump_thread(slave_uuid);
THD *tmp= Global_THD_manager::get_instance()->
                              find_thd(&find_zombie_dump_thread);//使用从库的
//server_uuid 查找
```

### 3. 进行两项检查

主要检查主库的 binary log 是否开启了，然后检查主库的 server_id 是否为 0。根据检查结果报错或者报告检查通过，报错见图 3-10。

### 4. 判断是否使用了 GTID AUTO_POSITION MODE

从图 3-10 可以看出，是否使用 GTID AUTO_POSITION MODE 的主要区别是定位到 binary log 相应位置的方法不同。POSITION MODE 使用读取到的 master log name 和 master log position 进行定位，非常简单。GTID AUTO_POSITION MODE 却复杂得多。下面我们以 GTID AUTO_POSITION MODE 为主线进行解释。

### 5. 检查主库的 GTID_MODE 是否是 ON

如图 3-10 中流程所示。

### 6. 检查从库的 GTID SET 是否大于主库的 GTID SET

如图 3-10 所示，这里的报错比较有意思，会询问用户是否设置了 sync_binlog != 1。这正是我们所说的参数 sync_binlog 的第二个功能，它会控制什么时候发送 Event 给从库。如下。

- 参数 sync_binlog !=1：在 FLUSH 阶段后发送。这种情况可能导致从库比主库多事务。
- 参数 sync_binlog =1：在 SYNC 阶段后发送。

这部分源码如下。

```
if (!m_exclude_gtid->is_subset_for_sid(&gtid_executed_and_owned, //主库的 GTID SET
                                   gtid_state->get_server_sidno(),//主库
                                                         //SERVER_UUID 的 SIDNO
                                   subset_sidno))
//只将主库在从库上的 SIDNO 值和主库 server_uuid 的 GTID 进行比较，而不是比较全部
```

```
    {
      errmsg= ER(ER_SLAVE_HAS_MORE_GTIDS_THAN_MASTER);
      ......
    }
```

### 7. 根据主库的 gtid_purged 变量检查从库需要的 GTID Event 是否已经被清理

也就是检查主库的 gtid_purged 变量是否是从库 GTID 的子集，这一步主要通过 gtid_purged 变量进行判断，如图 3-10 所示，源码如下。

```
if (!gtid_state->get_lost_gtids()->is_subset(m_exclude_gtid))
//如果主库的 GTID_PRUGE 不是从库 GTID 的子集，则说明主库已经被清理了
    {
//举例：主库 GTID_PRUGE 1-10，从库 1-5，不是子集，报错。但存在一些例外情况，比如手动清理了 binary log
      errmsg= ER(ER_MASTER_HAS_PURGED_REQUIRED_GTIDS);
      ......
    }
```

### 8. 实际扫描主库的 binary log，检查从库需要的 GTID Event 是否已经被清理

这一步需要完成以下两件事情。

（1）上一步检查有一种特殊情况，就是主库手动删除了 binary log（rm 命令删除），在这种情况下，gtid_purged 变量可能没有更新。因此需要实际扫描主库的 binary log 来确认。

（2）将扫描到的 binary log 作为 DUMP 线程发送的起点。

扫描方式是先扫描最后一个 binary log，拿到 PREVIOUS_GTIDS_LOG_EVENT，然后检查需要拉取的 GTID 是否在此之后，是就结束。否则检查上一个 binary log，同样拿到 PREVIOUS_GTIDS_LOG_EVENT，检查需要拉取的 GTID 是否在此之后，如此循环直到找到为止。

注意，如果延迟较高，并且设置了参数 relay_log_recovery=ON，那么 Retrieved_Gtid_Set 将不会初始化，也就是使用从库的 Executed_Gtid_Set 去检查，这个过程耗时可能有些长，比如几十秒，因为需要扫描的 binary log 可能比较多。这也是实际遇到过的案例，参数 relay_log_recovery 的影响参考 4.7 节。

如果没有找到则会报错，如图 3-10 所示。这部分源码如下。

```
if (mysql_bin_log.find_first_log_not_in_gtid_set(index_entry_name, //返回文件名
                                                  m_exclude_gtid,
                                                  &first_gtid, //第一个 GTID 输出
                                                  &errmsg)) //这一步反向扫描 binary log,
```

```
//获取p_event，然后比较是否是 slave gtid 的子集，不是则继续扫描上一个 binary log。这个过程会
//一直循环到第一个 binary log。如果还是没找到则报错 ER_MASTER_HAS_PURGED_REQUIRED_GTIDS
    {
      set_fatal_error(errmsg);
      return 1;
    }
```

### 9. 循环 binary log，读取 Event

前面我们已经找到了 binary log，这就是 DUMP 线程读取的起点。接下来就是初始化 IO CACHE 循环读取 binary log 中的 Event 了，通常 Event 的大小不会超过 8KB。当然，如果当前 binary log 读取完了所有的 Event，那么 DUMP 线程就需要堵塞等待唤醒了，阻塞期间还会醒来发送心跳 Event 给从库。如果有事务提交，那么就会唤醒 DUMP 线程发送 Event。

### 10. 进行三项检查

如果需要发送 Event，则进行检查，详见图 3-10。

### 11. 过滤 GTID，发送 Event 给从库

前面我们只是找到了 binary log，具体发送哪些事务的 Event 给从库还需要根据从库的 GTID SET 进行过滤。源码包含在 Binlog_sender::send_events 函数中，下面是对过滤部分的判断。

```
if (m_exclude_gtid && (in_exclude_group= skip_event(event_ptr,
event_len,in_exclude_group)))
```

最后就可以将 Event 发送给从库的 I/O 线程了。当然，如果是 POSITION MODE，那么根本没有从库的 GTID SET，当然也就谈不上过滤了，代码也很清楚。

### 12. 继续读取下一个 binary log

整个过程会一直持续到所有的 binary 都读取完成，然后 DUMP 线程会堵塞等待，直到有事务提交被唤醒。

## 3.5.4 重点说明

这一节解释了 DUMP 线程的启动流程和工作流程，笔者认为最重要的就是搞清楚 POSITION MODE 和 GTID AUTO_POSITION MODE 在定位 binary log 时的不同，这对了解整个主从原理至关重要。

## 3.6　DUMP 线程查找和过滤 GTID 的基本算法

前面一节我们看到了主库 DUMP 线程有几步需要比较 GTID SET 和 GTID，如下。

- 检查从库的 GTID SET 是否大于主库的 GTID SET。
- 根据主库的 gtid_purged 变量检查从库需要的 Event 是否已经被清理。
- 实际扫描主库的 binary log，检查从库需要的 Event 是否已经被清理。
- 过滤 GTID，决定发送哪些事务给从库。

虽然上面一节我们解释了它们的功能，但是没有具体说明其算法。这种比较算法很有意思，因此单独列出来讲一下，这一节不是那么重要，因为这些算法还是有些晦涩难懂，一般只要知道其功能即可。

我们需要明确一点，当从库出现诸如 b:1-95:97-100 这种 GTID SET 的时候，如果要在主库查找是否存在需要的 Event，则以 b:1-95 为准，也就是说，只要主库 b:96 这个事务的 Event 已经丢失，就不能同步并且抛错，下面将详细进行讨论。

### 3.6.1　环境假设

这里为了方便描述将 server_uuid 简化，其假设如表 3-1 所示。

表 3-1

| 关键信息 | 值 |
|---|---|
| 主库 server_uuid | b |
| 主库 Executed_Gtid_Set | a:1-100 b:1-100 |
| 主库 gtid_purged | a:1-100 b:1-80 |
| 从库 server_uuid | c |
| 从库 Executed_Gtid_Set+Retrieved_Gtid_Set | a:1-100 b:1-95:97-100 c:1-5 |

在这里，b:1-95:97-100 这种特殊的 GTID SET 出现了 96 这个“gap”。这种情况是可能出现的，比如在 MTS 异常宕机时，4.2 节将会详细讨论“gap”出现的原因。还有一种情况可能出现“gap”，就是 1.4 节介绍过的，在导入数据 set gtid_purged 被重置后，由于 MySQL 5.7 中的 gtid_executed 表不是实时更新的，导致了“gap”。 在假设值中，a 这个 server_uuid 是通过主从切换而来的，这也是可能的情况。

### 3.6.2 检查从库的 GTID 是否大于主库的 GTID

这部分的算法主要集中在 Gtid_set::is_subset_for_sid 函数调用 Gtid_set::is_interval_subset 函数中。下面是调用栈帧：

```
#0  Gtid_set::is_interval_subset
#1  0x000000000182d635 in Gtid_set::is_subset_for_sid
#2  0x00000000018ab77d in Binlog_sender::check_start_file
#3  0x00000000018aa025 in Binlog_sender::init
```

大概的过程如下。

（1）取出主库的 server_uuid 为 b。

（2）在从库的 GTID SET 中找到 server_uuid 为 b 的相关部分，即 b:1-95:97-100。

（3）使用从库中的第一部分 b:1-95 和主库的 b:1-100 进行比较，比较方法如下。

（从库:b:1 < 主库:b:1）或者（从库:b:95 > 主库:b:100），显然条件不满足。

（4）使用从库中的第二部分 b:97-100 和主库的 b:1-100 进行比较，比较方法如下。

（从库:b:97 < 主库:b:1）或者（从库:b:100 > 主库:b:100），显然条件也不满足。

（5）如果条件满足，则会进行如下报错。

```
Slave has more GTIDs than the master has, using the master's SERVER_UUID. This may indicate that the end of the binary log was truncated or that the last binary log file was lost, e.g., after a power or disk failure when sync_binlog != 1. The master may or may not have rolled back transactions that were already replicated to the slave. Suggest to replicate any transactions that master has rolled back from slave to master, and/or commit empty transactions on master to account for transactions that have been committed on master but are not included in GTID_EXECUTED."
```

我们考虑另外一种情况，如果这里从库是 b:1-95:97-101，那么因为（从库:b:101 > 主库:b:100）条件满足，所以会出现如上错误。

### 3.6.3 检查需要的 binary log 是否已经清理

这一部分主要通过主库的 gtid_purged 变量进行判断，主要集中在 Gtid_set::is_subset 函数中，下面是调用栈帧。

```
#0  Gtid_set::is_interval_subset
#1  0x000000000182d7fb in Gtid_set::is_subset
```

```
#2  0x00000000018ab7fa in Binlog_sender::check_start_file
#3  0x00000000018aa025 in Binlog_sender::init
```

大概的过程如下。

（1）获取主库的 gtid_purged，这里是 a:1-100 b:1-80。

（2）使用主库的 a:1-100 和从库的 a:1-100 进行比较，方法如下。

（主库:a:1 < 从库:a:1）或者（主库:a:100 > 从库:a:100），显然条件不满足。

（3）使用主库的 b:1-80 和从库的 b:1-95 进行比较，方法如下。

（主库:b:1 < 从库:b:1）或者（主库:b:80 > 从库:b:95），显然条件也不满足。

（4）如果条件满足，就会进行如下报错。

```
    The slave is connecting using CHANGE MASTER TO MASTER_AUTO_POSITION = 1, but the master
has purged binary logs containing GTIDs that the slave requires.
```

我们考虑另外一种情况，如果主库 gtid_purged=a:1-100 b:1-97，则会报错。因为条件（主库:b:97 > 从库:b:95）将会满足，言外之意是从库:b:96 这个事务的 Event 主库已经被删除了。虽然从库的 Executed_Gtid_Set+Retrieved_Gtid_Set 与 server_uuid b 相关的 GTID SET 为 b:1-95:97-100，但是我们应该考虑它的下限 1-95，而 97-100 的部分会在 GTID 过滤部分进行过滤，也不会发送给从库，只有 96 会发送给从库。

## 3.6.4　实际扫描 binary log

这部分实际上和前面的步骤差不多，只是这里不是基于 gtid_purged 变量，而是实际扫描 binary log 中的 PREVIOUS_GTIDS_LOG_EVENT 的 GTID。其过程与前面一致，就不解释了。这个步骤还会完成 binary log 文件的定位，但是只获取文件名称而不完成偏移量的定位，偏移量的定位由下面一步，即 GTID 过滤来完成。这一步的栈帧如下。

```
#0  Gtid_set::is_interval_subset
#1  0x000000000182d7fb in Gtid_set::is_subset
#2  0x000000000187f271 in MYSQL_BIN_LOG::find_first_log_not_in_gtid_set
#3  0x00000000018ab89f in Binlog_sender::check_start_file
#4  0x00000000018aa025 in Binlog_sender::init
```

## 3.6.5　GTID 过滤

GTID 过滤需要完成如下两个核心功能。

（1）前面的步骤只是完成 binary log 的定位，初始化位置会指向 binary log 的开头。实际发送的事务还需要进一步过滤。

（2）如前所述，像 b:1-95:97-100 这种存在“gap”的 GTID SET，我们需要发送 96 给从库，其他部分则不需要发送。

我们继续讨论它的算法，具体就是 Binlog_sender::skip_event 函数调用 Gtid_set::contains_gtid 函数完成。栈帧如下。

```
#0  Gtid_set::contains_gtid
#1  0x0000000001032154 in Gtid_set::contains_gtid
#2  0x00000000018ad19c in Binlog_sender::skip_event
#3  0x00000000018aaf40 in Binlog_sender::send_events
#4  0x00000000018aab3c in Binlog_sender::send_binlog
#5  0x00000000018aa4ab in Binlog_sender::run
```

假设我们定位 binary log 的第一个 GTID 事务为 b:85，那么大概算法如下。

（1）获取 binary log 中第一个事务的 GTID 为 b:85。

（2）比较 b:1-95:97-100 中是否包含这个 GTID。包含则跳过，否则发送，显然这里已包含。

循环迭代这个步骤，最后 96 将会被发送给从库，100 以后的事务将会被发送。下面是 Gtid_set::contains_gtid 函数的部分过滤代码。

```
while ((iv= ivit.get()) != NULL)//循环迭代整个区域，这里是 1-95 和 97-100
  {
    if (gno < iv->start)
      DBUG_RETURN(false);
    else if (gno < iv->end)
      DBUG_RETURN(true);
    ivit.next();
  }
 DBUG_RETURN(false);
```

# 第 4 章　从库

到这里就万事俱备只欠东风了，接下来将是从库接收和应用 Event 的过程。本章还会对主从做一个全面总结。实际上如果按照顺序学习，读者会发现这些结论是那么的自然。好了，让我们开始吧。

## 4.1　从库 MTS 多线程并行回放（一）

### 4.1.1　MTS 综述

与单 SQL 线程的回放不同，MTS 会包含多个工作线程，原有的 SQL 线程蜕变为协调线程。同时 SQL 协调线程承担了执行检查点的工作。我们知道并行回放的方式包含 LOGICAL_CLOCK 和 DATABASE 两种，主要区别体现在判定哪些事务能够并行回放的规则不同。实际上它们的源码对应 Mts_submode_logical_clock 和 Mts_submode_database 两个不同的类。

这里只讨论基于 LOGICAL_CLOCK 的并发方式，而不讨论基于 DATABASE 的并发方式，因为后者已经过时了。下面是参数的设置：

参数 **slave_parallel_type**：LOGICAL_CLOCK

参数 **slave_parallel_workers**：4

注意，参数 slave_parallel_workers 设置的是工作线程的个数，且不包含协调线程，因此，如果不想使用 MTS，那么应该将这个参数设置为 0，stop slave;start slave 才能生效。这是因为工作线程在启动的时候已经初始化完毕了。

我们知道在 MySQL 5.7 中即便不开启 GTID，也包含匿名的 GTID Event，它携带了 last commit 和 seq number。因此即便关闭 GTID 也可以使用 MTS，但是笔者不建议这样做，4.8 节将会详细描述原因。

前面讨论了 MySQL 层事务提交的流程和基于 WRITESET 的并行复制方式，我们提到了三种生成 last commit 和 seq number 的方式：ORDER_COMMIT、WRITESET 和 WRITESET_SESSION。

它们控制的是生成 last commit 和 seq number 的规则，而从库只需要将参数 slave_parallel_type 设置为 LOGICAL_CLOCK，其能否并行回放的依据就是 last commit 和 seq number。

下面描述的是一个正常的 DELETE 事务，这个事务只删除一行数据，这个事务 Event 的顺序如下：GTID_EVENT、QUERY_EVENT、MAP_EVENT、DELETE_EVENT、XID_EVENT。

在此之前先来明确一下 MySQL 中持久化 MTS 信息的三个场所，因为这和传统的单 SQL 线程的主从不同，MTS 需要存储更多的信息。注意我们只讨论参数 master_info_repository 和参数 relay_log_info_repository 被设置为 TABLE 的情况，如下。

**slave_master_info 表**：由 I/O 线程更新，超过参数 sync_master_info 的设置则更新，参数 sync_master_info 的计数单位是 Event 的个数。

**slave_relay_log_info 表**：由 SQL 协调线程在执行检查点的时候更新。

**slave_worker_info 表**：由工作线程在每次提交事务的时候更新。

更加详细的解释参考 4.7 节，同时会给出只考虑参数 master_info_repository 和参数 relay_log_info_repository 设置为 TABLE 的原因。

### 4.1.2 协调线程的分发机制

协调线程在 Event 的分发过程中主要用来判定事务是否可以并行回放，并判定事务由哪一个工作线程回放。

MTS 和单个 SQL 线程执行流程的主要区别体现在 apply_event_and_update_pos 函数上，单个 SQL 线程会完成 Event 的应用，而 MTS 只会完成 Event 的分发，具体的应用由工作线程完成。

图 4-1 所示的是简化的流程图。

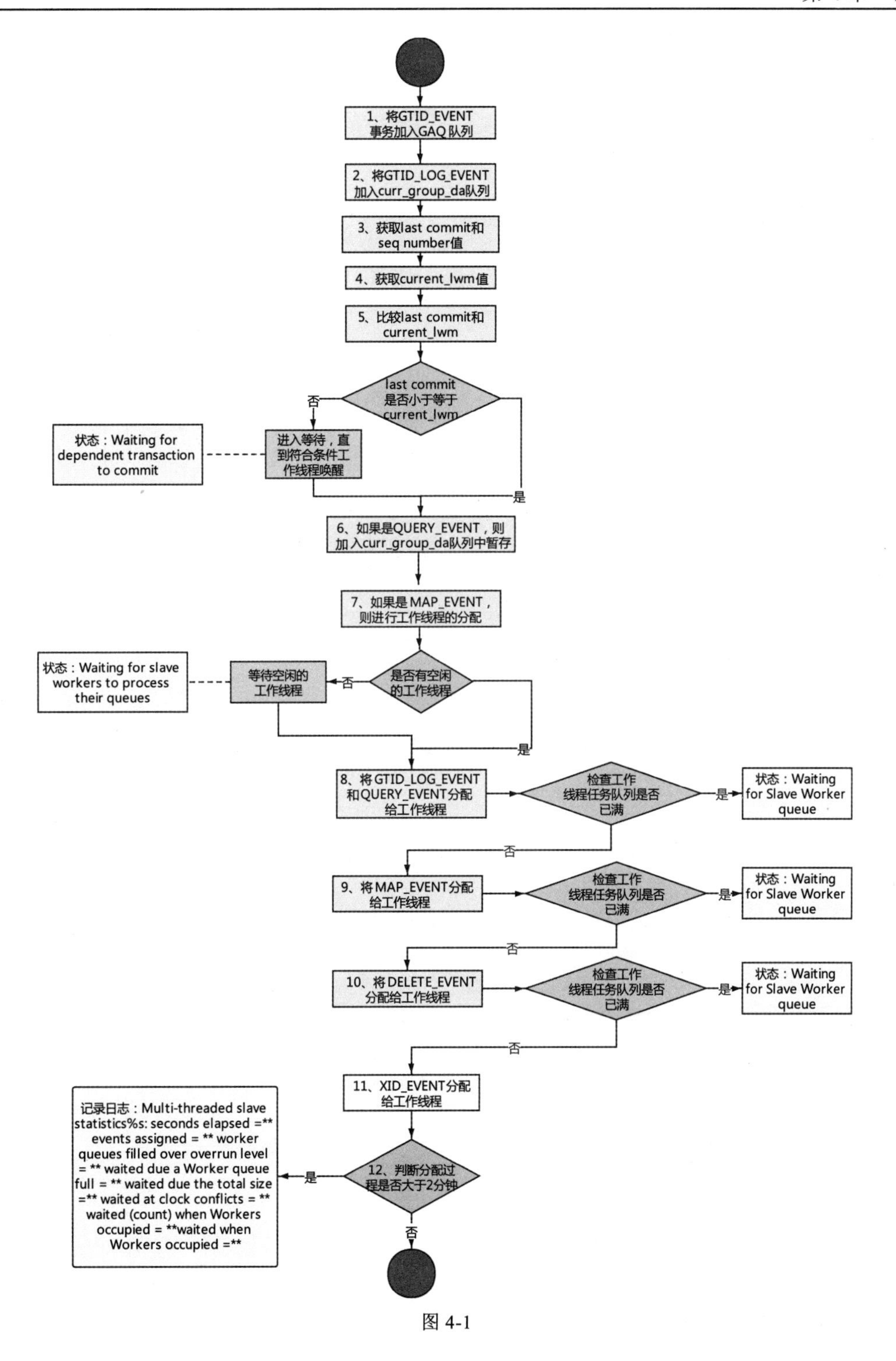

1、将GTID_EVENT事务加入GAQ队列
2、将GTID_LOG_EVENT加入curr_group_da队列
3、获取last commit和seq number值
4、获取current_lwm值
5、比较last commit和current_lwm
last commit是否小于等于current_lwm
否
进入等待，直到符合条件工作线程唤醒
状态：Waiting for dependent transaction to commit
是
6、如果是QUERY_EVENT，则加入curr_group_da队列中暂存
7、如果是MAP_EVENT，则进行工作线程的分配
是否有空闲的工作线程
否
等待空闲的工作线程
状态：Waiting for slave workers to process their queues
是
8、将GTID_LOG_EVENT和QUERY_EVENT分配给工作线程
检查工作线程任务队列是否已满
是
状态：Waiting for Slave Worker queue
否
9、将MAP_EVENT分配给工作线程
检查工作线程任务队列是否已满
是
状态：Waiting for Slave Worker queue
否
10、将DELETE_EVENT分配给工作线程
检查工作线程任务队列是否已满
是
状态：Waiting for Slave Worker queue
否
11、XID_EVENT分配给工作线程
12、判断分配过程是否大于2分钟
是
记录日志：Multi-threaded slave statistics%s: seconds elapsed =** events assigned = ** worker queues filled over overrun level = ** waited due a Worker queue full = ** waited due the total size =** waited at clock conflicts = ** waited (count) when Workers occupied = **waited when Workers occupied =**
否


图 4-1

### 4.1.3 步骤解析

每一步的解析如下。

（1）如果分发的是 GTID_EVENT，那么代表事务的开始，将本事务加入 GAQ 队列（下一节会详细描述 GAQ）。可以参考 Log_event::get_slave_worker 函数。

（2）将 GTID_EVENT 加入 curr_group_da 队列暂存。可以参考 Log_event:: get_slave_worker 函数。

（3）获取 GTID_EVENT 中的 last commit 和 seq number 值。可以参考 Mts_submode_logical_clock::schedule_next_event 函数。

（4）获取 current_lwm 值，这个值代表在所有 GAQ 队列上没有提交完成的事务中，最早的那个事务的前一个已经提交完成的事务的 seq number，current_lwm 后面的事务已经提交完成了。这些文字听起来可能比较拗口，但很重要。如果所有的事务都提交完成了，那么取最新提交的事务的 seq number，下面的截图表达的就是这个意思，这个图是源码中的。这个值的获取可以参考 Mts_submode_logical_clock::get_lwm_timestamp 函数。

```
      the last time index containg lwm
              +------+
              | LWM  |
              |  |   |
              V  V   V
GAQ:x  xoooooxxxxxXXXXX...X
            ^   ^
            |   | LWM+1（LWM代表的是检查点指向的位置）
            |
            + new current_lwm（这里就是current_lwm）

     <---- logical (commit) time ----

here `x' stands for committed, `X' for committed and discarded from
the running range of the queue, `o' for not committed.
```

我们可以先不看 LWM 部分，后面再讨论检查点的 LWM。seq number 从右向左递增，在 GAQ 中，实际上有 3 种值。

- X：已经执行了检查点，在 GAQ 中出队的事务。
- x：已经提交完成的事务。
- o：没有提交完成的事务。

我们可以看到需要获取的 current_lwm 并不是最新一次提交事务的 seq number 值，而是最早未提交事务的前一个已经提交事务的 seq number。这一点很重要，因为理解后就会知道大事务是如何影响 MTS 的并行回放的，同时中间的 5 个 o 实际上就是所谓的“gap”，关于“gap”，下一节还会详细介绍。

（5）将 GTID_EVENT 中的 last commit 和当前 current_lwm 比较。可以参考 Mts_submode_logical_clock::schedule_next_event 函数。下面是大概的规则。

- last commit 小于或等于 current_lwm 表示可以并行回放，继续。
- last commit 大于 current_lwm 表示不能并行回放。这个时候协调线程就需要等待了，直到小于或等于的条件成立。成立后协调线程会被工作线程唤醒。等待期间状态被设置为“Waiting for dependent transaction to commit”。

源码也比较简单，如下。

```
    longlong lwm_estimate= estimate_lwm_timestamp();
    if (!clock_leq(last_committed, lwm_estimate) &&
//  @return   true  when a "<=" b,false otherwise  last_committed<=lwm_estimate
        rli->gaq->assigned_group_index != rli->gaq->entry)
    {
      if (wait_for_last_committed_trx(rli, last_committed, lwm_estimate))
//等待上一次组提交的完成 ，等待期间状态为“Waiting for dependent transaction to commit”
```

（6）如果是 QUERY_EVENT，则加入 curr_group_da 队列中暂存。

（7）如果是 MAP_EVENT，则进行工作线程的分配。参考 Mts_submode_logical_clock::get_least_occupied_worker 函数，分配工作线程的原则如下。

- 如果有空闲的工作线程，则分配完成，继续。
- 如果没有空闲的工作线程，则等待空闲的工作线程。在这种情况下，状态会设置为“Waiting for slave workers to process their queues”。

下面是分配原则的代码：

```
  for (Slave_worker **it= rli->workers.begin(); it != rli->workers.end(); ++it)
  {
    Slave_worker *w_i= *it;
    if (w_i->jobs.len == 0)//任务队列为 0 则表示本工作线程空闲，可以分配
      return w_i;
  }
  return 0;
```

（8）将 GTID_EVENT 和 QUERY_EVENT 分配给工作线程。可以参考 append_item_to_jobs 函数。

前面分配了工作线程，这里就可以将 Event 分配给这个工作线程了。分配的时候需要检查工作线程任务队列是否已满，如果满了则需要等待，将状态置为“Waiting for Slave Worker queue”。因为分配的基本单元为 Event，一个事务可能包含很多 Event，如果工作线程应用的速度赶不上协调线程入队的速度，那么可能导致任务队列的积压，因此任务队列被占满是可能的。任务队列的大小为 16384，计数单位为 Event 的个数，如下。

```
mts_slave_worker_queue_len_max= 16384;
```

下面是入队的部分代码。

```
while (worker->running_status == Slave_worker::RUNNING && !thd->killed &&
       (ret= en_queue(&worker->jobs, job_item)) == -1)//如果已经满了，则进入如下逻辑
{
  thd->ENTER_COND(&worker->jobs_cond, &worker->jobs_lock,
                  &stage_slave_waiting_worker_queue, &old_stage);//标记等待状态
  worker->jobs.overfill= TRUE;
  worker->jobs.waited_overfill++;
  rli->mts_wq_overfill_cnt++; //标记队列满的次数
  mysql_cond_wait(&worker->jobs_cond, &worker->jobs_lock);//等待唤醒
  mysql_mutex_unlock(&worker->jobs_lock);
  thd->EXIT_COND(&old_stage);
  mysql_mutex_lock(&worker->jobs_lock);
}
```

（9）将 MAP_EVENT 分配给工作线程，分配方法同上。

（10）将 DELETE_EVENT 分配给工作线程，分配方法同上。

（11）将 XID_EVENT 分配给工作线程，但是这里还需要额外处理，主要处理一些和检查点相关的信息，注意如下代码：

```
ptr_group->checkpoint_log_name= my_strdup(key_memory_log_event,
rli->get_group_master_log_name(), MYF(MY_WME));
ptr_group->checkpoint_log_pos= rli->get_group_master_log_pos();
ptr_group->checkpoint_relay_log_name=my_strdup(key_memory_log_event,
rli->get_group_relay_log_name(), MYF(MY_WME));
ptr_group->checkpoint_relay_log_pos= rli->get_group_relay_log_pos();
ptr_group->ts= common_header->when.tv_sec + (time_t) exec_time;
//MTS 计算 Seconds_Behind_Master 的时候会将这个值再次传递给 mts_checkpoint_routine 函数
ptr_group->checkpoint_seqno= rli->checkpoint_seqno;
//获取 seqno，这个值会在执行检查点后减去偏移量
```

如果检查点处在这个事务上，那么这些信息会出现在 slave_worker_info 表中，并且会出现在 show slave status 的结果中。也就是说，show slave status 中的很多信息来自 MTS 的检查点。

下一节将详细介绍检查点。

（12）如果上面的 Event 分配过程大于 2 分钟（120 秒），那么会出现如下日志：

主从复制报这个是什么 "2019-04-30T10:00:40.557973+08:00 141427715 [Note]
Multi-threaded slave statistics for channel '': seconds elapsed = 127; events
assigned = 5365761; worker queues filled over overrun level = 25671; waited
due a Worker queue full = 0; wa
ited due the total size = 0; waited at clock conflicts = 91895169800 waited (
count) when Workers occupied = 62798 waited when Workers occupied = 0"

这个截图也是一个朋友问笔者的问题。实际上这个日志可以算一个警告，对应的源码为

```
sql_print_information("Multi-threaded slave statistics%s: "
              "seconds elapsed = %lu; "
              "events assigned = %llu; "
              "worker queues filled over overrun level = %lu; "
              "waited due a Worker queue full = %lu; "
              "waited due the total size = %lu; "
              "waited at clock conflicts = %llu "
              "waited (count) when Workers occupied = %lu "
              "waited when Workers occupied = %llu",
              rli->get_for_channel_str(),
              static_cast<unsigned long>
              (my_now - rli->mts_last_online_stat),//消耗的总时间，单位为秒
              rli->mts_events_assigned,//Event 分配的总个数
              rli->mts_wq_overrun_cnt,//工作线程分配队列大于 90%的次数，当前硬编码 14746
              rli->mts_wq_overfill_cnt,//由于工作线程分配队列已满造成的等待次数，当前硬编
                                       //码 16384
              rli->wq_size_waits_cnt, //大 Event 的个数，一般不会存在
              rli->mts_total_wait_overlap,//由于上一组并行回放有大事务没有提交，导致不能
                                          //分配工作线程等待的时间，单位为纳秒
              rli->mts_wq_no_underrun_cnt, //由于工作线程没有空闲而等待的次数
              rli->mts_total_wait_worker_avail);//由于工作线程没有空闲而等待的时间，单
                                                //位为纳秒
```

这里详细说明一下它们的含义，从前面的分析中，我们一共看到如下三种等待状态。

- Waiting for dependent transaction to commit

由于事务的 last commit 大于 current_lwm，所以不能并行回放，协调线程处于等待状态，大事务会加剧这种情况。

- Waiting for slave workers to process their queues

由于没有空闲的工作线程，所以协调线程会等待。这种情况说明理论上的并行度是理想的，

但是参数 slave_parallel_workers 设置过小。当然设置的工作线程个数应该结合服务器的配置和当前服务器的负载等因素综合考虑，在 5.1 节中，我们会看到线程是 CPU 调度的最小单位。

- Waiting for Slave Worker queue

由于工作线程的任务队列已满，所以协调线程处于等待状态。这种情况前面介绍过，是由于一个事务包含了过多的 Event，并且工作线程应用 Event 的速度赶不上协调线程分配 Event 的速度，导致积压的 Event 超过了 16384 个。

另外，实际上还有一种等待状态，也就是“Waiting for Slave Workers to free pending events”，它由所谓的 big event 造成。源码中将 big event 描述为“event size is greater than slave_pending_jobs_size_max but less than slave_max_allowed_packet”。个人认为其出现的可能性不大，了解即可，可以在 append_item_to_jobs 函数中找到答案。

下面对日志中的输出进行详细解释，如表 4-1 所示。

表 4-1

| 指　标 | 解　释 |
|---|---|
| seconds elapsed | 整个分配过程消耗的时间，单位为秒，超过 120 秒会出现这个警告日志 |
| events assigned | 本工作线程分配的 Event 数量 |
| worker queues filled over overrun level | 本工作线程任务队列中 Event 的个数大于源码变量 mts_slave_worker_queue_len_max 的 90%。当前硬编码为大于 14746 |
| waited due a Worker queue full | 本工作线程任务队列已满的次数。当前硬编码为大于 16384 |
| waited due the total size | big event 出现的次数 |
| waited at clock conflicts | 由于不能并行回放，协调线程等待的时间，单位为纳秒 |
| waited (count) when Workers occupied | 由于没有空闲的工作线程而等待的次数 |
| waited when Workers occupied | 由于没有空闲的工作线程而等待的时间 |

这个日志基本覆盖了前面我们讨论的全部可能性。我们再看看案例中的日志，waited at clock conflicts=91895169800 大约为 91 秒。在 120 秒的等待中大约有 91 秒是因为不能并行回放而造成的，很明显应该考虑是否有大事务的存在。

### 4.1.4　并行回放判定一例

图 4-2 是主库使用 WRITESET 方式生成的 binary log 片段，主要观察 last commit 和 seq number，我们通过这种分析来熟悉分配工作线程的过程。

```
last_committed=19       sequence_number=20
last_committed=20       sequence_number=21
last_committed=21       sequence_number=22
last_committed=22       sequence_number=23
last_committed=22       sequence_number=24
last_committed=22       sequence_number=25
last_committed=22       sequence_number=26
last_committed=22       sequence_number=27
last_committed=22       sequence_number=28
last_committed=22       sequence_number=29
last_committed=22       sequence_number=30
last_committed=29       sequence_number=31
last_committed=30       sequence_number=32
last_committed=27       sequence_number=33
```

图 4-2

我们来回顾一下并行判断规则。

- 如果 last commit 小于或等于 current_lwm，则表示可以并行回放，继续。
- 如果 last commit 大于 current_lwm，则表示不能并行回放，需要等待。

具体解析如下。

（last commit：22 seq number：23）这个事务会在（last commit：21 seq number：22）事务执行完成后执行，因为（last commit：22≤seq number：22）后面的事务直到（last commit：22 seq number：30），实际上都可以并行执行，我们假设它们都执行完成了。继续观察随后的三个事务：

- last committed：29 sequence_number：31
- last committed：30 sequence_number：32
- last committed：27 sequence_number：33

注意，这是基于 WRITESET 的并行复制下的明显特征。 last commit 可能比上一个事务更小，这是我们前面说的根据 WRITESET 的历史 MAP 信息计算出来的。因此根据上面的规则，它们三个是可以并行执行的。很明显：

- last committed：29≤current_lwm：30
- last committed：30≤current_lwm：30
- last committed：27≤current_lwm：30

但是如果在（last commit：22 seq number：30）这个事务之前有一个大事务没有执行完成，那么 current_lwm 的取值将不会是 30。比如，（last commit：22 seq number：27）这个事务如果是大事务，那么 current_lwm 将会被标记为 26，上面的三个事务都将被堵塞，并且在分配事务（last commit：29 seq number：31）的时候就已经堵塞了，原因如下。

- last committed：29 > current_lwm：26

- last committed：30 > current_lwm：26
- last committed：27 > current_lwm：26

再考虑一下基于 WRITESET 的并行复制下的（last commit：27 seq number：33）这个事务，因为在我们判定并行回放的规则下，last commit 越小，获得并行回放的可能性就越高。因此基于 WRITESET 的并行复制确实提高了从库回放的并行度，但正如 3.4 节所讲，主库会有一定的开销。

## 4.2 从库 MTS 多线程并行回放（二）

这一节会先介绍 MTS 工作线程执行 Event 的大概流程。然后重点介绍 MTS 中检查点的概念。在 4.7 节可以看到，在很多情况下，MTS 的异常恢复需要依赖这个检查点，即从检查点位置开始扫描 relay log 进行恢复，但是在 GTID AUTO_POSITION MODE 下，如果设置了参数 relay_log_recovery=1，那么这种依赖将会被弱化。

### 4.2.1 工作线程执行 Event

前面我们已经讨论了协调线程分发 Event 的规则，实际上协调线程只是将 Event 分发到了工作线程的执行队列中，工作线程执行 Event 需要从执行队列中拿出这些 Event。整个过程可以参考 slave_worker_exec_job_group 函数。因为这个流程比较简单，所以就不再画图了，但是需要关注以下几点。

（1）从执行队列中读取 Event。注意，如果执行队列中没有 Event，那么进入空闲等待，也就是工作线程处于无事可做的状态，等待状态为 Waiting for an event from Coordinator。

（2）如果执行到 XID_EVENT，那么说明事务已经结束了，需要完成内存信息更新操作。可以参考 Slave_worker::slave_worker_exec_event 函数和 Xid_apply_log_event::do_apply_event_worker 函数。更新内存的相关信息可以参考 commit_positions 函数。下面是一些更新的信息，我们可以看到和 slave_worker_info 表中的信息基本一致，如下。

```
1、更新当前信息
strmake(group_relay_log_name, ptr_g->group_relay_log_name,
sizeof(group_relay_log_name) - 1);
group_relay_log_pos= ev->future_event_relay_log_pos;
set_group_master_log_pos(ev->common_header->log_pos);
set_group_master_log_name(c_rli->get_group_master_log_name());

2、将检查点信息写入
strmake(checkpoint_relay_log_name, ptr_g-
```

```
>checkpoint_relay_log_name,sizeof(checkpoint_relay_log_name) - 1);
checkpoint_relay_log_pos= ptr_g->checkpoint_relay_log_pos;
strmake(checkpoint_master_log_name, ptr_g-
>checkpoint_log_name,sizeof(checkpoint_master_log_name) - 1);
checkpoint_master_log_pos= ptr_g->checkpoint_log_pos;

3、设置 GAQ 序号
 checkpoint_seqno= ptr_g->checkpoint_seqno;
//更新整个 bitmap，可能已经由检查点触发了 GAQ 出队操作
for (uint pos= ptr_g->shifted; pos < c_rli->checkpoint_group; pos++)
//重新设置位图，因为已经做了检查点
{
//ptr_g->shifted 是 GAQ 中出队的事务个数
if (bitmap_is_set(&group_shifted, pos))
//这里需要偏移掉出队的事务，不需要恢复
bitmap_set_bit(&group_executed, pos - ptr_g->shifted);
}

4、设置位图
bitmap_set_bit(&group_executed, ptr_g->checkpoint_seqno);
//设置位图，在本次事务相对应的位置上设置为 1
```

（3）如果执行到 XID_EVENT，那么说明事务已经结束了，需要完成内存信息持久化，即强制刷内存信息持久化到 slave_worker_info 表中（参数 relay_log_info_repository 设置为 TABLE 的情况）。可以参考 commit_positions 函数，如下。

```
if ((error= w->commit_positions(this, ptr_group,w->is_transactional())))
```

（4）如果执行到 XID_EVENT，那么还需要进行事务的提交操作，也就是进行 InnoDB 引擎层事务的提交。

从以上步骤可以看出，在 MTS 下，每次事务的提交并不会更新 slave_relay_log_info 表，而是进行 slave_worker_info 表的更新，将最新的信息写入 slave_worker_info 表。

前面说过，SQL 线程已经蜕变为协调线程，那么 slave_relay_log_info 表什么时候更新呢？下面就能看到，slave_relay_log_info 表实际上是在协调线程执行检查点的时候更新的。

## 4.2.2　MTS 检查点中的重要概念

MTS 检查点是 MTS 进行异常恢复的起点，表示这个位置之前（包含自身）的事务都在从库执行过了，但之后的事务可能执行完成了也可能没有执行完成，执行检查点则由协调线程进行。

#### 1．协调线程的 GAQ 队列

前面已经知道在 MTS 下，每个工作线程都维护了一个 Event 的分发队列。除此之外，协调线程还维护了一个非常重要的队列 GAQ，它是一个环形队列。下面是源码中的定义：

```
Slave_committed_queue *gaq;
```

每次协调线程分发事务的时候都会将事务记录到 GAQ 队列中，因此 GAQ 中事务的顺序总是和 relay log 文件中事务的顺序一致。检查点正是作用在 GAQ 队列上的，每次执行完检查点后对应的位置称为 LWM，上一节让大家先忽略的 LWM 就是它。源码中的定义也正是如此，它在 GAQ 队列中进行维护。如下。

```
/*
   The last checkpoint time Low-Water-Mark
*/
Slave_job_group lwm;
```

在 GAQ 队列中还维护有一个叫作 checkpoint_seqno 的序号，它是从最后一个检查点起每个分配事务的序号，下面是源码中的定义：

```
uint checkpoint_seqno;  // counter of groups executed after the most recent CP
```

在协调线程读取到 GTID_EVENT 后为其分配序号，记作 checkpoint_seqno，如下。

```
rli->checkpoint_seqno++;//增加 checkpoint_seqno
```

当协调线程执行检查点的时候，checkpoint_seqno 序号会减去出队的事务数量，如下。

```
checkpoint_seqno= checkpoint_seqno - shift; //这里减去出队的事务数量
```

在 MTS 异常恢复的时候也会用到这个序号，每个工作线程都会通过这个序号来确认本工作线程执行事务的上限，如下。

```
      for (uint i= (w->checkpoint_seqno + 1) - recovery_group_cnt,
             j= 0; i <= w->checkpoint_seqno; i++, j++)
         {
           if (bitmap_is_set(&w->group_executed, i))//如果这一位已经设置了
           {
             DBUG_PRINT("mts", ("Setting bit %u.", j));
             bitmap_fast_test_and_set(groups, j);
//那么 GTOUPS 的这个 bitmap 中也应该设置，最终 GTOUPS 会包含全部需要恢复的事务
           }
         }
```

详细的异常恢复流程将在 4.7 节介绍。

### 2．工作线程的 bitmap

有了 GAQ 队列和检查点就知道异常恢复开始的位置了。但是我们并不知道每一个工作线程都完成了哪些事务，因此不能确认哪些事务需要恢复。

在 MTS 下，并行回放事务的提交并不是按照分发的顺序进行的，由于存在大事务（或者其他原因，比如锁堵塞），某些事务可能迟迟不能提交，而一些小事务却会很快提交完成。这些迟迟不能提交的事务就成为所谓的“gap”，如果使用了 GTID，那么在查看已经执行的 GTID SET 时，可能出现一些“gap”，为了防止“gap”的发生，通常需要设置参数 slave_preserve_commit_order。下一节我们将会介绍这种“gap”及参数 slave_preserve_commit_order 的作用。

但是如果设置了参数 slave_preserve_commit_order，就需要开启从库记录 binary log 的功能，因此必须开启参数 log_slave_updates。下面是源码的判断：

```
  if (opt_slave_preserve_commit_order && rli->opt_slave_parallel_workers > 0 &&
      opt_bin_log && opt_log_slave_updates)
commit_order_mngr= new Commit_order_manager(rli->opt_slave_parallel_workers);
//order commit 管理器
```

这里提前说一下，MTS 的恢复有如下两个关键阶段。

（1）扫描阶段

扫描检查点以后的 relay log，每个工作线程都通过 bitmap 判断哪些事务已经执行完成，哪些事务没有执行完成，并且汇总形成恢复 bitmap，得到需要恢复事务的总量。

（2）执行阶段

通过读取 relay log，再次执行那些没有执行完成的事务。

这个 bitmap 位图和 GAQ 中的事务一一对应。当执行 XID_EVENT 完成提交后将会被设置为 1。

### 3．协调线程信息的持久化

这个在前面已经提到过，实际上，在参数 relay_log_info_repository 设置为 TABLE 的情况下，每次执行检查点的时候都需要将检查点的位置固化到 slave_relay_log_info 表中。因此，MTS 中 slave_relay_log_info 表存储的实际上不是实时的信息，而是执行检查点记录的信息。下面就是 slave_relay_log_info 表的结构。

```
mysql> desc slave_relay_log_info;
+-------------------+---------------------+------+-----+---------+-------+
| Field             | Type                | Null | Key | Default | Extra |
+-------------------+---------------------+------+-----+---------+-------+
| Number_of_lines   | int(10) unsigned    | NO   |     | NULL    |       |
| Relay_log_name    | text                | NO   |     | NULL    |       |
| Relay_log_pos     | bigint(20) unsigned | NO   |     | NULL    |       |
| Master_log_name   | text                | NO   |     | NULL    |       |
| Master_log_pos    | bigint(20) unsigned | NO   |     | NULL    |       |
| Sql_delay         | int(11)             | NO   |     | NULL    |       |
| Number_of_workers | int(10) unsigned    | NO   |     | NULL    |       |
| Id                | int(10) unsigned    | NO   |     | NULL    |       |
| Channel_name      | char(64)            | NO   | PRI | NULL    |       |
+-------------------+---------------------+------+-----+---------+-------+
```

与此同时，MTS 中 show slave status 的某些信息也是检查点的内存信息。下面的信息来自检查点。

- Relay_Log_File：最新一次检查点的 relay log 文件名。
- Relay_Log_Pos：最新一次检查点的 relay log 位点。
- Relay_Master_Log_File：最新一次检查点的主库 binary log 文件名。
- Exec_Master_Log_Pos：最新一次检查点的主库 binary log 位点。
- Seconds_Behind_Master：根据检查点指向的事务提交时间计算出来的延迟。

需要注意的是，GTID 模块独立在这一套理论之外，在 1.3 节讲 GTID 模块的初始化时我们就说过，GTID 模块的初始化在从库信息初始化之前就完成了。因此在做 MTS 异常恢复的时候使用 GTID AUTO_POSITION MODE 将会更加简单和安全，细节将在 4.7 节介绍。

#### 4．工作线程信息的持久化

工作线程的信息就持久化在 slave_worker_info 表中，前面描述工作线程执行 Event 注意点的时候已经做了相应描述。在参数 relay_log_info_repository 设置为 TABLE 的情况下，执行 XID_EVENT 完成事务提交之后会将信息写入 slave_worker_info 表。其中包括如下信息。

- Relay_log_name：工作线程最后一个提交事务的 relay log 文件名。
- Relay_log_pos：工作线程最后一个提交事务的 relay log 位点。
- Master_log_name：工作线程最后一个提交事务的主库 binary log 文件名。
- Master_log_pos：工作线程最后一个提交事务的主库 binary log 位点。
- Checkpoint_relay_log_name：工作线程最后一个提交事务对应检查点的 relay log 文件名。
- Checkpoint_relay_log_pos：工作线程最后一个提交事务对应检查点的 relay log 位点。

- Checkpoint_master_log_name：工作线程最后一个提交事务对应检查点的主库 binary log 文件名。
- Checkpoint_master_log_pos：工作线程最后一个提交事务对应检查点的主库 binary log 位点。
- Checkpoint_seqno：工作线程最后一个提交事务对应的 checkpoint_seqno 的序号。
- Checkpoint_group_size：工作线程的 bitmap 字节数，约等于 GAQ 队列大小/8，因为 1 字节为 8 位。
- Checkpoint_group_bitmap：工作线程对应的 bitmap 位图信息。

关于 Checkpoint_group_size 的换算参考 Slave_worker::write_info 函数。

### 5．两个参数

关于 MTS 还有如下两个比较重要的参数，需要重点理解。

- slave_checkpoint_group：GAQ 队列大小。
- slave_checkpoint_period：执行检查点的间隔时间，默认 300 毫秒。

### 6．执行检查点的时机

- 超过参数 slave_checkpoint_period 的配置。可参考如下 next_event 函数。

```
if (rli->is_parallel_exec() && (opt_mts_checkpoint_period != 0 || force))
{
ulonglong period= static_cast<ulonglong>(opt_mts_checkpoint_period * 1000000ULL);
...
(void) mts_checkpoint_routine(rli, period, force, true/*need_data_lock=true*/);
...
      }
```

- GAQ 队列已满的处理：

```
//如果达到了 GAQ 的大小，则设置为 force，强制执行检查点
bool force= (rli->checkpoint_seqno > (rli->checkpoint_group - 1));
```

- 正常 stop slave。

### 7．一个例子

通常，在有压力的情况下，slave_worker_info 表中的所有工作线程最大的 Checkpoint_master_log_pos 应该和 slave_relay_log_info 表中的 Master_log_pos 相等，因为这是最后一个检查点的位点信息，如图 4-3 所示。

```
mysql> SELECT Master_log_pos, Checkpoint_master_log_pos FROM mysql.slave_worker_info; select Master_log_pos from mysql.slave_relay_log_info;
+----------------+---------------------------+
| Master_log_pos | Checkpoint_master_log_pos |
+----------------+---------------------------+
|       68909215 |                  68822443 |
|       68907223 |                  68822443 |
|       68908220 |                  68822443 |
|       68905228 |                  68822443 |
|       68886277 |                  68822443 |
|       68842394 |                  68822443 |
|       68843392 |                  68822443 |
|       68346660 |                  68132225 |
+----------------+---------------------------+
8 rows in set (0.01 sec)

+----------------+
| Master_log_pos |
+----------------+
|       68822443 |
+----------------+
1 row in set (0.00 sec)
```

图 4-3

### 4.2.3 MTS 中执行检查点的流程

这一部分将详细介绍执行检查点的步骤，过程可以参考 mts_checkpoint_routine 函数。

假设现在有 7 个事务可以并行执行，其中工作线程数量为 4 个。当前协调线程已经分发了 5 个事务，前面 4 个事务都已经执行完成，其中第 5 个事务是大事务。那么可能当前的状态如图 4-4 所示。

对于前面 4 个事务，每个工作线程都分到一个，假设最后一个大事务由工作线程 2 执行，图中用 C 区域表示，那么执行检查点的流程如下。

（1）判断距上一次执行检查点以来的时间是否超过了参数 slave_checkpoint_period 的大小，如果超过则需要执行检查点。

```
  if (!force && diff < period)
//是否需要执行检查点，标准为距上一次执行检查点以来的时间间隔是否超过了参数
//slave_checkpoint_period 的大小
  {
    /*
      We do not need to execute the checkpoint now because
      the time elapsed is not enough.
    */
    DBUG_RETURN(FALSE);
  }
```

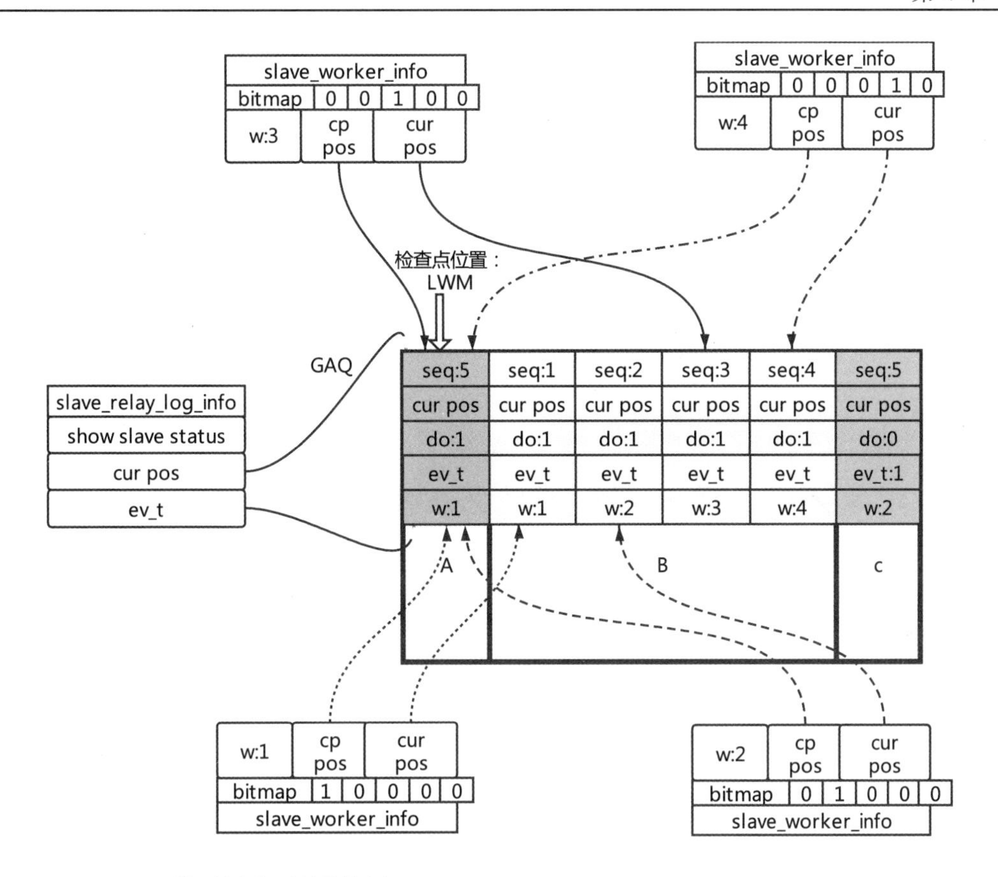


图 4-4

（2）扫描 GAQ 队列进行出队操作，直到扫描到第一个没有提交的事务为止。图中 C 区域就是一个大事务，检查点只能停留在它之前。

```
cnt= rli->gaq->move_queue_head(&rli->workers); //work 数组，返回出队的个数
```

move_queue_head 函数部分代码如下。

```
    if (ptr_g->worker_id == MTS_WORKER_UNDEF ||
        my_atomic_load32(&ptr_g->done) == 0)
//判断当前 GROUP 是否执行完成，如果没有执行完成，则需要停止执行本次检查点
```

```
        break; /* 'gap' at i'th */
```

（3）将内存和 slave_relay_log_info 表的信息更新为本次检查点指向的位置。

先更新内存信息，也就是 show slave status 中的信息：

```
    rli->set_group_master_log_pos(rli->gaq->lwm.group_master_log_pos);
    rli->set_group_relay_log_pos(rli->gaq->lwm.group_relay_log_pos);
    rli->set_group_relay_log_name(rli->gaq->lwm.group_relay_log_name);
```

然后强制写入 slave_relay_log_info 表：

```
  error= rli->flush_info(TRUE);
  //将本次检查点的信息写入 slave_relay_log_info 表中
```

（4）更新 last_master_timestamp 变量的值为检查点位置对应事务的 XID_EVENT 的 timstamp 值。

这个值在 4.9 节会详细介绍，它是计算 Seconds_Behind_Master 的一个因子，如下是源码：

```
  /*
  Update the rli->last_master_timestamp for reporting correct Seconds_behind_master.
If GAQ is empty, set it to zero.Else, update it with the timestamp of the first job of
the Slave_job_queue which was assigned in the Log_event::get_slave_worker() function.
    */
  ts= rli->gaq->empty()? 0 :
reinterpret_cast<Slave_job_group*>(rli->gaq->head_queue())->ts;
  //rli->gaq->head_queue 为检查点位置的 GROUP
  rli->reset_notified_checkpoint(cnt, ts, need_data_lock, true);
  //调入 reset_notified_checkpoint

  reset_notified_checkpoint 函数中包含:
  last_master_timestamp= new_ts;
```

因此，MTS 中 Seconds_Behind_Master 的计算方式和检查点息息相关。

（5）将前面 GAQ 出队的事务数量进行统计，这是因为每个工作线程都需要根据这个值进行 bitmap 位图的偏移，并且还会维护 GAQ 队列的 checkpoint_seqno 值。

这个操作也是在 Relay_log_info::reset_notified_checkpoint 函数中完成的，实际上很简单。部分代码如下。

```
  for (Slave_worker **it= workers.begin(); it != workers.end(); ++it)//循环每个工作线程
  w->bitmap_shifted= w->bitmap_shifted + shift; //每个工作线程都会增加这个偏移量
  checkpoint_seqno= checkpoint_seqno - shift; //这里维护 checkpoint_seqno，减去出队事务
                                            //的个数，也就是这里的 shift
```

到这里整个执行检查点的基本操作就完成了。实际上步骤并不多，拿到 bitmap 偏移量后，每个工作线程都会在随后的第一个事务提交时进行位图的偏移，checkpoint_seqno 计数也会更新。

在前面假设的环境中，如果触发了一次执行检查点，并且协调线程将后面两个可以并行回放的事务发给了工作线程 1 和 3 处理，假设它们已经处理完成（事务是小事务，所以执行很快），那么图 4-4 会变为图 4-5。

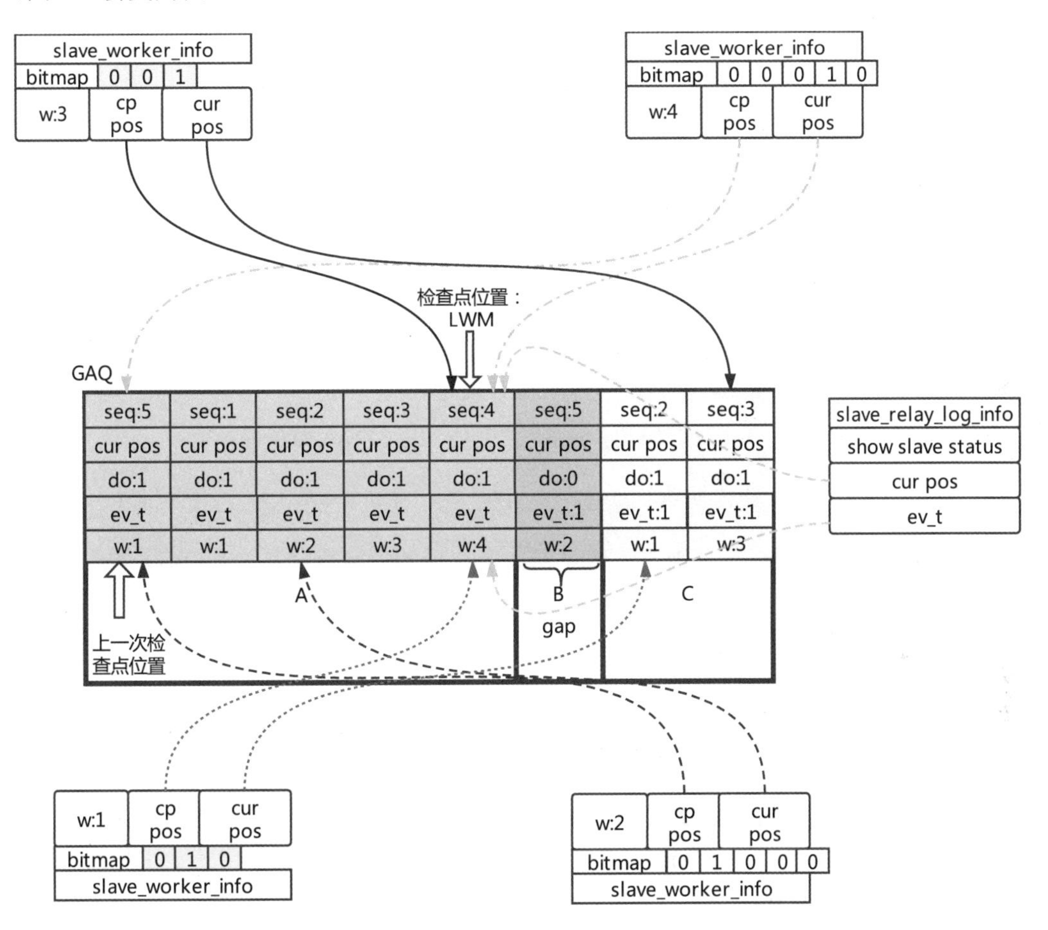


图 4-5

图 4-5 中交叉比较多。GAQ 中的 B 区域的事务就是我们假设的大事务，它仍然没有执行完成，也就是所谓的“gap”。如果这个时候 MySQL 实例异常重启，那么这个 B 区域的“gap”就是我们启动后需要找到的事务，寻找方式就是通过 bitmap 位图进行比对，后面讲到异常恢复的时候再详细介绍。如果开启了 GTID，这种“gap”很容易就能观察到，下一节将进行测试。

同时，我们需要注意，这个时候工作线程 2 并没有分发新的事务，这是因为工作线程 2 没有执行完大事务，因此在 slave_woker_info 表中，它仍然显示上一次提交事务的信息。而工作线程 4 因为没有分配到新的事务，所以在 slave_woker_info 表中它也显示上一次提交事务的信息。综上所述，在 slave_woker_info 中，工作线程 2 和工作线程 4 的检查点信息、bitmap 信息、checkpoint_seqno 都是老的信息。

### 4.2.4 MTS 的关键点

到这里我们已经说明了 MTS 中的三个关键点。

（1）协调线程是根据什么规则分发事务的。

（2）工作线程如何拿到分发的事务。

（3）MTS 中的检查点是如何执行的。

但是，还有一个关键点没有阐述，就是前面多次提到的异常恢复，4.7 节将重点介绍。

## 4.3 MTS 中的“gap”测试和参数 slave_preserve_commit_order

前面两节主要介绍了 MTS 多线程并发回放的原理，提到了如果不设置参数 slave_preserve_commit_order 为 ON，那么可能出现“gap”。这种“gap”产生的原因可能是在并行回放的事务中存在一个大事务没有执行完成，但其随后的事务已经由其他工作线程执行完成了。如果设置了 slave_preserve_commit_order 能防止这种“gap”的产生。这一节我们就来测试这种“gap”，然后解释为什么参数 slave_preserve_commit_order 设置为 ON 可以防止这种现象。

### 4.3.1 MTS 中的“gap”测试

要测试“gap”需要使用 GTID AUTO_POSITION MODE，通过 GTID SET 比较容易观察到。

首先，可以人为调大参数 binlog_group_commit_sync_delay=1000000，也就是 1 秒，注意，

在线上千万不要这样设置，这样设置可能导致简单的 DML 都需要 1 秒，具体原理我们已经在 3.3 节介绍过了。我们可以使用表 4-2 中的方式进行设置。

表 4-2

| 操作序号 | 大事务 | 小事务 |
|---|---|---|
| 1 | begin | |
| 2 | | begin |
| 3 | 执行大事务 | |
| 4 | | 执行小事务 |
| 5 | commit | |
| 6 | | commit |

注意两个 commit 的发起间隔不能超过 1 秒，我们可以在两个窗口事先敲好 commit 命令，然后直接回车，同时要注意，这两个事务修改的记录是不能有冲突的。当然，也可以使用 Python 连接 MySQL 进行操作，只要达到两个事务可以在从库并行执行的目的就可以了。

现在我们使用上面的方法得到了图 4-6 中两个可以并发执行的事务，第一个是大事务，第二个是小事务。

```
id 413340  end_log_pos 13815 CRC32 0x99c23170   GTID    last_committed=2        sequence_number=3
 'cb7ea36e-670f-11e9-b483-5254008138e4:187'/*!*/;
id 413340  end_log_pos 53213 CRC32 0xd14fafbe   GTID    last_committed=2        sequence_number=4
 'cb7ea36e-670f-11e9-b483-5254008138e4:188'/*!*/;
```

图 4-6

从库中可以观察到图 4-7 中的现象。

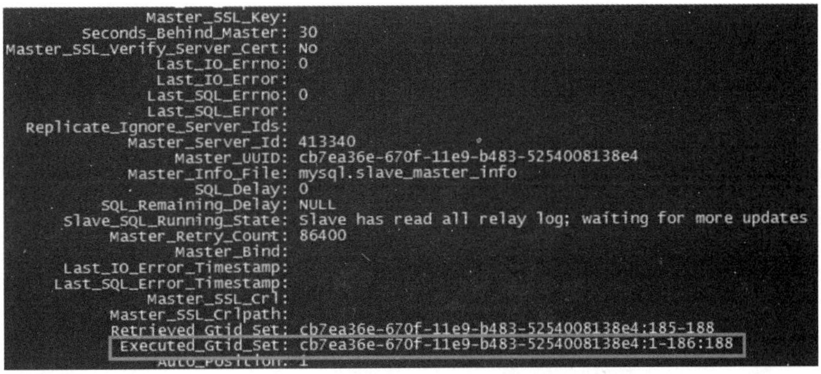

```
               Master_SSL_Key:
        Seconds_Behind_Master: 30
Master_SSL_Verify_Server_Cert: No
                Last_IO_Errno: 0
                Last_IO_Error:
               Last_SQL_Errno: 0
               Last_SQL_Error:
  Replicate_Ignore_Server_Ids:
             Master_Server_Id: 413340
                  Master_UUID: cb7ea36e-670f-11e9-b483-5254008138e4
             Master_Info_File: mysql.slave_master_info
                    SQL_Delay: 0
          SQL_Remaining_Delay: NULL
      Slave_SQL_Running_State: Slave has read all relay log; waiting for more updates
           Master_Retry_Count: 86400
                  Master_Bind:
      Last_IO_Error_Timestamp:
     Last_SQL_Error_Timestamp:
               Master_SSL_Crl:
           Master_SSL_Crlpath:
           Retrieved_Gtid_Set: cb7ea36e-670f-11e9-b483-5254008138e4:185-188
            Executed_Gtid_Set: cb7ea36e-670f-11e9-b483-5254008138e4:1-186:188
                Auto_Position: 1
```

图 4-7

我们发现 Executed_Gtid_Set 中缺少了 gno 为 187 的这个事务，因为这个事务正在执行。但是 188 这个事务已经由其他工作线程执行完成了，因此出现了“gap”。这个时候如果从库的 MySQL 异常重启了，那么这个“gap”是需要填补起来的，具体怎么填补后面再介绍。

### 4.3.2 参数 slave_preserve_commit_order 的影响

我们应该知道，如果要开启参数 slave_preserve_commit_order，那么从库必须开启记录 Event 的功能，需要设置参数 log_bin 和参数 log_slave_updates。

因为参数 slave_preserve_commit_order 的主要实现还是集中在 MYSQL_BIN_LOG::ordered_commit 函数中，如果不记录 Event，根本就不会进入这个函数。我们应该还记得有一个参数叫 binlog_order_commits，这个参数在 3.3 节进行了讨论，它主要用于保证 InnoDB 层事务的提交顺序和 MySQL 层的提交顺序一致，并且这个参数默认是开启的。既然已经能够保证顺序一致了，那么为什么还会出现“gap”，还需要参数 slave_preserve_commit_order 呢？

实际上，这两个参数的用处完全不一样。

参数 binlog_order_commits：主要用于保证 InnoDB 层事务的提交顺序和 MySQL 层的提交顺序一致，这样事务的可见顺序也就和 MySQL 层的提交顺序一致了。它在 order commit 的 COMMIT 阶段前生效。

参数 slave_preserve_commit_order：虽然协调线程分发事务是按照主库事务执行的顺序进行的，但是每个工作线程执行完这个事务的时间是不定的。这里的顺序就是为了保证每个工作线程的事务提交顺序和主库事务执行的顺序一致。它在 order commit 的 FLUSH 阶段前就生效了。如果设置了本参数，那么工作线程的事务在等待获取自己提交权限期间会堵塞，状态为 Waiting for preceding transaction to commit，如果并行执行的事务中有一个大事务就很容易出现这种情况，因为如果大事务迟迟不能提交，其他工作线程就会一直等待获取自己的提交权限。

如果打开 MYSQL_BIN_LOG::ordered_commit 函数很明显就能看出来，图 4-8 是一个简化的示意图。

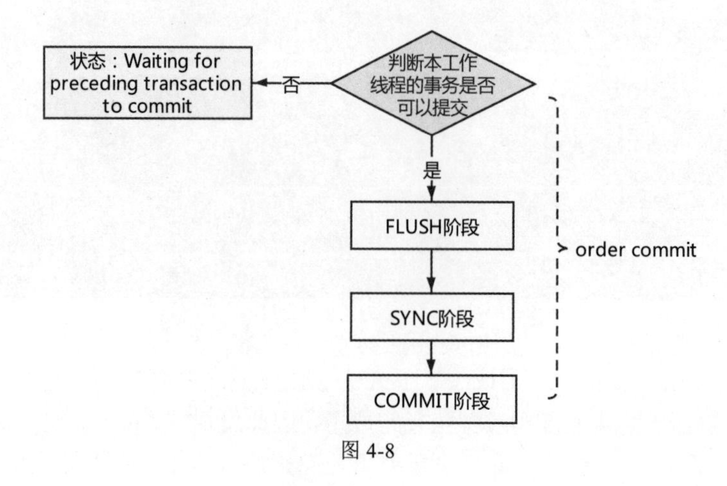


图 4-8

更详细的提交流程可以参考 3.3 节。

要实现这个功能只需要保证工作线程事务提交的顺序和协调线程事务的分发顺序一致，因为协调线程是顺序读取 relay log，然后分发给工作线程的。下面我们来看看参数 slave_preserve_commit_order 具体的实现方法。

- 协调线程在完成事务的分发后将事务注册到一个队列中，元素就是工作线程的 ID。可以参考 Commit_order_manager::register_trx 函数。
- 如前所述，工作线程在提交事务进入 order commit 的时候，会等待获取自己的提交权限，当队列中的首个元素的工作线程 ID 和本新工作线程 ID 相同时，就可以提交了。整个过程的等待会处于 Waiting for preceding transaction to commit 状态。整个代码集中在 Commit_order_manager::wait_for_its_turn 函数中。下面是截取的关键部分代码：

```
while (queue_front() != worker->id)
    {
     ...
     mysql_cond_wait(cond, &m_mutex);
    }
```

如果获取了提交权限，那么就可以从队列中去掉这个工作线程的 ID 了。参考 Commit_order_manager::unregister_trx 函数。

可以看到，这个实现过程其实还是比较简单的，但是其主要实现位于 MYSQL_BIN_LOG::ordered_commit 函数下，因此必须要记录 Event 到 binary log 才行。这也是最大的限制，开启记录 Event 到 binary log 可能影响从库性能，这和我们开启 MTS 想提高从库性能的初衷相悖。

## 4.4　从库的 I/O 线程

### 4.4.1　引入

如果要保证从库的 I/O 线程、SQL 线程、MTS 工作线程的正常启动，就必须保证 slave_master_info 表、slave_relay_log_info 表、slave_worker_info 表和 relay log 表的信息是准确的（我们只考虑信息保存在 TABLE 中的情况），否则启动后可能出现错误。

当然在 GTID AUTO_POSITION MODE 下，位点信息的作用将被弱化，下面就能看到，在 GTID AUTO_POSITION MODE 下，只需要将从库 Retrieved_Gtid_Set 和 Executed_Gtid_Set 的并集交给主库就可以了。另外，如果设置了参数 relay_log_recovery=ON，那么 slave_master_info

表和 relay log 的作用也会被弱化。这些我们将在 4.7 节介绍，这里假定它们都是正确的，否则就没有办法讲述了。

I/O 线程有以下 3 个主要功能。

（1）在初始化情况下将需要读取的信息发送给主库。

（2）接收来自 DUMP 线程的 Event。

（3）将这些 Event 写入 relay log。

## 4.4.2 I/O 线程的启动流程图

图 4-9 展示了 I/O 线程的启动流程。

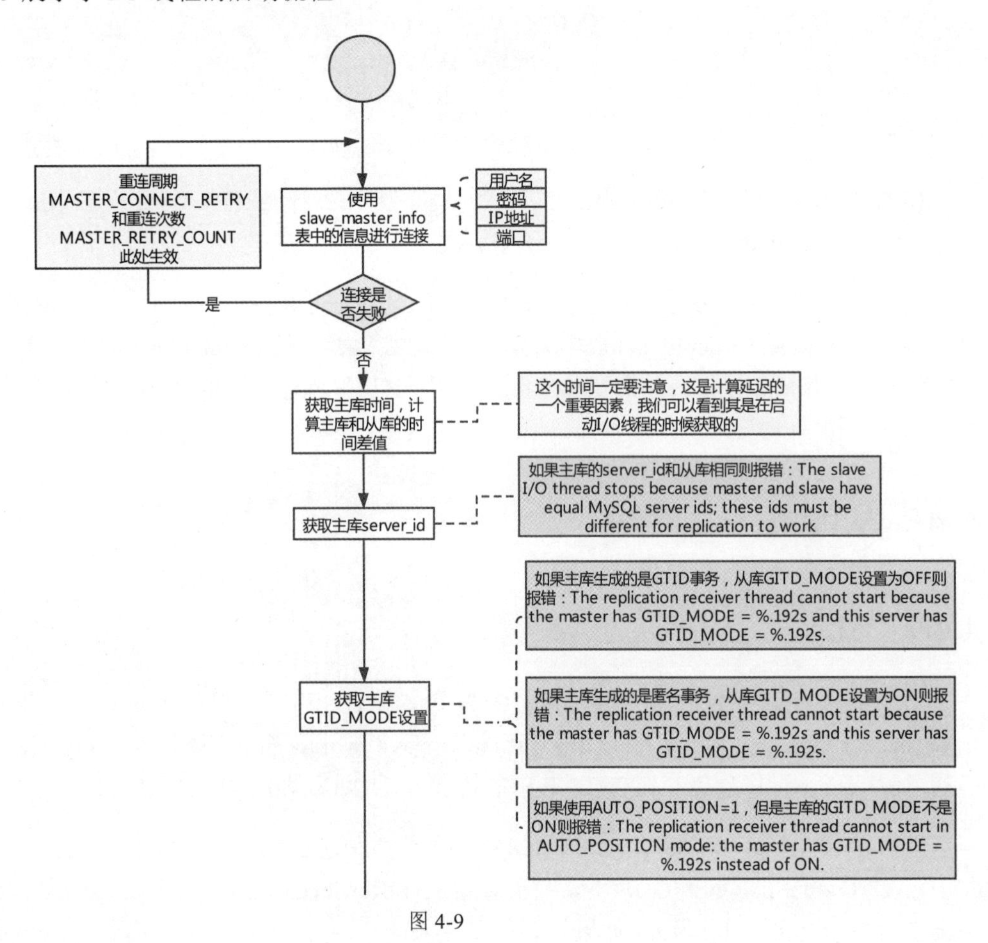


图 4-9

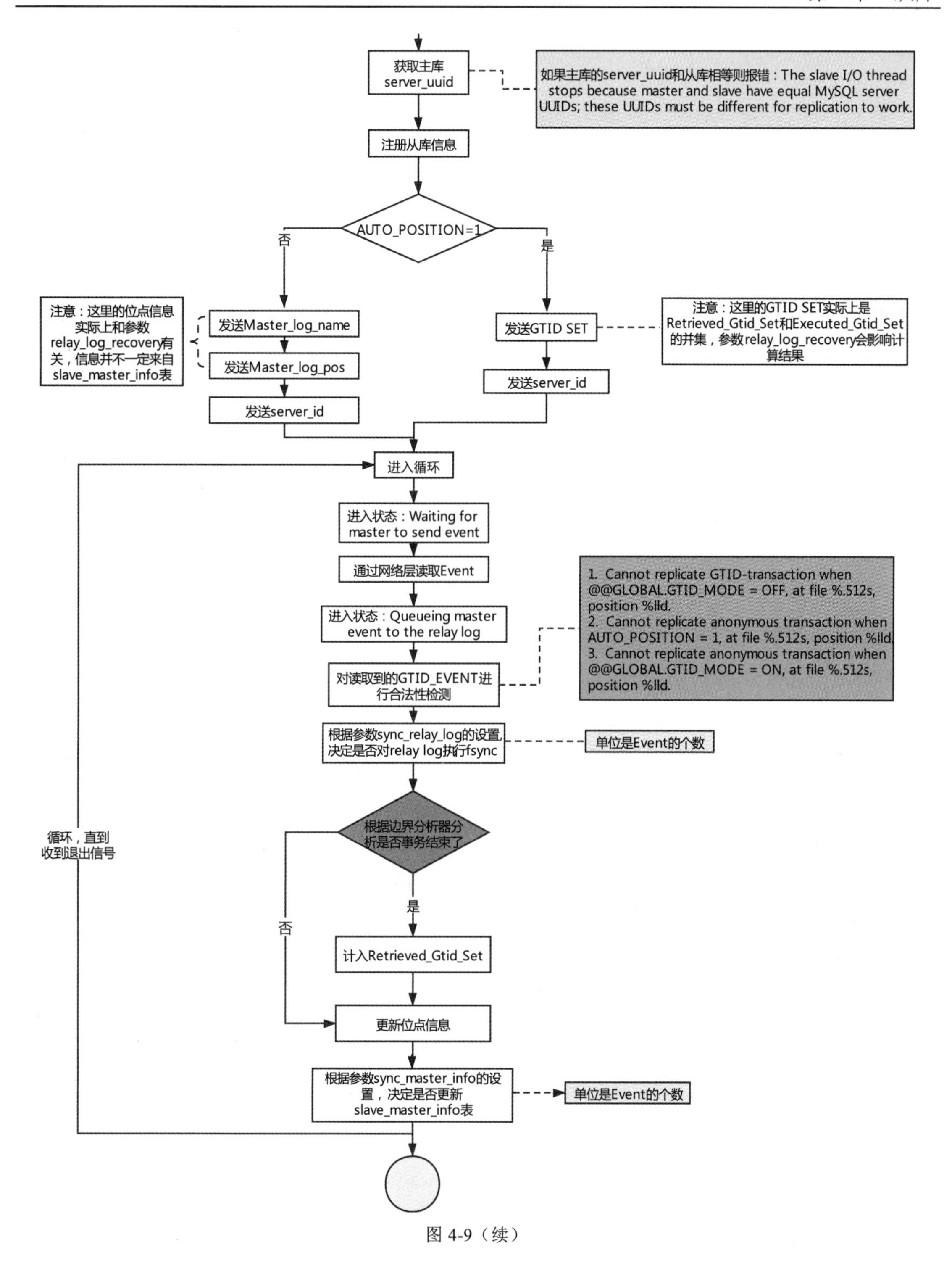
获取主库server_uuid
如果主库的server_uuid和从库相等则报错：The slave I/O thread stops because master and slave have equal MySQL server UUIDs; these UUIDs must be different for replication to work.
注册从库信息
AUTO_POSITION=1
否
是
注意：这里的位点信息实际上和参数relay_log_recovery有关，信息并不一定来自slave_master_info表
发送Master_log_name
发送Master_log_pos
发送server_id
发送GTID SET
注意：这里的GTID SET实际上是Retrieved_Gtid_Set和Executed_Gtid_Set的并集，参数relay_log_recovery会影响计算结果
发送server_id
进入循环
进入状态：Waiting for master to send event
通过网络层读取Event
进入状态：Queueing master event to the relay log
1. Cannot replicate GTID-transaction when @@GLOBAL.GTID_MODE = OFF, at file %.512s, position %lld.
2. Cannot replicate anonymous transaction when AUTO_POSITION = 1, at file %.512s, position %lld.
3. Cannot replicate anonymous transaction when @@GLOBAL.GTID_MODE = ON, at file %.512s, position %lld.
对读取到的GTID_EVENT进行合法性检测
根据参数sync_relay_log的设置,决定是否对relay log执行fsync
单位是Event的个数
循环，直到收到退出信号
根据边界分析器分析是否事务结束了
是
否
计入Retrieved_Gtid_Set
更新位点信息
根据参数sync_master_info的设置，决定是否更新slave_master_info表
单位是Event的个数

图 4-9（续）

### 4.4.3 流程解析

整个 I/O 线程的启动流程由 handle_slave_io 函数调入，下面是简化的流程。

**1. 使用 slave_master_info 表中的用户名、密码、IP 地址、端口信息进行连接。**

如果主库不能连接，则会不断地重连，重连间隔时间和次数如下。

- MASTER_CONNECT_RETRY：每次重连间隔时间，默认为 60 秒。
- MASTER_RETRY_COUNT：重连的次数，默认为 86 400 次。

在错误日志中也会出现类似如下的信息：

```
2019-05-20T12:00:46.071794+08:00 4 [ERROR] Slave I/O for channel '': error connecting to master 'repl@192.168.99.41:3340' - retry-time: 60  retries: 3, Error_code: 2003
2019-05-20T12:01:46.073473+08:00 4 [ERROR] Slave I/O for channel '': error connecting to master 'repl@192.168.99.41:3340' - retry-time: 60  retries: 4, Error_code: 2003
2019-05-20T12:02:46.074427+08:00 4 [ERROR] Slave I/O for channel '': error connecting to master 'repl@192.168.99.41:3340' - retry-time: 60  retries: 5, Error_code: 2003
2019-05-20T12:03:46.075544+08:00 4 [ERROR] Slave I/O for channel '': error connecting to master 'repl@192.168.99.41:3340' - retry-time: 60  retries: 6, Error_code: 2003
2019-05-20T12:04:46.076620+08:00 4 [ERROR] Slave I/O for channel '': error connecting to master 'repl@192.168.99.41:3340' - retry-time: 60  retries: 7, Error_code: 2003
```

当出现错误时，我们应该检查连接信息是否正确。可以参考 connect_to_master 函数，如下。

```
mi->report(ERROR_LEVEL, last_errno,"error %s to master '%s@%s:%d'"
" - retry-time: %d  retries: %lu",(reconnect ? "reconnecting" : "connecting"),
mi->get_user(), mi->host, mi->port, mi->connect_retry, err_count + 1);

if (++err_count == mi->retry_count)
{
   slave_was_killed=1;
   break;
}
slave_sleep(thd, mi->connect_retry, io_slave_killed, mi); //睡眠时间

//每次睡眠时间为 MASTER_CONNECT_RETRY 设置的时间，默认为 60 秒
//循环次数由 MASTER_RETRY_COUNT 指定，默认为 86 400 次
```

**2. 通过语句获取主库的重要信息**

这一步实际上就是和主库进行交互，方式就是发起普通的命令进行查询，下面列出一些重要的步骤。可以参考 get_master_version_and_clock 函数。

（1）发起命令 SELECT UNIX_TIMESTAMP() 获取主库时间。这一步比较关键，获取主库时间会用于计算主库和从库的时间差值。这个差值是计算 Seconds_Behind_Master 的关键条件。到这里已经讲述了计算延迟需要的全部条件，4.9 节将详细介绍 Seconds_Behind_Master 计算的方法。获取时间差值的源码如下。

```
mi->clock_diff_with_master= (long) (time((time_t*) 0) -
strtoul(master_row[0], 0, 10));
```

（2）发起命令 SELECT @@GLOBAL.SERVER_ID 获取主库 server_id。这一步用来比较主库和从库的 server_id 是否相同，如果相同则报错。源码如下。

```
if ((::server_id == (mi->master_id= strtoul(master_row[0], 0, 10))) &&
//如果从库和主库有同样的 server_id 则报错
        !mi->rli->replicate_same_server_id)
    {
      errmsg= "The slave I/O thread stops because master and slave have equal \
MySQL server_ids; these ids must be different for replication to work (or \
the --replicate-same-server-id option must be used on slave but this does \
not always make sense; please check the manual before using it).";
      err_code= ER_SLAVE_FATAL_ERROR;
      sprintf(err_buff, ER(err_code), errmsg);
      goto err;
    }
```

（3）发起命令 SELECT @@GLOBAL.GTID_MODE 获取主库的 GTID_MODE 设置。主要用于检查主库的 GTID 设置是否和从库的 GTID 设置兼容。如果主库生成的是 GTID 事务，那么从库不能设置参数 GITD_MODE=OFF。如果主库生成的是匿名事务，那么从库不能设置参数 GITD_MODE=ON。如果使用的是 AUTO_POSITION=1 选项，那么主库必须设置参数 GITD_MODE=ON。源码如下。

```
 if ((slave_gtid_mode == GTID_MODE_OFF &&
                  master_gtid_mode >= GTID_MODE_ON_PERMISSIVE) ||
                 (slave_gtid_mode == GTID_MODE_ON &&
                  master_gtid_mode <= GTID_MODE_OFF_PERMISSIVE))
              {
                mi->report(ERROR_LEVEL, ER_SLAVE_FATAL_ERROR,
                       "The replication receiver thread cannot start because "
                       "the master has GTID_MODE = %.192s and this server has "
                       "GTID_MODE = %.192s.",
                       get_gtid_mode_string(master_gtid_mode),
                       get_gtid_mode_string(slave_gtid_mode));
                DBUG_RETURN(1);
              }
              if (mi->is_auto_position() && master_gtid_mode != GTID_MODE_ON)
```

```
            {
              mi->report(ERROR_LEVEL, ER_SLAVE_FATAL_ERROR,
                         "The replication receiver thread cannot start in "
                         "AUTO_POSITION mode: the master has GTID_MODE = %.192s "
                         "instead of ON.",
                         get_gtid_mode_string(master_gtid_mode));
              DBUG_RETURN(1);
            }
```

（4）发起命令 SELECT @@GLOBAL.SERVER_UUID 获取主库的 server_uuid。如果主库和从库拥有一致的 server_uuid，那么会报错，见图 4-9。源码如下。

```
if (!strcmp(::server_uuid, master_row[0]) &&//比较主库和从库的UUID
      !mi->rli->replicate_same_server_id)
    {
      errmsg= "The slave I/O thread stops because master and slave have equal "
              "MySQL server UUIDs; these UUIDs must be different for "
              "replication to work.";
      mi->report(ERROR_LEVEL, ER_SLAVE_FATAL_ERROR, ER(ER_SLAVE_FATAL_ERROR),
                 errmsg);
      // Fatal error
      ret= 1;
    }
```

### 3. 注册从库信息

这一步主库会调用 register_slave 函数进行从库注册，注册完成后 show slave hosts 就能查询到这个从库了。主库 show slave hosts 会调用 show_slave_hosts 函数进行输出。

### 4. 发送需要读取的 GTID SET 或者 POSITION 信息给主库

这一步比较关键，I/O 线程会根据配置的不同发送不同的信息给主库的 DUMP 线程，可以回顾一下 3.5 节讨论的 DUMP 线程。下面详细描述这种不同，可以参考 request_dump 函数。

GTID AUTO_POSITION MODE：发送从库的 GTID SET 给主库，这个 GTID SET 是 Retrieved_Gtid_Set 和 Executed_Gtid_Set 的并集。参数 relay_log_recovery 会对其产生一定影响，我们后面再讨论。源码如下。

```
if (gtid_executed.add_gtid_set(mi->rli->get_gtid_set()) != RETURN_STATUS_OK ||
gtid_executed.add_gtid_set(gtid_state->get_executed_gtids()) !=
RETURN_STATUS_OK)
```

主库会调用 com_binlog_dump_gtid 函数进行处理，详细参考 3.5 节。

POSITION MODE：POSITION MODE 是传统的方式，这种方式需要发送 slave_master_info 表中的 Master_log_name 和 Master_log_pos 信息给主库。主库会调用 com_binlog_dump 函数进行处理，详细参考 3.5 节。如果在参数 relay_log_recovery=0 的设置下，就需要保证 slave_master_info 表中 Master_log_name 和 Master_log_pos 信息及 relay log 的完整性，因此参数 sync_relay_log 和参数 sync_relay_log_info 需要设置为 1，具体我们将在 4.7 节集中讨论。下面是源码部分。

```
int4store(ptr_buffer, DBUG_EVALUATE_IF("request_master_log_pos_3", 3,
static_cast<uint32>(mi->get_master_log_pos())));
memcpy(ptr_buffer, mi->get_master_log_name(), BINLOG_NAME_INFO_SIZE);
```

### 5. 通过网络层读取 Event

这一步会进入状态 Waiting for master to send event。

### 6. 写入 Event 到 relay log

这一步主要是调用 queue_event 函数，会进入状态 Queueing master event to the relay log。如果是 GTID_EVENT 则会检测是否合法，主要包含如下错误的检测。

Cannot replicate GTID-transaction when @@GLOBAL.GTID_MODE = OFF；

Cannot replicate anonymous transaction when AUTO_POSITION = 1；

Cannot replicate anonymous transaction when @@GLOBAL.GTID_MODE = ON。

### 7. 持久化信息

在每一个 Event 写入 relay log 后，都需要考虑持久化这些信息。前面也说过，在使用 POSTION MODE，同时参数 relay_log_recovery=0 的情况下，需要保证 slave_master_info 表中 Master_log_name 信息、Master_log_pos 信息及 relay log 的完整性，下面就是实现持久化信息的一些设置。

- 根据参数 sync_relay_log 的设置，决定是否对 relay log 执行 fsync。单位是 Event 的个数。
- 根据参数 sync_master_info 的设置，决定是否更新 slave_master_info 表。单位是 Event 的个数。
- 如果一个事务结束，那么还需要更新 Retrieved_Gtid_Set，当然，只有开启了 GTID 才会更新。

参数 sync_relay_log=1 的情况会极大地影响从库性能，到底如何正确设置从库的参数呢？笔者将在 4.8 节进行详细讨论。

# 4.5 从库的 SQL 线程（MTS 协调线程）和参数 sql_slave_skip_counter

## 4.5.1 SQL 线程的功能

SQL 线程有以下三个主要功能。

（1）读取 relay log 中的 Event。

（2）应用这些读取到的 Event，将修改作用于从库。

（3）在通常情况下，MTS 不会应用 Event，SQL 线程会蜕变为协调线程，分发 Event 给工作线程。

## 4.5.2 流程图

图 4-10 是简化的流程图，笔者对整个流程图的步骤做了适当的微调，以便理解。

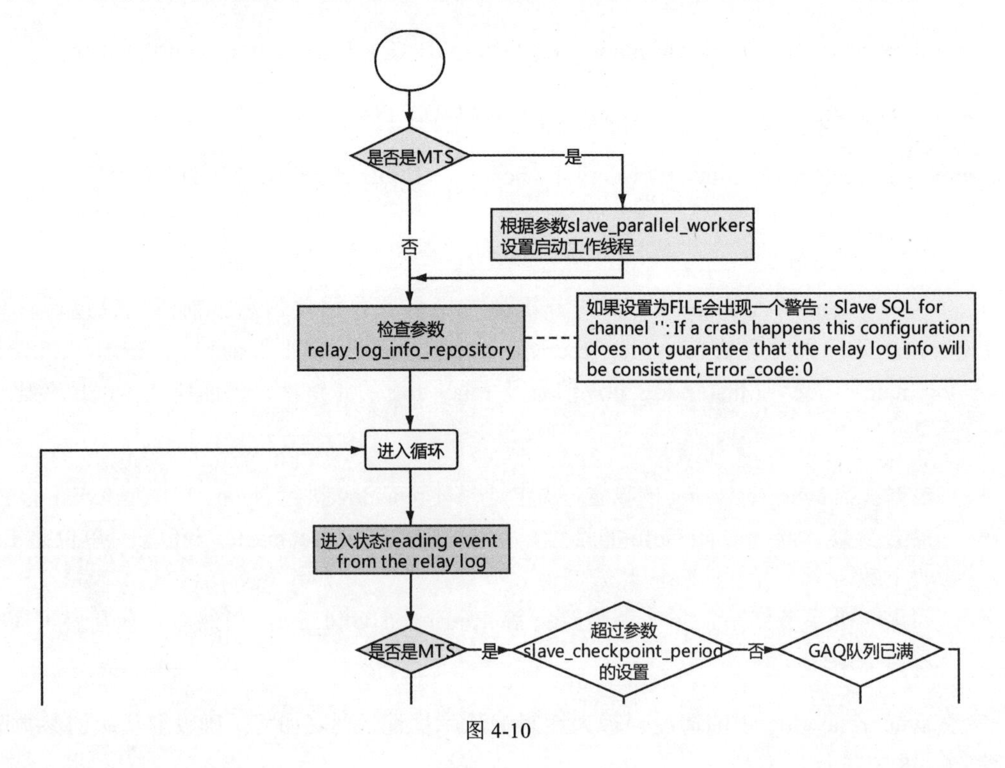


图 4-10

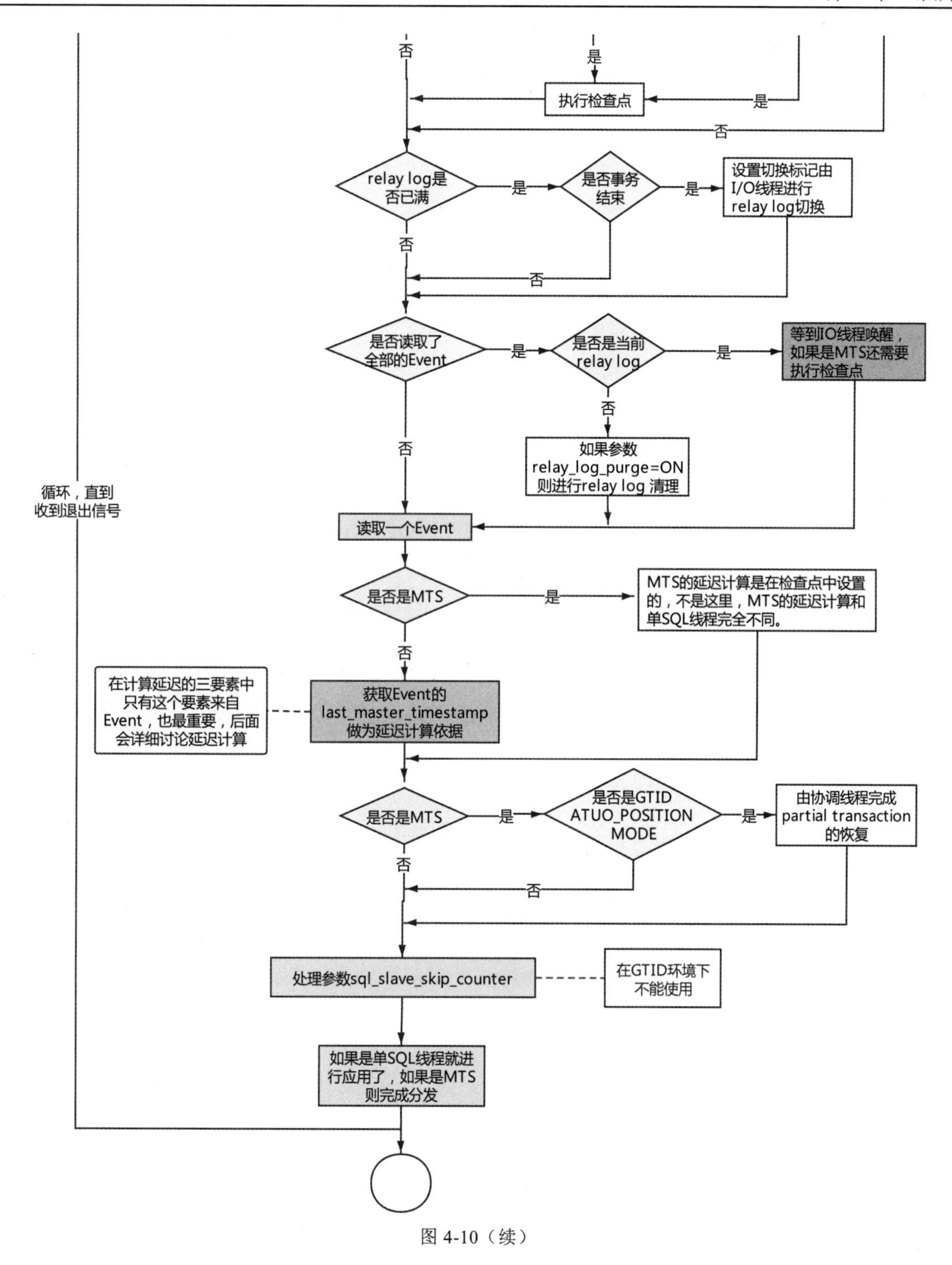

否
是
执行检查点
是
否
relay log是否已满
是
是否事务结束
是
设置切换标记由I/O线程进行relay log切换
否
否
是否读取了全部的Event
是
是否是当前relay log
是
等到IO线程唤醒，如果是MTS还需要执行检查点
否
如果参数relay_log_purge=ON则进行relay log 清理
否
循环，直到收到退出信号
读取一个Event
是否是MTS
是
MTS的延迟计算是在检查点中设置的，不是这里，MTS的延迟计算和单SQL线程完全不同。
否
在计算延迟的三要素中只有这个要素来自Event，也最重要，后面会详细讨论延迟计算
获取Event的last_master_timestamp做为延迟计算依据
是否是MTS
是
是否是GTID ATUO_POSITION MODE
是
由协调线程完成partial transaction的恢复
否
否
处理参数sql_slave_skip_counter
在GTID环境下不能使用
如果是单SQL线程就进行应用了，如果是MTS则完成分发


图 4-10（续）

## 4.5.3 重要步骤说明

这里将对图 4-10 中的一些重要步骤进行说明。

### 1. 如果是 MTS，则需要启动工作线程

我们看到在只有重新启动 SQL 线程（MTS 协调线程）时，参数 slave_parallel_workers 才会生效，并不是修改了马上就会生效。

### 2. 检查参数 relay_log_info_repository 的设置

这一步会检查参数 relay_log_info_repository 是否设置为 TABLE，在 POSITION MODE 下这个参数的设置极为重要，因为 SQL 线程能否启动的关键就是 slave_relay_log_info 表的信息是否正确。虽然在 GTID AUTO_POSITION MODE 下会好很多，但是依旧强烈建议将参数 relay_log_info_repository 设置为 TABLE，本书不会考虑设置为 FILE 的情况。在 4.7 节和 4.8 节会详细介绍。如果没有设置为 TABLE，那么 MySQL 会出现如下警告。

```
   Slave SQL for channel '': If a crash happens this configuration does not guarantee
that the relay log info will be consistent, Error_code: 0
```

由此可见，MySQL 也建议将参数 relay_log_info_repository 设置为 TABLE。

### 3. 状态 reading event from the relay log

开始读取 Event 的时候会进入 reading event from the relay log 状态。

### 4. 如果是 MTS，那么判定是否需要执行检查点

每次读取一个 Event 都会判断是否需要执行 MTS 的检查点，有如下两个判断条件。

- 超过参数 slave_checkpoint_period 的设置。
- GAQ 队列已满。

源码如下。

```
1. 是否超过执行检查点周期，周期性检查包含在 mts_checkpoint_routine 函数内部
            set_timespec_nsec(&curr_clock, 0);
            ulonglong diff= diff_timespec(&curr_clock, &rli->last_clock);
             if (!force && diff < period)
             {
               /*
                 We do not need to execute the checkpoint now because
                 the time elapsed is not enough.
```

```
                */
                DBUG_RETURN(FALSE);
              }

  2. GAQ 队列是否已满
   //如果达到了 GAQ 的大小，则设置为 force=1，强制 checkpoint
          bool force= (rli->checkpoint_seqno > (rli->checkpoint_group - 1));
```

## 5．判断是否需要切换 relay log 和清理 relay log

如果发现 relay log 已满，就需要进行切换。需要注意，如果这个 Event 并不代表事务的结束，那么是不能切换 relay log 的。因此，在常规情况下，relay log 和 binary log 一样，是不能跨事务的。但是在某些异常情况下，relay log 可能跨事务，比如从库异常重启。在这种情况下，GTID AUTO_POSITION MODE 甚至会出现半事务（partial transaction），这会导致额外的回滚操作。如果在 POSITION MODE 下，则会继续发送事务余下的 Event。注意这里讨论的两种情况都是在参数 relay_log_recovery=0 时才会出现的。

源码注释如下，in a group 代表在一个事务中。

```
    /*
   If we have reached the limit of the relay space and we are going to sleep, waiting
for more events:
   1. If outside a group, SQL thread asks the IO thread to force a rotation so that the
SQL thread purges logs next time it processes an event (thus space is freed).
   2. If in a group, SQL thread asks the IO thread to ignore the limit and queues yet
one more event so that the SQL thread finishes the group and is are able to rotate   and
purge sometime soon.
    */
```

如果设置参数 relay_log_purge 为 ON，那么读取完一个非当前 relay log 的 Event 会进入清理流程。源码部分如下。

```
   if (relay_log_purge)//是否设置参数 relay_log_purge 为 ON
        {
      ...
       if (rli->relay_log.purge_first_log
       (rli,rli->get_group_relay_log_pos() == rli->get_event_relay_log_pos()
       && !strcmp(rli->get_group_relay_log_name(),rli->get_event_relay_log_name())))
   //清理 relay log
           {
             errmsg = "Error purging processed logs";
             goto err;
           }
```

如果读取完的是当前 relay log，则不能进行清理，会等待 I/O 线程的唤醒。如果是 MTS，等待唤醒期间还需要执行检查点。

### 6．获取 last_master_timestamp

这一步如图 4-10 中描述的，是单 SQL 线程中计算 Seconds_Behind_Master 最重要的条件。但是对于 MTS 而言，在 4.2 节中解释过 last_master_timestamp 来自检查点指向事务的 XID Event 时间，因此单 SQL 线程和 MTS 计算 Seconds_Behind_Master 的方法是不同的。源码如下。

```
if ((!rli->is_parallel_exec() || rli->last_master_timestamp == 0) && //在非MTS的情况下
......
    {
rli->last_master_timestamp= //event header 的 timestamp
ev->common_header->when.tv_sec + //Query Event 才会有执行时间
(time_t) ev->exec_time;
......
    }
```

注意，这段代码中一个重要的判断条件就是在非 MTS 环境下，即!rli->is_parallel_exec()。

### 7．partial transaction 恢复

下面两种情况可能导致 partial transaction 恢复。

（1）在 GTID AUTO_POSITION MODE 下，如果 I/O 线程出现重连，那么 DUMP 线程会根据 GTID SET 重新定位，重新发送最后一个事务部分已经发送过的 Event。

（2）在 GTID AUTO_POSITION MODE 下，如果从库异常重启，并且 relay_log_recovery=0，DUMP 线程会根据 GTID SET 重新定位，重新发送最后一个事务部分已经发送过的 Event。

在这两种情况下，由于一个事务可能包含部分重叠的 Event，所以会涉及事务的回滚操作。MTS 由协调线程进行回滚。如果是在非 MTS 环境下，则是在 GTID Event 应用的时候进行回滚的。

### 8．参数 sql_slave_skip_counter 的含义

注意，在 GITD 环境下不能使用这种方式跳过 Event，这里进行说明。

参数 sql_slave_skip_counter 的基本计数单位是 Event 的个数，但是如果最后一个 Event 正处于事务中，那么整个事务也会被跳过。下面这段来自 Log_event::do_shall_skip 函数的源码注释进行了非常清晰的解释。

```
    The logic for slave_skip_counter is as follows:
    - Events that are skipped because they have the same server_id as the slave do not
decrease slave_skip_counter.
    - Other events (that pass the server_id test) will decrease slave_skip_counter.
    - Except in one case: if slave_skip_counter==1, it will only decrease to 0 if we are
at a so-called group boundary. Here, a group is defined as the range of events that
represent a single transaction in the relay log: see comment for is_in_group in
rpl_rli.h for a definition.
```

#### 9. MTS 进行 Event 分发，单 SQL 线程则进行 Event 应用

拿到这个 Event 后会进行如下处理。

- MTS 进行 Event 分发，分发给工作线程进行 Event 的应用。这个分发过程在 4.1 节描述过了。
- 单 SQL 线程进行 Event 的应用。

### 4.5.4 各个 Event 做了什么

到这里，从库就可以应用 Event 了，我们还需要了解一个事务中的每个 Event 在从库应用的时候大概做了些什么工作。虽然第 2 章对这些重点 Event 进行了解释，但是在从库应用的时候它们大概做了什么呢？这里为了方便说明，还是在开启 GTID 的情况下，以一个简单的 DELETE 语句生成的 Event 为例。其中，Event 包含 GTID_EVENT、QUERY_EVENT、MAP_EVENT、DELETE_EVENT、XID_EVENT。了解每个 Event 在从库做了什么工作，我们就能知道一个事务的 Event 在从库应用的流程是什么。当然这里只是简单地介绍一下，详细的讨论已经超出了本书的范围。

#### 1. GTID_EVENT

GTID_EVENT 的解析参考 2.3 节。

- Gtid_log_event::do_apply_event 函数。
- 单 SQL 线程下回滚 partial transaction。
- 设置事务的 GTID，参考 set_gtid_next 函数。

#### 2. QUERY_EVENT

QUERY_EVENT 的解析参考 2.4 节。

- Query_log_event::do_apply_event 函数。

- 设置线程的执行环境，比如 SQL_MODE、客户端字符集、自增环境、客户端排序字符集、当前登录的数据库名等。
- 执行相应的语句。对于行模式的 DML 语句而言，通常是 begin 语句，而对于 DDL 而言就是执行实际的语句了。注意 begin 语句只是在 MySQL 层做了一个标记，如下。

```
thd->variables.option_bits|= OPTION_BEGIN;
```

语句进入提交流程后会判断这个标记，如下。

```
inline bool in_multi_stmt_transaction_mode() const
 {
   return variables.option_bits & (OPTION_NOT_AUTOCOMMIT | OPTION_BEGIN);
 }
```

如果设置了标记则不会进入 order commit 流程，也就是说事务不会自动提交。

### 3. MAP_EVENT

MAP_EVENT 的解析参考 2.4 节。

- Table_map_log_event::do_apply_event 函数。
- 设置表的相关属性，比如数据库名、表名、字段数量、字段类型、可变字段的长度等。
- 设置 table id。

### 4. DELETE_EVENT

DELETE_EVENT 的解析参考 2.5 节。

- Rows_log_event::do_apply_event 函数。
- 检查本事务的 GTID 是否已经应用过了，如果是则跳过。这个判断过程在 is_already_logged_transaction 函数中。
- 打开表获取 MDL 锁。
- 设置 table id 和表的映射。
- 开启读写事务。
- 上相应的 InnoDB 行锁。
- 对每行数据进行删除操作。

这里我们可以看到，对从库来讲，同样需要开启读写事务上锁等操作，因此如果从库有相应加锁操作，SQL 线程（MTS 工作线程）也可能因为不能获得锁而堵塞。

### 5. XID_EVENT

XID_EVENT 解析参考 2.6 节。

- Xid_apply_log_event::do_apply_event（单 SQL 线程）函数或者 Xid_apply_log_event::do_apply_event_worker（MTS）函数。
- 更新内存位点信息。
- 单 SQL 线程更新 slave_relay_log_info 表中的相关信息，MTS 更新 slave_worker_info 表中的相关信息。Rpl_info_table::do_flush_info 为相应的更新接口。
- 提交事务。

## 4.6 从库数据的查找和参数 slave_rows_search_algorithms

前面已经知道了，对于 DML 语句而言，其数据的更改将被放到对应的 Event 中。比如 DELETE 语句会将所有删除数据的 before_image 都放到 DELETE_EVENT 中，从库只要读取 before_image 中的数据进行查找，然后调用相应的 DELETE 操作就可以删除数据了。下面讨论一下从库是如何查找数据的，理解这一点异常重要。

本节我们假定参数 binlog_row_image 设置为 FULL，也就是默认值，关于参数 binlog_row_image 的影响在 2.7 节已经详细介绍过了。

### 4.6.1 从一个例子出发

假定参数 slave_rows_search_algorithms 为默认值，即 TABLE_SCAN,INDEX_SCAN，因为这个参数会直接影响到索引的利用方式，所以需要先进行假设。

我们还是以 DELETE 操作为例，实际上，对于索引的选择，UPDATE 操作也是一样的，因为两者都是通过 before_image 查找数据的。测试的表结构、数据和操作如下。

```
mysql> show create table tkkk \G
*************************** 1. row ***************************
       Table: tkkk
Create Table: CREATE TABLE `tkkk` (
  `a` int(11) DEFAULT NULL,
  `b` int(11) DEFAULT NULL,
  `c` int(11) DEFAULT NULL,
  KEY `a` (`a`)
) ENGINE=InnoDB DEFAULT CHARSET=utf8
1 row in set (0.00 sec)
```

```
mysql> select * from tkkk;
+------+------+------+
| a    | b    | c    |
+------+------+------+
|    1 |    1 |    1 |
|    2 |    2 |    2 |
|    3 |    3 |    3 |
|    4 |    4 |    4 |
|    5 |    5 |    5 |
|    6 |    6 |    6 |
|    7 |    7 |    7 |
|    8 |    8 |    8 |
|    9 |    9 |    9 |
|   10 |   10 |   10 |
|   11 |   11 |   11 |
|   12 |   12 |   12 |
|   13 |   13 |   13 |
|   15 |   15 |   15 |
|   15 |   16 |   16 |
|   15 |   17 |   17 |
+------+------+------+
16 rows in set (2.21 sec)
mysql> delete from tkkk where a=15;
```

对于这样一个 DELETE 语句，主库会利用索引 KEY a，删除的三条数据实际上只需要一次索引的定位（参考 btr_cur_search_to_nth_level 函数），然后顺序扫描接下来的数据进行删除就可以了。大概的流程如图 4-11 所示。

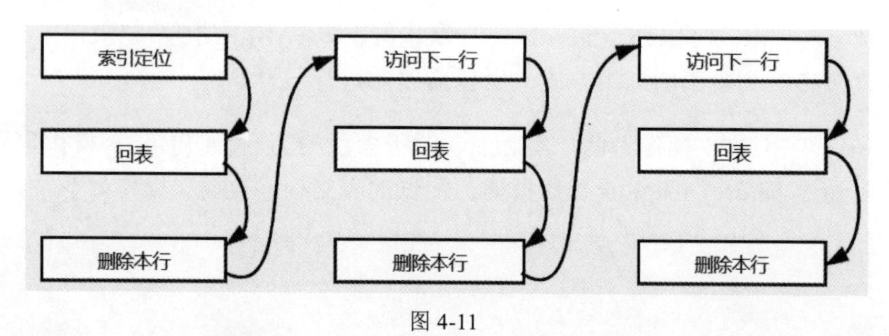


图 4-11

这条语句删除 3 条数据的 before_image 将会记录到一个 DELETE_EVENT 中。从库应用的时候会重新评估应该使用哪个索引，优先使用主键和唯一键。在从库应用时，对于 Event 中的每条数据都需要进行索引定位，并且对于非唯一索引，返回的第一行数据可能并不是需要删除的数据，还需要继续扫描下一行数据，在 Rows_log_event::do_index_ scan_and_update 函数中有如下代码。

```
while (record_compare(m_table, &m_cols))//比较每一个字段，如果不相等则扫描下一行
  {
    while((error= next_record_scan(false)))//扫描下一行
    {
      /* We just skip records that has already been deleted */
      if (error == HA_ERR_RECORD_DELETED)
        continue;
      DBUG_PRINT("info",("no record matching the given row found"));
      goto end;
    }
  }
```

这些代价比主库更大。在这个例子中没有主键和唯一键，依旧使用索引 KEY a，大概流程如图 4-12 所示。

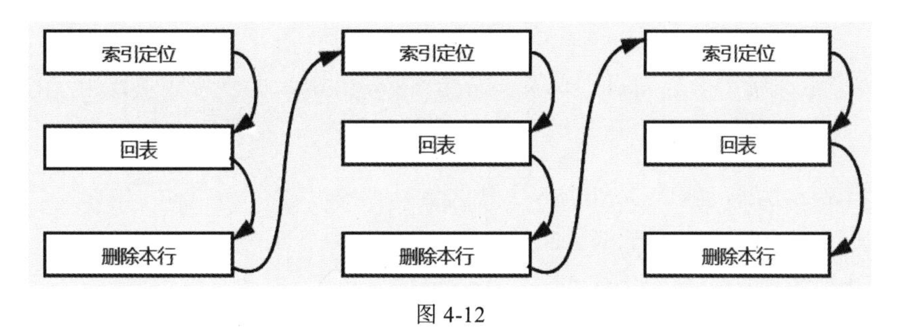


图 4-12

如果在从库中增加一个主键，那么在从库中应用的流程会更高效，如图 4-13 所示。

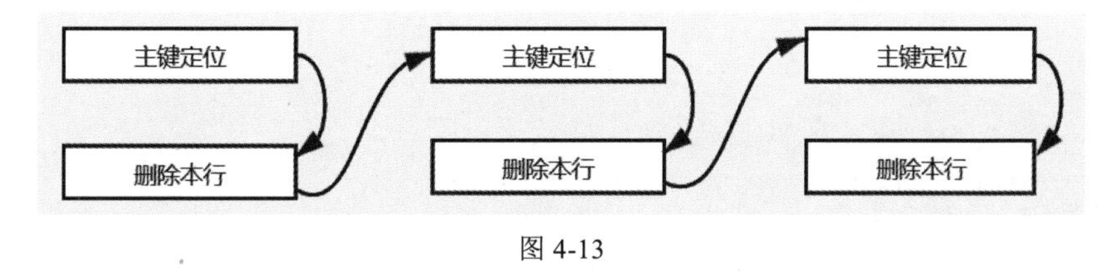


图 4-13

从上面的流程来看，主库 DELETE 操作和从库 DELETE 操作的主要区别在于以下两点。

（1）从库的每条数据都需要进行索引定位查找。

（2）在某些情况下，从库通过非唯一索引查找的第一条数据可能并不是需要删除的数据，因此还需要继续进行索引定位和查找。

主库一般只需要一次数据定位查找，接下来访问下一条数据就好了。其实对于真正的删除操作而言，主库和从库并没有太大的区别。如果合理地使用了主键和唯一键，那么可以将上面提到的两点影响降低。没有合理地使用主键和唯一键是造成从库延迟的重要原因。

如果表上一个索引都没有，那么情况将变得更加严重，如图 4-14 所示。

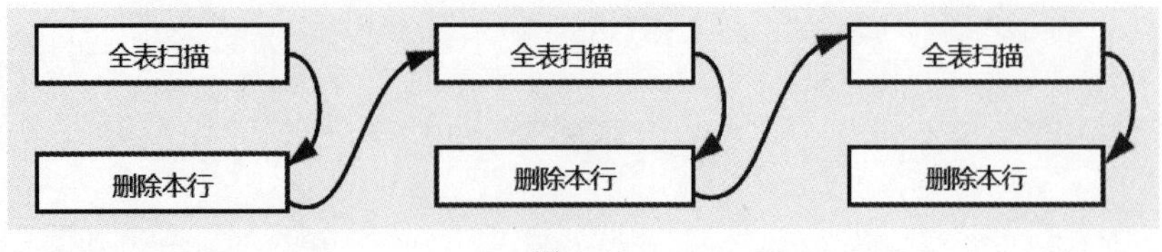


图 4-14

我们可以看到，每一行数据的删除都需要进行全表扫描，这个问题非常严重。在这种情况下，设置参数 slave_rows_search_algorithms 的 HASH_SCAN 选项也许可以提高性能，下面进行讨论。

## 4.6.2 确认查找数据的方式

前面的例子中介绍了参数 slave_rows_search_algorithms，这个参数主要用于设置从库查找数据的方式。其取值可以是下面几个组合（来自官方文档），在源码中体现为一个位图。

- TABLE_SCAN，INDEX_SCAN（默认值）；
- INDEX_SCAN，HASH_SCAN；
- TABLE_SCAN，HASH_SCAN；
- TABLE_SCAN，INDEX_SCAN，HASH_SCAN。

在源码中有如下说明，和官方文档的说明类似。

```
/*
   Decision table:
   - I  --> Index scan / search
   - T  --> Table scan
   - Hi --> Hash over index
   - Ht --> Hash over the entire table

   |--------------+-----------+------+------+------|
   | Index\Option | I , T , H | I, T | I, H | T, H |
   |--------------+-----------+------+------+------|
   | PK / UK      | I         | I    | I    | Hi   |
   | K            | Hi        | I    | Hi   | Hi   |
   | No Index     | Ht        | T    | Ht   | Ht   |
   |--------------+-----------+------+------+------|
*/
```

源码中有 3 种数据查找的方式，它们分别是：

（1）ROW_LOOKUP_INDEX_SCAN，对应 Rows_log_event::do_index_scan_and_ update 函数。

（2）ROW_LOOKUP_HASH_SCAN，对应 Rows_log_event::do_hash_scan_and_ update 函数，它又包含 Hi --> Hash over index 和 Ht --> Hash over the entire table。后面将进行讨论。

（3）ROW_LOOKUP_TABLE_SCAN，对应 Rows_log_event::do_table_scan_and_ update 函数。

源码会根据不同的取值调用不同的接口，如下。

```
switch (m_rows_lookup_algorithm)//根据不同的算法决定使用哪个方法
{
      case ROW_LOOKUP_HASH_SCAN:
        do_apply_row_ptr= &Rows_log_event::do_hash_scan_and_update;
        break;
      case ROW_LOOKUP_INDEX_SCAN:
        do_apply_row_ptr= &Rows_log_event::do_index_scan_and_update;
        break;
      case ROW_LOOKUP_TABLE_SCAN:
        do_apply_row_ptr= &Rows_log_event::do_table_scan_and_update;
        break;
```

如何查找数据及通过哪个索引查找数据是由参数 slave_rows_search_algorithms 中的设置和表中是否有合适的索引共同决定的，并不完全由参数 slave_rows_search_algorithms 决定。

图 4-15 就是决定数据查找方式的过程，可以参考 decide_row_lookup_algorithm_and_key 函数。

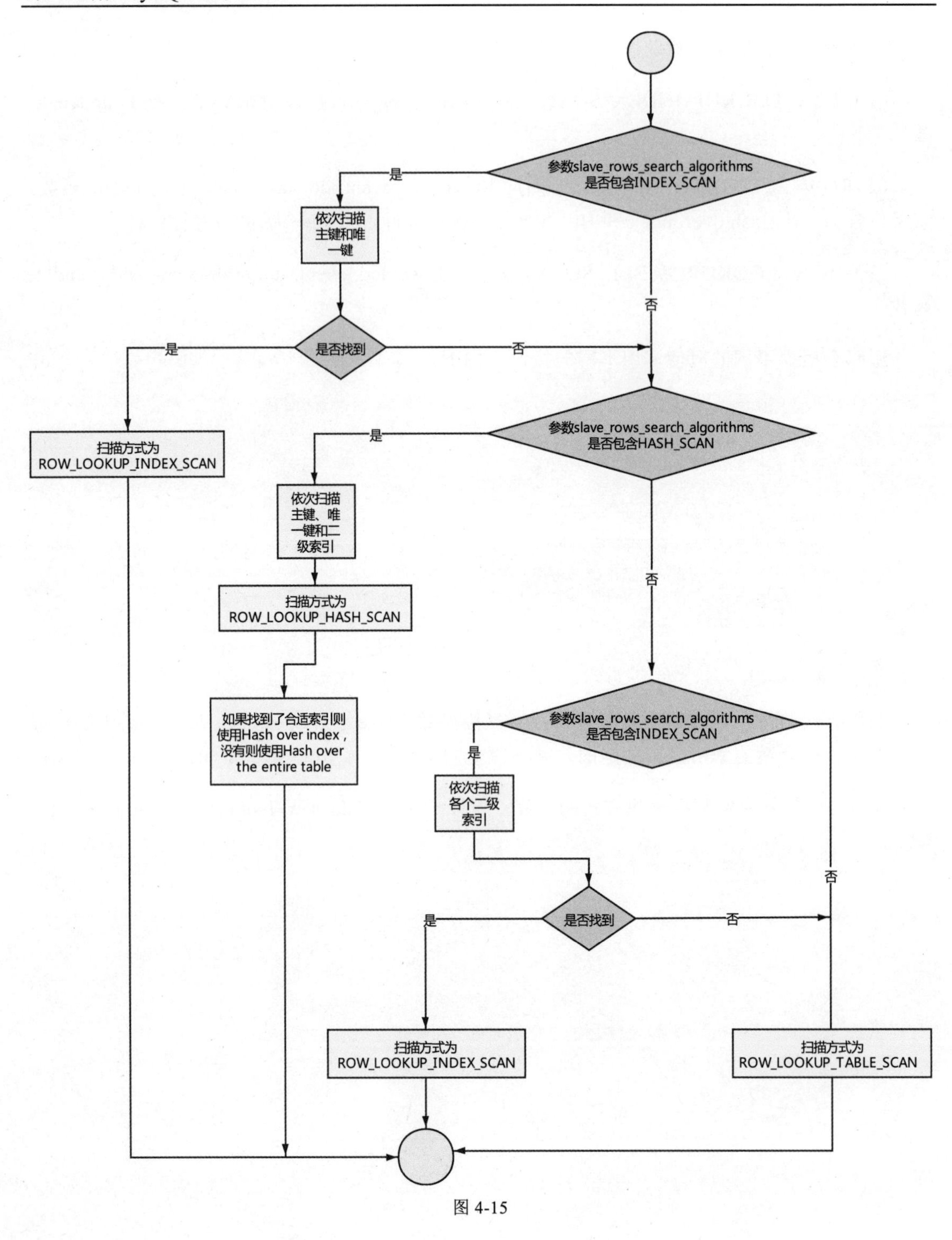
参数slave_rows_search_algorithms
是否包含INDEX_SCAN
是
依次扫描
主键和唯
一键
是否找到
是
否
否
扫描方式为
ROW_LOOKUP_INDEX_SCAN
参数slave_rows_search_algorithms
是否包含HASH_SCAN
是
依次扫描
主键、唯
一键和二
级索引
扫描方式为
ROW_LOOKUP_HASH_SCAN
如果找到了合适索引则
使用Hash over index ,
没有则使用Hash over
the entire table
否
参数slave_rows_search_algorithms
是否包含INDEX_SCAN
是
依次扫描
各个二级
索引
是否找到
是
否
否
扫描方式为
ROW_LOOKUP_INDEX_SCAN
扫描方式为
ROW_LOOKUP_TABLE_SCAN

图 4-15

### 4.6.3 ROW_LOOKUP_HASH_SCAN 方式的数据查找

这种数据查找的方式和 ROW_LOOKUP_INDEX_SCAN、ROW_LOOKUP_TABLE_SCAN 都不同，它是通过将表中的数据和 Event 中的数据比对，而不是通过将 Event 中的数据和表中的数据比对进行查找，下面将详细描述这种数据查找方法。

我们将参数 slave_rows_search_algorithms 设置为 INDEX_SCAN、HASH_SCAN，如果表上没有主键和唯一键，那么图 4-15 的流程将会把数据查找的方式设置为 ROW_LOOKUP_HASH_SCAN。

ROW_LOOKUP_HASH_SCAN 又有 Hi --> Hash over index 和 Ht --> Hash over the entire table 两种数据查找方式。

ROW_LOOKUP_HASH_SCAN 会将 Event 中的每一行数据都读取出来存入 HASH 结构，如果能够用 Hi，那么还会额外维护一个集合（set），将索引键值存入集合，作为索引扫描的依据。如果没有索引这个集合（set），将不会维护，而直接使用全表扫描，即 Ht。

Ht 会进行全表扫描，其中每行都会查询 HASH 结构来比对数据。Hi 则会通过前面说的集合（set）进行索引定位扫描，每行也会查询 HASH 结构来比对数据。

需要注意的是，这个过程的单位是 Event 的个数，前面说过，一个 DELETE_EVENT 可能包含多行数据，Event 最大为 8KB 左右。因此使用 Ht 的方式，将会从原来的每行数据进行一次全表扫描变为每个 Event 进行一次全表扫描。

但是对于 Hi 来讲效果就没有那么明显了，因为如果删除的数据重复值很少，那么依然需要足够多的索引定位查找，但是如果删除的数据重复值较多，那么构造的集合（set）元素将会大幅度减少，也就减少了索引查找定位的开销。

考虑另外一种情况，如果每条 DELETE 语句一次都只删除一行数据，在这种情况下，每个 DELETE_EVENT 都只有一条数据，那么使用 ROW_LOOKUP_HASH_SCAN 方式并不会提高性能，因为这条数据还需要进行一次全表扫描或者索引定位才能找到数据，这和默认的方式没什么区别。

整个过程参考如下接口。

- Rows_log_event::do_hash_scan_and_update：总接口，调用下面两个接口。
- Rows_log_event::do_hash_row：将数据加入 HASH 结构，如果有索引还需要维护集合（set）。
- Rows_log_event::do_scan_and_update：查找并且删除，会调用 Rows_log_event::next_record_scan 接口查找数据。

- Rows_log_event::next_record_scan：具体的查找方式，实现了 Hi 和 Ht 的查找。

下面还是用 4.6.1 节的例子，我们删除了 3 条数据，因此 DELETE_EVENT 中包含了 3 条数据。假设参数 slave_rows_search_algorithms 设置为 INDEX_SCAN、HASH_SCAN。因为表中没有主键和唯一键，因此会使用 ROW_LOOKUP_HASH_SCAN 进行数据查找。但是因为我们有一个索引 KEY a，所以会用 Hi。

为了更好地描述 Hi 和 Ht 两种方式的区别，这里还假定一种情况，即假设 4.6.1 的例子中的表一个索引都没有，那么表结构如下，当然数据还是一样的，这样根据图 4-15 的流程将会用到 Ht。

```
Create Table: CREATE TABLE `tkkk` (
  `a` int(11) DEFAULT NULL,
  `b` int(11) DEFAULT NULL,
  `c` int(11) DEFAULT NULL,
 ) ENGINE=InnoDB DEFAULT CHARSET=utf8
1 row in set (0.00 sec)
```

笔者将两种方式放到一个图中进行比较，方便大家发现不同点，如图 4-16 所示。

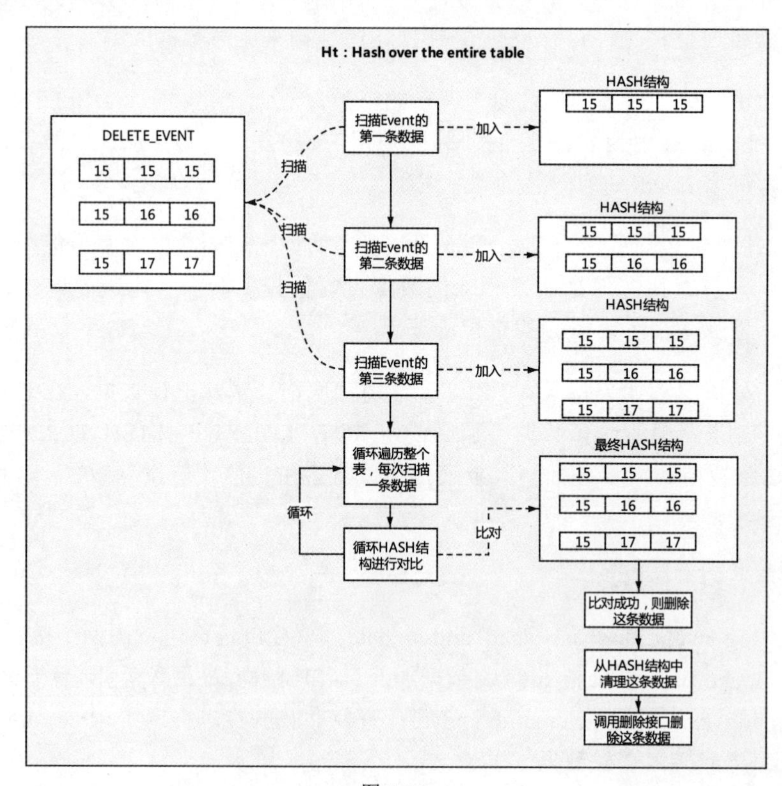


图 4-16

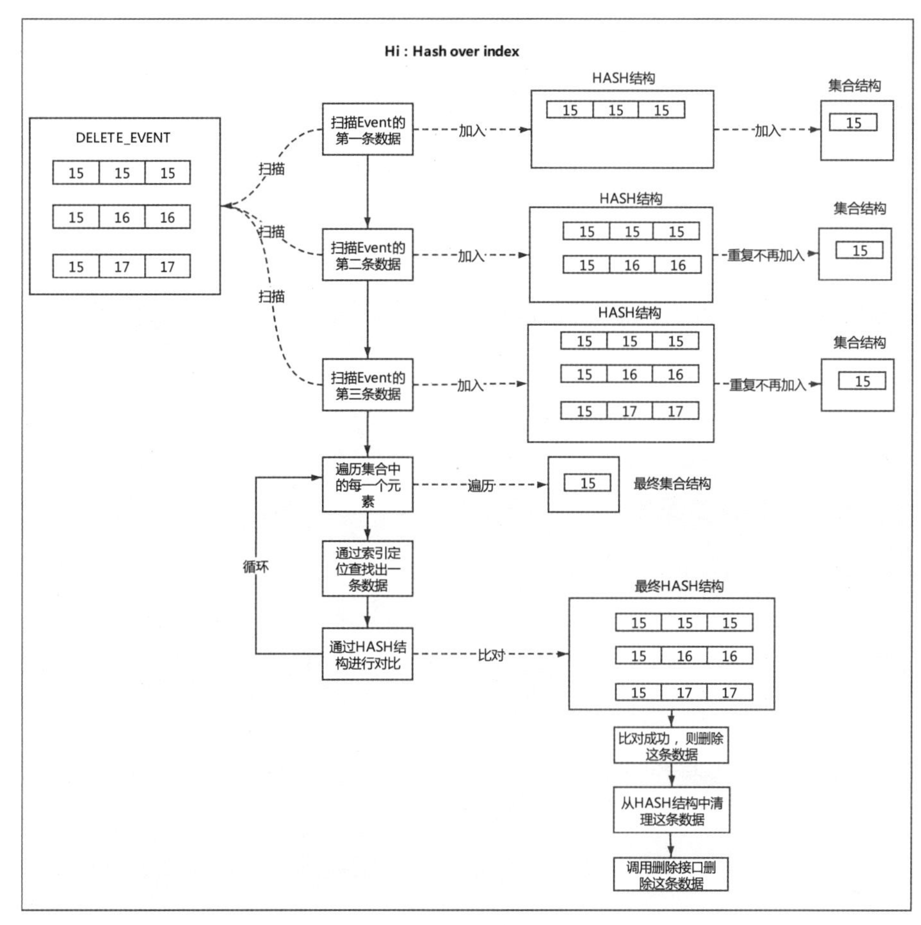


图 4-16（续）

## 4.6.4　从库数据查找的要点

有位朋友问过笔者一个问题，主库中的表没有主键，如果在从库中建立主键能降低延迟吗？这里我们就能肯定地回答了，可以降低延迟。因为从库会根据 Event 中的行数据进行索引的选择，会选择主键查找数据。

我们将从库数据查找的要点归纳如下。

（1）参数 slave_rows_search_algorithms 设置了 HASH_SCAN 并不一定会提高性能，只有满足如下两个条件才会提高性能：一是表中没有任何索引或者有索引，且本条 UPDATE/DELETE 的数据关键字重复值较多。二是一个 UPDATE/DELETE 语句删除了大量的数据，形成了很多 8KB 左右的 UPDATE_EVENT/DELETE_EVENT。（如果 UPDATE/DELETE

语句只修改了少量的数据，例如，每个语句只修改了一行数据，则不能提高性能。）

（2）从库索引的利用是自行判断的，顺序为主键->唯一键->普通索引。

（3）如果参数 slave_rows_search_algorithms 没有设置 HASH_SCAN，并且表中没有主键或者唯一键，那么从库的性能将会急剧下降，进而导致主从延迟较大。如果连索引都没有，那么情况会更加严重，因为主库更改的每一行数据都会在从库引发一次全表扫描。

最后，我们会发现又多了一个在 MySQL 中强制设置主键的理由。

## 4.7 从库的关闭和异常恢复流程

### 4.7.1 正常的 stop slave 流程

如果要更加清楚地了解从库异常恢复流程，那么需要知道正常关闭从库做了哪些工作，也就是 stop slave 命令发起后做了哪些工作。本节将以单 SQL 线程模式下 SQL 线程对 stop slave 命令的响应为例进行介绍，I/O 线程与之相差不多并且更加简单，MTS 更加复杂但是其基本原理一致。

从图 4-10 中可以看到，单 SQL 线程以 Event 为单位应用，最前面的一层循环用于读取 Event 并应用。响应 stop slave 正是在这层循环的判定条件中实现的。

实际上，stop slave 命令是用户线程发起的，它需要作用于 SQL 线程和 I/O 线程，它们之间一定要有传递的介质，如下。

- SQL 线程：mi->rli->abort_slave；
- I/O 线程：mi->abort_slave。

而 I/O 线程和 SQL 线程要到达判定点，需要将上一个 Event 处理完成，再循环一次。如果 I/O 线程和 SQL 线程没有正常终止，那么用户线程执行的 stop slave 命令需要一直等待其完成（SQL 线程由 rli->run_lock 和 rli->stop_cond 实现）。参数 rpl_stop_slave_timeout 可以控制等待的时间，需要注意的是，虽然使用这个参数可以让用户线程提前返回，但是实际上，I/O 线程和 SQL 线程的关闭操作可能还在继续。

图 4-17 是以 SQL 线程为例绘制的简单示意图。图中忽略了 I/O 线程，因为 I/O 线程一般不会出现问题。

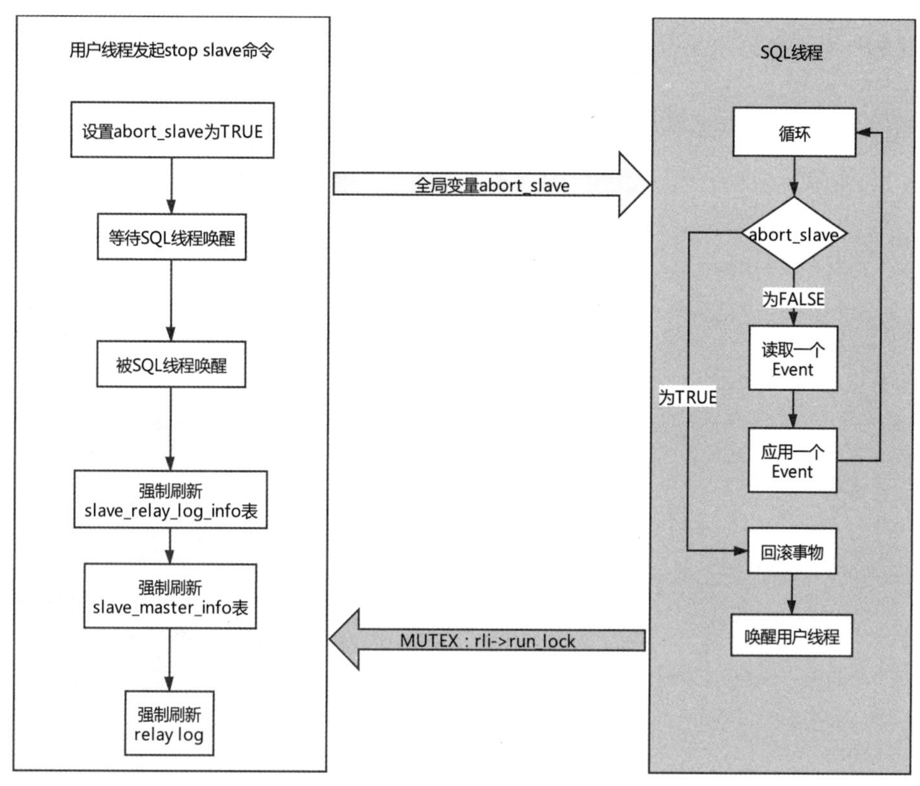


图 4-17

可以看到，正常关闭从库一般不会有任何问题，因为 slave_master_info 表、slave_relay_log_info 表和 relay log 都已经强制持久化了。

在 MTS 下，还会刷新 slave_worker_info 表和执行检查点。下面简单讨论一下为什么 stop slave 会很慢，笔者曾经遇到过这种问题。

这部分可以参考以下代码。

- 用户线程：stop_slave 函数调用 terminate_slave_threads 函数。
- SQL 线程：handle_slave_sql 函数调用 sql_slave_killed 函数。
- 回滚调用：Relay_log_info::cleanup_context 函数。

### 4.7.2　stop slave 为什么会慢

从图 4-17 中可以看到，用户线程发起 stop slave 命令后，SQL 线程并不会及时响应，它只在前一个 Event 执行完成后才会响应，对于 DML 而言，可能还会涉及事务的回滚操作。因此 stop slave 执行较慢的原因如下。

- DDL 语句包含在 QUERY_EVENT 中，需要 DDL 语句执行完成才响应 stop slave 命令。
- DML 语句可能包含多个 DML Event，当一个 Event 执行完成后会响应 stop slave 命令，然后将整个事务回滚。

因此，如果从库正在执行大表的 DDL 或者大事务，那么 stop slave 会很慢，对于类似情况最好谨慎操作。DML 语句的回滚操作很容易观察到，下面是一个例子（去掉了一些无用的列，注意 ID 44 的 SQL 线程）。

```
mysql> show processlist;
+----+-----------------+-----------+----------------------------------+
| Id | User            | Host      | State                            |
+----+-----------------+-----------+----------------------------------+
|  1 | event_scheduler | localhost | Waiting on empty queue           |
|  3 | root            | localhost | starting                         |
| 40 | root            | localhost |                                  |
| 43 | system user     |           | Connecting to master             |
| 44 | system user     |           | Reading event from the relay log |
+----+-----------------+-----------+----------------------------------+

5 rows in set (0.00 sec)

mysql> select * from InnoDB_trx \G
*************************** 1. row ***************************
                    trx_id: 353531
                 trx_state: ROLLING BACK
               trx_started: 2019-07-22 04:58:34
     trx_requested_lock_id: NULL
          trx_wait_started: NULL
                trx_weight: 2525
       trx_mysql_thread_id: 44
                 trx_query: NULL
       trx_operation_state: rollback of SQL statement
       ......
     trx_lock_memory_bytes: 1160
           trx_rows_locked: 2516
         trx_rows_modified: 2516
      ......
```

### 4.7.3 从库启动需要读取的信息

前面已经介绍了 DUMP 线程、I/O 线程和 SQL 线程的启动过程及 MTS 的相关知识。当从库重启时，会读取一些关键的信息来启动这些线程，接下来梳理一下启动各个线程需要用到的关键信息，如下。

- slave_master_info 表关键信息：master_log_name、Master_log_pos 代表 I/O 线程读取主库 binary log 的位置。
- slave_relay_log_info 表关键信息：relay_log_name、Relay_log_pos 代表 SQL 线程应用 relay log 的位置。
- Master_log_name、Master_log_pos 代表 SQL 线程应用主库 binary log 的位置。

**注意：**对于 MTS，上面的信息是协调线程检查点指向的事务信息。

slave_worker_info 表在 MTS 下用于工作线程信息的持久化，关键信息及解释如表 4-3 所示。

表 4-3

| 关键信息 | 解　释 |
| --- | --- |
| Relay_log_name | 工作线程最后一个提交事务的 relay log 文件名 |
| Relay_log_pos | 工作线程最后一个提交事务的 relay log 位点 |
| Master_log_name | 工作线程最后一个提交事务的主库 binary log 文件名 |
| Master_log_pos | 工作线程最后一个提交事务的主库 binary log 文件位点 |
| Checkpoint_relay_log_name | 工作线程最后一个提交事务对应检查点的 relay log 文件名 |
| Checkpoint_relay_log_pos | 工作线程最后一个提交事务对应检查点的 relay log 位点 |
| Checkpoint_master_log_name | 工作线程最后一个提交事务对应检查点的主库 binary log 文件名 |
| Checkpoint_master_log_pos | 工作线程最后一个提交事务对应检查点的主库 binary log 位点 |
| Checkpoint_seqno | 工作线程最后一个提交事务对应的 checkpoint_seqno 序号 |
| Checkpoint_group_size | 工作线程的 Bitmap 字节数，约等于 GAQ 队列大小/8，因为 1 字节为 8 位 |
| Checkpoint_group_bitmap | 工作线程对应的 Bitmap 位图信息 |

- Retrieved_Gtid_Set：代表从库拉取了哪些 GTID。
- Executed_Gtid_Set：代表从库执行了哪些 GTID。
- relay log：由 I/O 线程写入，由 SQL 线程（MTS 协调线程）读取。

以上信息可能影响从库的启动，因此，如何在从库异常重启的情况下保证它们的安全就成了重点。但是要保证安全就必须牺牲一部分性能，因此，合理地设置参数从而既保证信息的安全又兼顾性能就成了配置的重点。下一节将给出推荐的参数设置。

### 4.7.4　关于 repository 表的事务性

这里主要涉及 master_info_repository 和 relay_log_info_repository 两个参数。

将它们设置为 TABLE 能够具有事务性，所以，本节和 4.8 节都不再考虑将其设置为 FILE

的情况。

下面以参数 relay_log_info_repository 为例，说明什么叫具有事务性。如果将参数 relay_log_info_repository 设置为 TABLE，那么“具有事务性”在单 SQL 线程和 MTS 中的含义有以下区别。

- 单 SQL 线程：表示每次事务提交都会更新 slave_relay_log_info 表。
- MTS：表示每次事务提交都会更新 slave_worker_info 表，slave_relay_log_info 表的更新由 MTS 检查点负责。

其实事务性也好理解，就是将更改 slave_relay_log_info 表和 slave_worker_info 表的操作放到应用 Event 的事务中。这一点很容易证明，只需要证明修改 slave_relay_log_info 表和 slave_worker_info 表的操作和本身的事务是一个事务 ID 就可以了。下面就是 debug 的结果（MTS）。

```
1、修改用户表 tii 的事务 ID
(gdb) p trx->id
$1 = 350783
(gdb) p table->name->m_name
$2 = 0x7ffe780130f8 "testmts/tii"

2、修改 slave_worker_info 表的事务 ID
(gdb) p trx->id
$3 = 350783
(gdb) p table->name->m_name
$4 = 0x7ffeac013f68 "mysql/slave_worker_info"
```

可以看到，它们的 trx->id 都是同一个 ID，因此它们是同一个事务。既然它们是同一个事务，那么它们理所当然会一起提交或者一起回滚。这样也就保证了 slave_relay_log_info 表和 slave_worker_info 表信息的准确性，将其设置为 FILE 是不可能具有这种特性的。

后面会看到在 POSITION MODE 的 MTS 下，slave_relay_log_info 表和 slave_worker_info 表的信息是非常重要的。如果出现错误，那么即便设置参数 relay_log_recovery=1 也无济于事。

### 4.7.5 相关参数

前面介绍了正常的关闭流程，但是在从库异常重启的情况下，内存信息是来不及持久化的，如何保证关键信息的安全，就成了从库异常恢复的重点。总的来说，有如下参数需要考虑。

- 参数 master_info_repository：只考虑设置为 TABLE 的情况。
- 参数 relay_log_info_repository：只考虑设置为 TABLE 的情况。

- 参数 sync_master_info：如果 master_info_repository 被设置为 TABLE，则表示 I/O 线程写入多少个 Event 后进行一次写 master_info_repository 表的操作。
- 参数 sync_relay_log_info：如果 relay_log_info_repository 被设置为 TABLE，则在单 SQL 线程的情况下，每次提交事务都会更新一次 slave_relay_log_info 表。如果在 MTS 下，则每次提交事务都会更新 slave_worker_info 表相关工作线程的信息，slave_relay_log_info 表由协调线程的检查点更改。
- 参数 sync_relay_log：表示 I/O 线程写入多少个 Event 后进行一次 relay log 的 sync。设置为 1 会严重影响性能。
- 参数 relay_log_recovery：这个参数极为重要。在开启后，会在从库执行到的位置重新拉取 Event，而不考虑现有的 relay log、Retrieved_Gtid_Set、slave_master_info 表中的信息。这样虽然增加了一部分带宽消耗，但是弱化了 relay log、Retrieved_Gtid_Set、slave_master_info 表的作用，是提高从库性能的基础。同时，在 MTS 下，它会影响 MTS 恢复的时机。

除了参数 relay_log_recovery，其他的参数都在前面介绍过。下面将结合这些参数进行讨论。

### 4.7.6　恢复流程

实际上，大部分的恢复流程都集中在 init_slave 函数中，这个函数是 MySQL 实例启动的时候调用的，但是下面的恢复不包含在其中。

- Executed_Gtid_Set 的初始化在此之前，注意 Retrieved_Gtid_Set 是在 init_slave 函数中初始化的。关于 GTID 模块的初始化在 1.3 节就已经介绍过了。
- 在 MTS 下设置参数 relay_log_recovery=0 的情况下，将会在 start slave 命令发起后进行 MTS 恢复，填充所谓的“gap”。恢复流程和这里讲的类似，不再赘述。

图 4-18 是 init_slave 函数完成的主要功能。

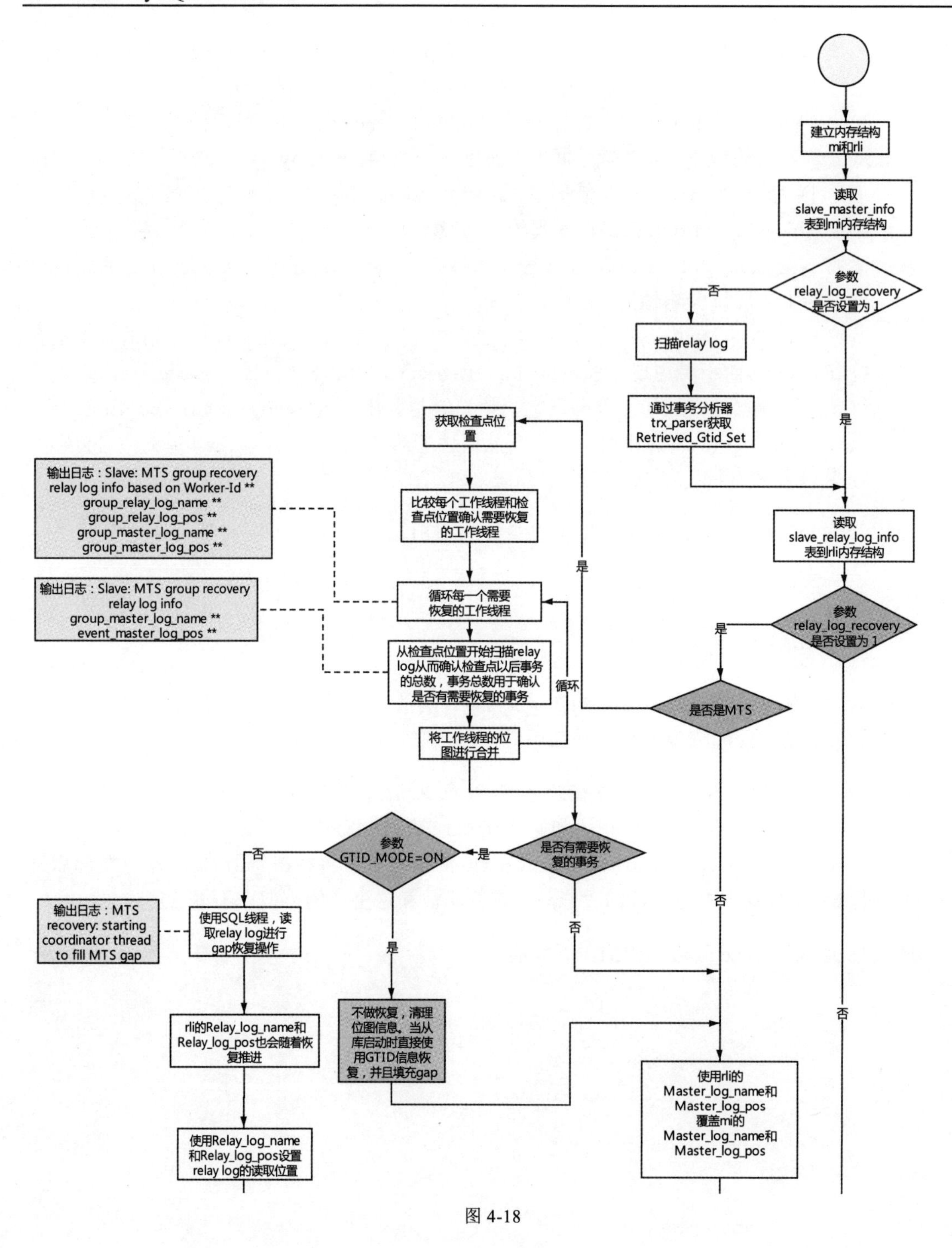

建立内存结构 mi和rli
读取 slave_master_info 表到mi内存结构
参数 relay_log_recovery 是否设置为 1
否
扫描relay log
通过事务分析器 trx_parser获取 Retrieved_Gtid_Set
是
读取 slave_relay_log_info 表到rli内存结构
参数 relay_log_recovery 是否设置为 1
是
是否是MTS
是
获取检查点位置
比较每个工作线程和检查点位置确认需要恢复的工作线程
循环每一个需要恢复的工作线程
从检查点位置开始扫描relay log从而确认检查点以后事务的总数，事务总数用于确认是否有需要恢复的事务
循环
将工作线程的位图进行合并
输出日志：Slave: MTS group recovery relay log info based on Worker-Id ** group_relay_log_name ** group_relay_log_pos ** group_master_log_name ** group_master_log_pos **
输出日志：Slave: MTS group recovery relay log info group_master_log_name ** event_master_log_pos **
是否有需要恢复的事务
是
参数 GTID_MODE=ON
否
使用SQL线程，读取relay log进行gap恢复操作
输出日志：MTS recovery: starting coordinator thread to fill MTS gap
rli的Relay_log_name和Relay_log_pos也会随着恢复推进
使用Relay_log_name和Relay_log_pos设置relay log的读取位置
是
不做恢复，清理位图信息。当从库启动时直接使用GTID信息恢复，并且填充gap
否
否
使用rli的 Master_log_name和 Master_log_pos 覆盖mi的 Master_log_name和 Master_log_pos
否


图 4-18

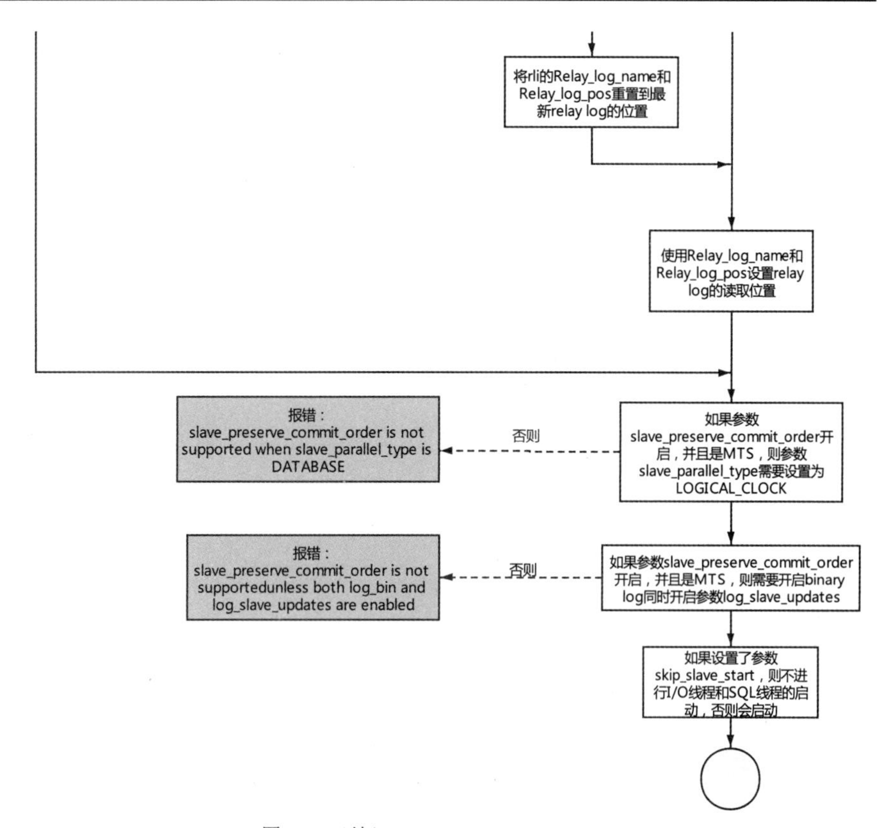


图 4-18（续）

可以看到，在整个过程中，参数 relay_log_recovery 的作用是非常大的，其主要作用如下。

（1）如果设置参数 relay_log_recovery=1，则不需要初始化 Retrieved_Gtid_Set，因此避免了扫描 relay log 的过程。这个很容易就能观察到。设置参数 skip_slave_start 后重启 MySQL 实例，那么观察 show slave status 中 Retrieved_Gtid_Set 是否有值就可以了，如下。

```
           Retrieved_Gtid_Set:
            Executed_Gtid_Set: cb7ea36e-670f-11e9-b483-5254008138e4:1-291
                Auto_Position: 1
         Replicate_Rewrite_DB:
                 Channel_Name:
           Master_TLS_Version:
1 row in set (0.00 sec)

mysql> show variables like '%recovery%';
+-------------------------------+-------+
| Variable_name                 | Value |
+-------------------------------+-------+
```

```
| relay_log_recovery          | ON    |
+-----------------------------+-------+
```

这个时候，如果在 GTID AUTO_POSITION 下，那么 Retrieved_Gtid_Set 和 Executed_Gtid_Set 的并集就是 Executed_Gtid_Set，DUMP 线程将把 Executed_Gtid_Set 之后的全部事务发送给从库。这也符合使用从库 SQL 线程执行的从当前位置重新拉取主库的 binary log 的理念。

（2）在 MTS 中，如果设置参数 relay_log_recovery=1，则在 MySQL 实例启动时恢复。首先扫描有哪些事务需要恢复，需要恢复的事务包括以下两种情况。

- 如果开启了 GTID，则不需要恢复。启动从库时使用 GTID 重新拉取填充“gap”即可。
- 如果在传统 POSITION MODE 下，则需要恢复。恢复的目的是填充“gap”，关于“gap”在 4.2 节已经详细描述过了。

整个过程集中在 mts_recovery_groups 函数和 fill_mts_gaps_and_recover 函数中，它们都处于 load_mi_and_rli_from_repositories 函数下。

（3）在单 SQL 线程下设置参数 relay_log_recovery=1 非常简单，可以直接使用 rli（rli 是 slave_relay_log_info 表的内存结构）的 Master_log_name 和 Master_log_pos 覆盖 mi（mi 是 slave_master_info 表的内存结构）的 Master_log_name 和 Master_log_pos，然后将 rli 的 Relay_log_name 和 Relay_log_pos 重置到最新 relay log 的位置。言外之意是老的 replay log 和 slave_master_info 表的信息不用管了，从执行到的位置重新拉取 Event 执行就好了，这样一定能够保证恢复的正确性。

到这里，我们已经知道从库异常恢复的流程和涉及的参数了，下一节就需要给出一个推荐的设置了。

## 4.8 安全高效的从库设置

在本节开始之前，先强调一点：为了安全起见，主库应该设置为双 1，如果主库不设置为双 1，则可能导致从库异常宕机后重启异常，在 3.3 节中曾经介绍过，sync_binlog 不设置为 1 可能导致从库比主库事务多。

### 4.8.1 从库参数设置建议

有了前面的深入分析，这一节来看看如何配置从库的参数才能兼顾性能和安全，总的说来需要考虑如下问题。

（1）安全问题：从库异常重启后依旧能够正常启动且数据无丢失。

（2）性能问题：主从正常运行期间，尽量减少刷盘操作从而提高性能。

在很多情况下，不合理的参数设置会导致从库延迟很高，或者导致从库异常宕机后启动异常。本节将从原理出发，给出 8 种安全的配置，如图 4-19 所示。

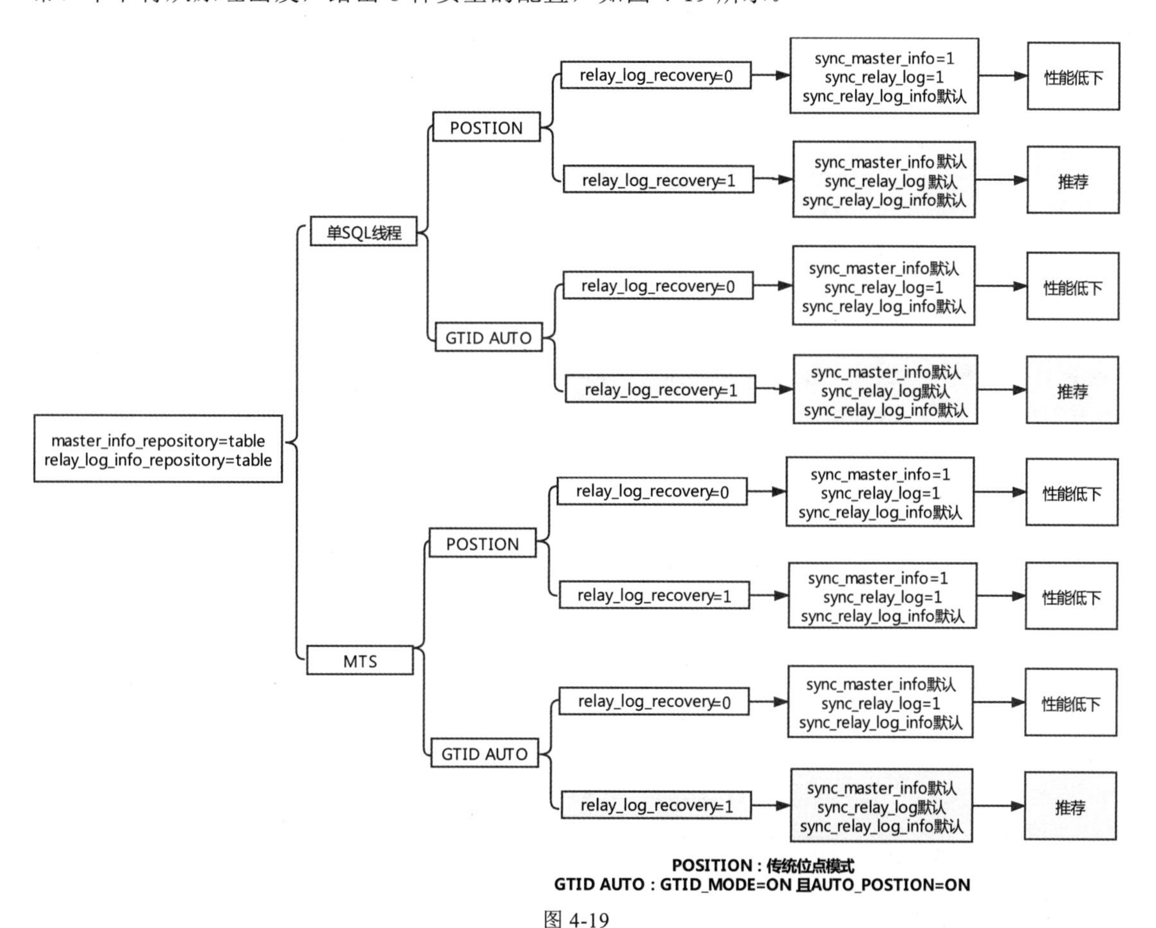


图 4-19

下面将分别详细讨论这 8 种安全的配置，其中部分配置性能低下，因此不作为推荐配置。

## 4.8.2　单 SQL 线程模式

### 1. POSITION MODE

安全配置 1：性能低下，不推荐，如表 4-4 所示。

表 4-4

| 参　　数 | 配　　置 |
|---|---|
| master_info_repository | table |
| relay_log_info_repository | table |
| relay_log_recovery | OFF |
| sync_master_info | 1 |
| sync_relay_log | 1 |
| sync_relay_log_info | 默认为 10000 |

在这种情况下，参数 relay_log_recovery 被设置为 OFF，这样设置的主要原因如下。第一，在从库异常重启后，I/O 线程会从宕机前的位置继续拉取主库的 binary log Event。比如，在宕机时，I/O 线程可能正在拉取某个事务的某一部分 Event，重启后就需要继续拉取余下的 Event 写入 relay log，因此，relay log 文件的完整性和 slave_master_info 表中信息的正确性就非常重要。第二，在从库异常重启后，SQL 线程会从宕机前的位置继续读取 relay log，需要保证 relay log 文件的完整性，因此，参数 sync_master_info 和参数 sync_relay_log 都必须设置为 1。注意，如图 4-19 所示，在这种情况下，从库的性能会受到极大影响，因此不推荐这样设置。

安全配置 2：性能优异，推荐，如表 4-5 所示。

表 4-5

| 参　　数 | 配　　置 |
|---|---|
| master_info_repository | table |
| relay_log_info_repository | table |
| relay_log_recovery | ON |
| sync_master_info | 默认为 10000 |
| sync_relay_log | 默认为 10000 |
| sync_relay_log_info | 默认为 10000 |

在这种情况下，参数 relay_log_recovery 被设置为 ON。在从库异常重启后，将使用 slave_relay_log_info 表中的位置信息覆盖 slave_master_info 表中的位置信息，同时，会将 SQL 线程读取 relay log 的位置重置为最新的 relay log 位置，因此，将会重新从 SQL 线程执行到的位置拉取主库的 binary log Event 并应用。所以，slave_master_info 表中信息的正确性和 relay log 文件的完整性已经不重要了，参数 sync_master_info 和参数 sync_relay_log 可以保持默认值。这种设置既安全性能也不错，是推荐的设置之一。

### 2．GTID AUTO_POSITION MODE

安全配置 1：性能低下，不推荐，如表 4-6 所示。

表 4-6

| 参　　数 | 配　　置 |
| --- | --- |
| master_info_repository | table |
| relay_log_info_repository | table |
| relay_log_recovery | OFF |
| sync_master_info | 默认，10000 |
| sync_relay_log | 1 |
| sync_relay_log_info | 默认，10000 |

在这种情况下，参数 relay_log_recovery 被设置为 OFF。虽然在 GTID AUTO_POSITION MODE 下，从库的 I/O 线程使用 Retrieved_Gtid_Set 和 Executed_Gtid_Set 的并集确认 binary log 的拉取位置，也就是说，slave_master_info 表的信息已经不重要了。但是在从库异常重启后，SQL 线程会从宕机前的位置继续读取 relay log 应用，因此需要保证 relay log 文件的完整性。另外，实例初始化时会通过 relay log 初始化 Retrieved_Gtid_Set。所以 relay log 需要保证完整。在这种配置下，参数 sync_relay_log 必须设置为 1。这种配置同样会导致从库性能低下，因此不推荐。

安全配置 2：性能优异，推荐，如表 4-7 所示。

表 4-7

| 参　　数 | 配　　置 |
| --- | --- |
| master_info_repository | table |
| relay_log_info_repository | table |
| relay_log_recovery | ON |
| sync_master_info | 默认，10000 |
| sync_relay_log | 默认，10000 |
| sync_relay_log_info | 默认，10000 |

在这种情况下，参数 relay_log_recovery 被设置为 ON，Retrieved_Gtid_Set 不会初始化，因此 Retrieved_Gtid_Set 和 Executed_Gtid_Set 的并集就是 Executed_Gtid_Set。另外，SQL 线程读取 relay log 的位置会被重置为 relay log 最新的位置。在这种情况下，relay log 和 slave_master_info 表并不重要。因此参数 sync_master_info 和参数 sync_relay_log 保持默认即可。这样既保证了从库的安全，也保证了从库的性能，是推荐的配置之一。

### 4.8.3 MTS

#### 1. POSITION MODE

安全配置 1：性能低下，不推荐，如表 4-8 所示。

表 4-8

| 参　数 | 配　置 |
|---|---|
| master_info_repository | table |
| relay_log_info_repository | table |
| relay_log_recovery | OFF |
| sync_master_info | 1 |
| sync_relay_log | 1 |
| sync_relay_log_info | 默认，10000 |

在这种情况下，参数 relay_log_recovery 被设置为 OFF。在 MTS 下，除了存在单 SQL 线程中的问题（单 SQL 线程 POSITION MODE 安全配置 1），还会使用 relay log 进行“gap”恢复，relay log 更加重要。因此，必须将参数 sync_master_info 和参数 sync_relay_log 设置为 1。这种参数配置性能低下，不推荐。

安全配置 2：性能低下，不推荐，如表 4-9 所示。

表 4-9

| 参　数 | 配　置 |
|---|---|
| master_info_repository | table |
| relay_log_info_repository | table |
| relay_log_recovery | ON |
| sync_master_info | 1 |
| sync_relay_log | 1 |
| sync_relay_log_info | 默认，10000 |

在这种情况下，参数 relay_log_recovery 被设置为 ON。在从库异常启动时会进行 MTS 恢复。因为 slave_relay_log_info 表中的信息存储的是检查点信息，可能需要进行“gap”恢复后才能确保其正确性，不能像单 SQL 线程，直接使用 slave_relay_log_info 表中的信息覆盖 slave_master_info 表中的信息即可，因此 relay log 的完整性极为重要，参数 sync_relay_log 需要设置为 1。实际上，从图 4-18 中可以看到，slave_master_info 表中的信息并没有被覆盖，因此，参数 sync_master_info 还需要设置为 1，这种配置性能低下，不推荐。

## 2．GTID AUTO_POSITION MODE

安全配置 1：性能低下，不推荐，如表 4-10 所示。

表 4-10

| 参　　数 | 配　　置 |
|---|---|
| master_info_repository | table |
| relay_log_info_repository | table |
| relay_log_recovery | OFF |
| sync_master_info | 默认，10000 |
| sync_relay_log | 1 |
| sync_relay_log_info | 默认，10000 |

在这种情况下，参数 relay_log_recovery 被设置为 OFF。MTS 的问题除了单 SQL 线程中的问题（单 SQL 线程 GTID AUTO_POSITION MODE 安全设置 1），还需要 relay log 进行“gap”的恢复，因此 relay log 更加重要，参数 sync_relay_log 需要设置为 1。这种配置性能低下，不推荐。

安全配置 2：性能优异，推荐，如表 4-11 所示。

表 4-11

| 参　　数 | 配　　置 |
|---|---|
| master_info_repository | table |
| relay_log_info_repository | table |
| relay_log_recovery | ON |
| sync_master_info | 默认，10000 |
| sync_relay_log | 默认，10000 |
| sync_relay_log_info | 默认，10000 |

在这种情况下，参数 relay_log_recovery 被设置为 ON，整个 MTS 的异常恢复操作将不会依赖 relay log，Retrieved_Gtid_Set 也不会初始化，SQL 线程读取的 relay log 位置将会重置为最新的 relay log 位置，因此，relay log 的完整性不重要了。同时，对于 GTID AUTO_POSITION MODE 来说，slave_master_info 表中的信息不会作为 binary log 位置定位的依据，使用 Retrieved_Gtid_Set 和 Executed_Gtid_Set 的并集确认 binary log 的拉取位置即可，所以 slave_master_info 表中的信息也不重要。因此，参数 sync_master_info 和参数 sync_relay_log 保持默认设置是既安全性能又好的设置，也是 MTS 中唯一推荐的设置。

### 4.8.4 一个非安全设置的例子

讨论完了所有安全的从库设置，接下来做一个测试。以单 SQL 线程中的 POSITION MODE 为例，表 4-12 中是一个不安全的参数设置方式。

表 4-12

| 参　数 | 设　置 |
| --- | --- |
| master_info_repository | table |
| relay_log_info_repository | table |
| relay_log_recovery | OFF |
| sync_master_info | 默认，10000 |
| sync_relay_log | 默认，10000 |
| sync_relay_log_info | 默认，10000 |

这个设置的关键错误在于参数 sync_master_info 和参数 sync_relay_log 没有设置为 1，同时，参数 relay_log_recovery 被设置成了 OFF。由于从库异常重启后 slave_master_info 表中的信息不是最新的，所以当通过 slave_master_info 表中的 Master_log_name 和 Master_log_pos 信息去主库重新拉取 binary log Event 时，relay log 中将会出现重复的 Event。并且 SQL 线程会从从库异常重启前的位置应用 relay log。从库可能将同样的 Event 执行两次，很容易出现主键冲突之类的错误。测试案例的表结构如下。

```
CREATE TABLE `gptest1` (
  `id` int(11) NOT NULL,
  PRIMARY KEY (`id`)
) ENGINE=InnoDB DEFAULT CHARSET=utf8
```

（1）主库进行如下操作。

```
mysql> insert into gptest1 values(1);
Query OK, 1 row affected (0.26 sec)
mysql> insert into gptest1 values(2);
Query OK, 1 row affected (0.30 sec)
mysql> select * from gptest1;
+----+
| id |
+----+
|  1 |
|  2 |
+----+
rows in set (0.00 sec)
```

（2）从库查看数据如下。

```
mysql> select * from gptest1;
+----+
| id |
+----+
|  1 |
|  2 |
+----+
2 rows in set (0.00 sec)
```

（3）从库 kill -9 杀掉从库的 MySQLD 进程，注意，这里不能正常关闭。4.7 节已经介绍过，正常关闭从库会将内存信息持久化，是安全的，这里为了模拟从库异常宕机的情况，使用了 kill -9，让从库的内存信息来不及持久化。重启 MySQL，同时启动从库，报错如下。

```
Last_SQL_Errno: 1062
Last_SQL_Error: Could not execute Write_rows event on table testmts.gptest1;
               Duplicate entry '1' for key 'PRIMARY', Error_code: 1062;
               handler error HA_ERR_FOUND_DUPP_KEY; the event's
               master log binlog.000055, end_log_pos 612

查看从库数据:
mysql> select * from gptest1;
+----+
| id |
+----+
|  1 |
|  2 |
+----+
2 rows in set (0.00 sec)
```

由以上案例可以看出，在从库异常重启报错时，应该优先检查从库的参数设置是否正确。

### 4.8.5　参数 sync_relay_log 的影响

到这里已经讨论了所有的安全配置，并且从这些安全的配置中提炼出了性能最好的设置方式。实际上只要设置参数 sync_relay_log 为 1，性能就一定不会好，因为每次 I/O 线程写入一个 Event 都会触发一次 sync 操作，同步 relay log 磁盘文件。

## 4.9　从库 Seconds_Behind_Master 的计算方式

Seconds_Behind_Master 是判断主从同步是否延迟的一个重要标准，本节主要讨论它的计算方法，同时讨论有哪些需要注意的地方，还会说明 Seconds_Behind_Master 为 0 并不一定代表没有延迟的原因。

## 4.9.1 Seconds_Behind_Master 的计算方式

我们每次发起 show slave status 命令的时候都会进行一次 Seconds_Behind_Master 的计算，其计算的方式集中在 show_slave_status_send_data 函数中，下面是一段源码中的伪代码，非常清晰地说明了它的计算方式。

```
/*
   The pseudo code to compute Seconds_Behind_Master:
   if (SQL thread is running)//如果 SQL 线程启动了
   {
     if (SQL thread processed all the available relay log)//如果 SQL 线程已经应用完所
                                                          //有 I/O 线程写入的 Event
     {
       if (IO thread is running)//如果 I/O 线程启动了
          print 0;//则延迟设置为 0
       else
          print NULL;//否则延迟为空值
     }
     else
        compute Seconds_Behind_Master;//如果 SQL 线程没有应用完所有 I/O 线程写入的 Event,
                                      //那么需要计算延迟
   }
   else
    print NULL;//如果连 SQL 线程也没有启动，则设置为空值
*/
```

判断 SQL 线程是否应用完了所有 Event 的代码如下。

```
(mi->get_master_log_pos() == mi->rli->get_group_master_log_pos())
&& (!strcmp(mi->get_master_log_name(), mi->rli->get_group_master_log_name()))
```

条件“mi->get_master_log_pos() == mi->rli->get_group_master_log_pos()”通过将 I/O 线程读取到的主库 binary log 位置和 SQL 线程应用到的主库 binary log 位置进行比较来判断。如果主从之间的网络状态很糟糕，从库 SQL 线程应用 Event 的速度可能比 I/O 线程读取 Event 的速度更快，那么会出现一种情况：虽然 SQL 线程应用完了所有的 Event，并且 Seconds_Behind_Master 也显示为 0，但是并不代表没有延迟，这时的延迟主要因为 I/O 线程读取 Event 过慢。这也是 Seconds_Behind_Master 显示为 0 不代表没有延迟的第一个原因。

## 4.9.2 影响 Seconds_Behind_Master 的因素

那么正常的 Seconds_Behind_Master 是怎么计算出来的呢？源码如下。

```
long time_diff= ((long)(time(0)
```

```
                    - mi->rli->last_master_timestamp)
                    - mi->clock_diff_with_master);
```

下面分别解释一下这 3 个因素。

### 1. (long)(time(0)

它代表当前从库服务器的系统时间。

### 2. mi->clock_diff_with_master

这个值是从库服务器系统时间和主库服务器系统时间的差值。实际上它只在 I/O 线程启动的时候进行一次性计算，如果启动 I/O 线程后，人为修改了从库服务器的系统时间，那么 Seconds_Behind_Master 的计算必然出现问题，更有可能出现负数，但是出现负数时延迟依然显示为 0，如下。

```
  protocol->store((longlong)(mi->rli->last_master_timestamp ?
                               max(0L, time_diff) : 0))
  //max(0L, time_diff)代表如果 time_diff 为负数则取 0
```

因此，主从服务器的系统时间最好保证时钟同步。这是 Seconds_Behind_Master 显示为 0 并不代表没有延迟的第二个原因。

### 3. mi->rli->last_master_timestamp

它的取值就比较复杂了，在 DML 和 DDL 下是不同的。如果是 DML，那么其在单 SQL 线程和 MTS 下又不一样。因此下面分开讨论。

**DML（单 SQL 线程）**

SQL 线程每次执行 Event 的时候都会获取 Event 的相关信息如下。

```
   rli->last_master_timestamp= ev->common_header->when.tv_sec +
  //Event header 的 timestamp
                               (time_t) ev->exec_time;
  //Query Event 中才会有执行时间
```

实际上，行格式的 binary log（本书只讨论行格式），DML 语句中 QUERY_EVENT 的 exec_time 几乎为 0，因此可以忽略。因为 QUERY_EVENT 中的 exec_time 只记录更改第一条数据消耗的时间，且一般看到的是 begin 语句，所以 last_master_timestamp 就基本等于各个 Event 中 header 的 timestamp。但是对于一个事务而言，GTID_EVENT 和 XID_EVENT 是提交时刻的时间，而其他 Event，都是命令发起时刻的时间（在 begin…commit 开启事务的情况下），因此一个长时间未提交的事务在 SQL 线程应用时，可能观察到 Seconds_Behind_Master 值瞬间的跳动。

表 4-13 以 DELETE 语句为例，假设主库 10 分钟后提交这个事务，那么可能延迟计算如下，T1 时刻为语句执行的时间，T1+10 时刻为事务提交的时间，T2 代表从库系统时间与主从时间的差，T2 在每次查询 Seconds_Behind_Master 值时是可变的，因为每次查询 Seconds_Behind_Master 值，从库的系统时间是变化的。

表 4-13

| 主　　库 | 从　　库 |
|---|---|
| GTID_EVENT：　T1+10 | 延迟为 T2-(T1+10) |
| QUERY_EVENT：T1 | 延迟为 T2-T1 |
| MAP_EVENT：T1 | 延迟为 T2-T1 |
| DELETE_EVENT：T1 | 延迟为 T2-T1 |
| XID_EVENT：T1+10 | 延迟为 T2-(T1+10) |

在这种情况下，能看到延迟突然跳到很大，然后一下恢复正常，在本例中为 10 分钟。

**DML（MTS）**

在这种情况下，rli->last_master_timestamp 会取值为检查点位置事务 XID_EVENT 的 timestamp，流程如下。

```
1. 工作线程执行到事务 XID_EVENT 时，会设置如下值
ptr_group->ts= common_header->when.tv_sec + (time_t) exec_time;
2. 当执行检查点时，设置变量 ts，调用 mts_checkpoint_routine 函数
  ts= rli->gaq->empty()
    ? 0 : reinterpret_cast<Slave_job_group*>(rli->gaq->head_queue())->ts;
//检查点位置的 GROUP 的时间
3. 更改 last_master_timestamp 值为 ts 变量，调用 Relay_log_info::reset_notified_checkpoint
函数
last_master_timestamp= new_ts;//设置 last_master_timestamp 为 ts
```

因此，last_master_timestamp 就是检查点位置事务的 XID_EVENT header 中 timestamp 的值。如果不开启参数 slave_preserve_commit_order，那么可能出现“gap”，检查点只能停留在“gap”之前的一个事务，而后面的事务已经执行完成了。在这种情况下，延迟并不那么准确，但是误差也不大，因为默认参数 slave_checkpoint_period 被设置为 300 毫秒。后面可以调高参数 slave_checkpoint_period，以此来证明 MTS 延迟的计算是以检查点为准的。

**DDL**

同样是下面的逻辑：

```
rli->last_master_timestamp= ev->common_header->when.tv_sec +
 //Event header 的 timestamp
                                        (time_t) ev->exec_time;
//Query Event 才有的执行时间
```

对于 DDL 而言，binary log 中 QUERY_EVENT 记录的是实际的语句，在这种情况下，其 exec_time 会记录整个语句执行完成所消耗的时间，不能忽略。

因此，DML 和 DDL 计算延迟的方式的区别就在于 DDL 的 exec_time 能够正确描述语句执行的时间，而 DML 却不行。

## 4.9.3　不同操作计算延迟的方式

解释了计算延迟的 3 个关键因素，下面就来分别看一下不同操作计算延迟的方式。虽然它们的公式一样，但是含义不一样，如表 4-14 所示。

表 4-14

| | 公　式 | 含　义 |
|---|---|---|
| DML（单 SQL 线程） | (long)(time(0) - mi->rli->last_master_timestamp - mi->clock_diff_with_master | 从库服务器的系统时间 – 各个 Event 的 header 中 timestamp 的时间 – 主从服务器系统时间差值 |
| DML（MTS） | (long)(time(0) - mi->rli->last_master_timestamp - mi->clock_diff_with_master | 从库服务器的系统时间 – 检查点 XID_EVENT header 中 timestamp 的时间 – 主从服务器系统时间差值 |
| DDL | (long)(time(0) - mi->rli->last_master_timestamp - mi->clock_diff_with_master | 从库服务器的系统时间 –（QUERY_EVENT header 中 timestamp 的时间+本 DDL 在主库执行的时间） – 主从服务器系统时间的差值 |

## 4.9.4　MTS 中 Seconds_Behind_Master 计算误差测试

接下来验证前面的一些观点，首先将参数 slave_checkpoint_period 设置为 1 分钟，让 MTS 的检查点周期为 1 分钟，用于证明 MTS 中的 Seconds_Behind_Master 计算和检查点有关。

从库操作如下。

```
mysql> set global slave_checkpoint_period=60000;
Query OK, 0 rows affected (0.00 sec)
mysql> stop slave;
Query OK, 0 rows affected (0.57 sec)
mysql> start slave;
Query OK, 0 rows affected (0.39 sec)
```

然后在主库手动做几个事务，查看 Executed_Gtid_Set，如下。

```
mysql> insert into tmpk values(1,'g');
Query OK, 1 row affected (0.08 sec)
mysql> insert into tmpk values(2,'g');
Query OK, 1 row affected (0.67 sec)
mysql> insert into tmpk values(3,'g');
Query OK, 1 row affected (0.08 sec)
mysql> show master status \G
*************************** 1. row ***************************
             File: binlog.000012
         Position: 952
     Binlog_Do_DB:
 Binlog_Ignore_DB:
Executed_Gtid_Set: cb7ea36e-670f-11e9-b483-5254008138e4:1-168
1 row in set (0.00 sec)
```

图 4-20、图 4-21 是从库执行 show slave status 命令的截图，Seconds_Behind_Master 一直增长到 60，然后跳回为 0。但是检查主库和从库的 Executed_Gtid_Set，我们会发现这些事务早就在从库做完了。

最后一个事务的 gno 是 168。因为没有执行 MTS 检查点，所以延迟的计算出现了问题，如果用上面的公式来套，就是 mi->rli->last_master_timestamp，由于 MTS 没有执行检查点，因此一直没有变化，直到 60 秒后执行了一次检查点，那么 mi->rli->last_master_timestamp 信息才得到了更新，延迟恢复为 0 秒。

图 4-20 是延迟到了 60 秒的截图。

```
          Master_SSL_Key:
   Seconds_Behind_Master: 60
Master_SSL_Verify_Server_Cert: No
           Last_IO_Errno: 0
           Last_IO_Error:
          Last_SQL_Errno: 0
          Last_SQL_Error:
 Replicate_Ignore_Server_Ids:
        Master_Server_Id: 413340
             Master_UUID: cb7ea36e-670f-11e9-b483-5254008138e4
        Master_Info_File: mysql.slave_master_info
               SQL_Delay: 0
     SQL_Remaining_Delay: NULL
 Slave_SQL_Running_State: Slave has read all relay log; waiting for mo
      Master_Retry_Count: 86400
             Master_Bind:
  Last_IO_Error_Timestamp:
 Last_SQL_Error_Timestamp:
          Master_SSL_Crl:
      Master_SSL_Crlpath:
      Retrieved_Gtid_Set: cb7ea36e-670f-11e9-b483-5254008138e4:166-168
       Executed_Gtid_Set: cb7ea36e-670f-11e9-b483-5254008138e4:1-168
           Auto_Position: 1
```

图 4-20

图 4-21 是恢复为 0 的截图。

```
          Master_SSL_Key:
   Seconds_Behind_Master: 0
Master_SSL_Verify_Server_Cert: No
           Last_IO_Errno: 0
           Last_IO_Error:
          Last_SQL_Errno: 0
          Last_SQL_Error:
 Replicate_Ignore_Server_Ids:
        Master_Server_Id: 413340
             Master_UUID: cb7ea36e-670f-11e9-b483-5254008138e4
        Master_Info_File: mysql.slave_master_info
               SQL_Delay: 0
     SQL_Remaining_Delay: NULL
 Slave_SQL_Running_State: Slave has read all relay log; waiting for more
      Master_Retry_Count: 86400
             Master_Bind:
  Last_IO_Error_Timestamp:
 Last_SQL_Error_Timestamp:
          Master_SSL_Crl:
      Master_SSL_Crlpath:
      Retrieved_Gtid_Set: cb7ea36e-670f-11e9-b483-5254008138e4:166-168
       Executed_Gtid_Set: cb7ea36e-670f-11e9-b483-5254008138e4:1-168
           Auto_Position: 1
```

图 4-21

但是一般不需要担心这种问题，因为在默认情况下，参数 slave_checkpoint_period 为 300 毫秒，检查点执行非常频繁。

### 4.9.5　手动修改系统时间导致 Seconds_Behind_Master 为 0

接下来，测试手动修改从库系统时间的情况。我们需要在主库做一个导致从库延迟的大操作。笔者做了一个大表的 DDL，当前从库的延迟如图 4-22 所示，从图 4-22 中可以看到 gno 为 31 的 DDL 操作还没有执行完成，导致延迟。

```
            Seconds_Behind_Master: 11
Master_SSL_Verify_Server_Cert: No
                Last_IO_Errno: 0
                Last_IO_Error:
               Last_SQL_Errno: 0
               Last_SQL_Error:
  Replicate_Ignore_Server_Ids:
             Master_Server_Id: 413340
                  Master_UUID: cb7ea36e-670f-11e9-b483-5254008138e4
             Master_Info_File: mysql.slave_master_info
                    SQL_Delay: 0
          SQL_Remaining_Delay: NULL
      Slave_SQL_Running_State: altering table
           Master_Retry_Count: 86400
                  Master_Bind:
      Last_IO_Error_Timestamp:
     Last_SQL_Error_Timestamp:
               Master_SSL_Crl:
           Master_SSL_Crlpath:
           Retrieved_Gtid_Set: cb7ea36e-670f-11e9-b483-5254008138e4:1-31
            Executed_Gtid_Set: cb7ea36e-670f-11e9-b483-5254008138e4:1-30
```

图 4-22

我们将从库的系统时间改小，如下。

```
[root@gp1 ~]# date
Fri Jun 14 10:19:12 CST 2019
[root@gp1 ~]# date -s 01:00:00
Fri Jun 14 01:00:00 CST 2019
```

再次查看延迟，我们观察到 Seconds_Behind_Master 为 0，但是 gno 为 31 的 DDL 操作还是没有执行完成，如图 4-23 所示。

```
            Seconds_Behind_Master: 0
Master_SSL_Verify_Server_Cert: No
                Last_IO_Errno: 0
                Last_IO_Error:
               Last_SQL_Errno: 0
               Last_SQL_Error:
  Replicate_Ignore_Server_Ids:
             Master_Server_Id: 413340
                  Master_UUID: cb7ea36e-670f-11e9-b483-5254008138e4
             Master_Info_File: mysql.slave_master_info
                    SQL_Delay: 0
          SQL_Remaining_Delay: NULL
      Slave_SQL_Running_State: altering table
           Master_Retry_Count: 86400
                  Master_Bind:
      Last_IO_Error_Timestamp:
     Last_SQL_Error_Timestamp:
               Master_SSL_Crl:
           Master_SSL_Crlpath:
           Retrieved_Gtid_Set: cb7ea36e-670f-11e9-b483-5254008138e4:1-31
            Executed_Gtid_Set: cb7ea36e-670f-11e9-b483-5254008138e4:1-30
```

图 4-23

这种问题就是前面提到的，因为 mi->clock_diff_with_master 只会在 I/O 线程启动时初始化，如果手动改小从库服务器的系统时间，那么公式中的(long)(time(0))将变小，如果公式的计算结果为负数，那么 Seconds_Behind_Master 将显示为 0。因此，需要保证主从服务器的系统时间同步。

有了上面的分析，我们应该清楚地知道在 GTID AUTO_POSITION MODE 下，应该通过比较主库和从库的 Executed_Gtid_Set 来确保没有主从延迟，因为比较 Seconds_Behind_Master 是否为 0 并不一定准确。

## 4.10　Seconds_Behind_Master 延迟场景归纳

到这里，本书的主从部分已经接近尾声了，是时候对常见引起主从延迟的情形进行归纳了。

### 4.10.1　延迟场景

造成延迟的情况主要分为两类。

#### 1. 第一类：从库高负载

这一类情况会造成服务器有较高的负载，可能是 CPU 或 I/O 负载，因为从库在实际执行 Event。如果服务器的负载比较高，那么应该考虑以下几种可能。

（1）大事务造成的延迟：其延迟不会从 0 开始，而是从主库执行花费的时间开始。比如主库执行这个事务花费的时间为 20 秒，那么延迟就会从 20 开始，这是因为 Query Event 中没有准确的执行时间。

（2）大表 DDL 造成的延迟：其延迟会从 0 开始，因为 Query Event 中记录了准确的执行时间。

（3）表没有合理地使用主键或者唯一键造成的延迟：在这种情况下，不要以为设置参数 slave_rows_search_algorithms 为 INDEX_SCAN，HASH_SCAN 就可以完全解决延迟问题，原因在 4.6 节进行了描述。

（4）参数 sync_relay_log、参数 sync_master_info、参数 sync_relay_log_info 设置不合理导致的延迟：其中，参数 sync_relay_log 设置不合理会极大地影响从库性能，因为 sync_relay_log 设置为 1 会导致大量 relay log 刷盘操作。

（5）从库开启了记录 binary log 功能：即参数 log_slave_updates 开启，如果不是必要的，那么可以关闭。

#### 2. 第二类：从库低负载

这一类情况往往不会造成服务器有较高的负载。它们要么由于堵塞没有执行 Event，要么就是特殊操作造成的，应该考虑以下几种可能。

（1）长期未提交的事务可能造成延迟瞬间增加：这是因为 GTID_EVENT 和 XID_EVENT 是提交时间，但是其他 Event 是命令发起的时间。

（2）InnoDB 层行锁造成的延迟：这种情况是从库的修改操作和 SQL 线程修改的数据（也可能是 select for update 语句）冲突造成的，4.5 节介绍过 SQL 线程执行 Event 也会开启读写事务和获取行锁，后面将进行简单的测试。

（3）MySQL 层 MDL Lock 造成的延迟：这种情况可能是 SQL 线程执行某些 DDL 操作，但是从库做了锁表操作造成的，后面将进行简单的测试。

（4）在 MTS 下不合理地设置参数 slave_checkpoint_period 造成的延迟。这在 4.9 节已经测试过了。

（5）在从库运行期间手动改大了从库服务器的系统时间。这也在 4.9 节测试过了。

### 4.10.2 相关测试

本节将测试锁造成的延迟。

#### 1. InnoDB 层行锁造成的延迟

在从库做一个事务，和 SQL 线程修改的数据相同即可，测试如下。

```
从库:
执行语句
mysql> begin;
Query OK, 0 rows affected (0.00 sec)
mysql> delete from tmpk;
Query OK, 4 rows affected (0.00 sec)
如果从库事务不提交，则行锁不会释放

主库:
执行同样的语句
mysql> delete from tmpk;
Query OK, 4 rows affected (0.30 sec)
```

这时的延迟如图 4-24 所示。

```
        Seconds_Behind_Master: 12
Master_SSL_Verify_Server_Cert: No
                Last_IO_Errno: 0
                Last_IO_Error:
               Last_SQL_Errno: 0
               Last_SQL_Error:
  Replicate_Ignore_Server_Ids:
             Master_Server_Id: 413340
                  Master_UUID: cb7ea36e-670f-11e9-b483-5254008138e4
             Master_Info_File: mysql.slave_master_info
                    SQL_Delay: 0
          SQL_Remaining_Delay: NULL
      Slave_SQL_Running_State: Slave has read all relay log; waiting for more updates
           Master_Retry_Count: 86400
                  Master_Bind:
      Last_IO_Error_Timestamp:
     Last_SQL_Error_Timestamp:
               Master_SSL_Crl:
           Master_SSL_Crlpath:
           Retrieved_Gtid_Set: cb7ea36e-670f-11e9-b483-5254008138e4:166-178
            Executed_Gtid_Set: cb7ea36e-670f-11e9-b483-5254008138e4:1-177
```

图 4-24

如果查看 sys.InnoDB_lock_waits 视图，就能看到图 4-25 所示的结果。

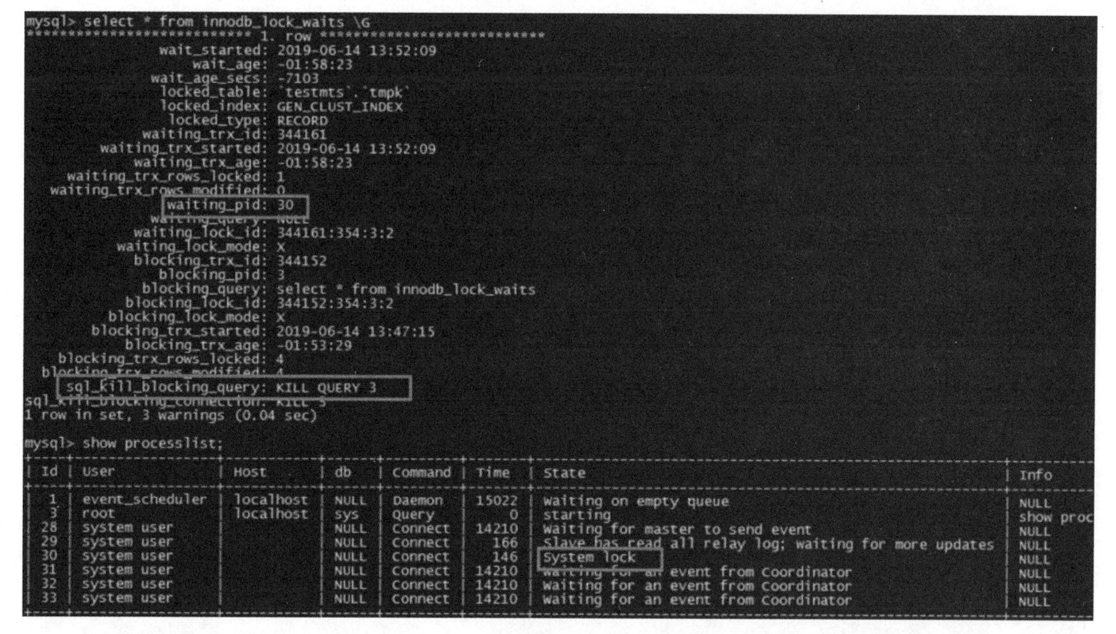

```
mysql> select * from innodb_lock_waits \G
*************************** 1. row ***************************
                wait_started: 2019-06-14 13:52:09
                    wait_age: -01:58:23
               wait_age_secs: -7103
                locked_table: `testmts`.`tmpk`
                locked_index: GEN_CLUST_INDEX
                 locked_type: RECORD
              waiting_trx_id: 344161
         waiting_trx_started: 2019-06-14 13:52:09
             waiting_trx_age: -01:58:23
     waiting_trx_rows_locked: 1
   waiting_trx_rows_modified: 0
                 waiting_pid: 30
               waiting_query: NULL
             waiting_lock_id: 344161:354:3:2
           waiting_lock_mode: X
             blocking_trx_id: 344152
                blocking_pid: 3
              blocking_query: select * from innodb_lock_waits
            blocking_lock_id: 344152:354:3:2
          blocking_lock_mode: X
        blocking_trx_started: 2019-06-14 13:47:15
            blocking_trx_age: -01:53:29
    blocking_trx_rows_locked: 4
  blocking_trx_rows_modified: 4
     sql_kill_blocking_query: KILL QUERY 3
sql_kill_blocking_connection: KILL 3
1 row in set, 3 warnings (0.04 sec)

mysql> show processlist;
+----+-----------------+-----------+------+---------+-------+-------------------------------------------------------+-----------
| Id | User            | Host      | db   | Command | Time  | State                                                 | Info
+----+-----------------+-----------+------+---------+-------+-------------------------------------------------------+-----------
|  1 | event_scheduler | localhost | NULL | Daemon  | 15022 | Waiting on empty queue                                | NULL
|  3 | root            | localhost | sys  | Query   |     0 | starting                                              | show proc
| 28 | system user     |           | NULL | Connect | 14210 | Waiting for master to send event                      | NULL
| 29 | system user     |           | NULL | Connect |   166 | Slave has read all relay log; waiting for more updates | NULL
| 30 | system user     |           | NULL | Connect |   146 | System lock                                           | NULL
| 31 | system user     |           | NULL | Connect | 14210 | Waiting for an event from Coordinator                 | NULL
| 32 | system user     |           | NULL | Connect | 14210 | Waiting for an event from Coordinator                 | NULL
| 33 | system user     |           | NULL | Connect | 14210 | Waiting for an event from Coordinator                 | NULL
+----+-----------------+-----------+------+---------+-------+-------------------------------------------------------+-----------
```

图 4-25

当然，查看 INNODB_TRX 也可以观察到事务的存在，这里就不截图了，可以自己试试。

## 2．MySQL 层 MDL Lock 造成的延迟

这种情况也非常容易测试，只需要开启一个事务做一个 select 操作，然后主库对同样的表做 DDL。如下。

```
从库:
执行语句
mysql> begin;
Query OK, 0 rows affected (0.00 sec)
mysql> select * from tkkk limit 1;
+------+------+------+
| a    | b    | c    |
+------+------+------+
| 3    |    3 |  100 |
+------+------+------+
1 row in set (0.00 sec)
如果从库事务不提交，namespace TABLE 的 MDL Lock 就不会释放

主库:
执行语句
mysql> alter table tmpk add testc int ;
Query OK, 0 rows affected (1.14 sec)
Records: 0  Duplicates: 0  Warnings: 0
```

这时会看到图 4-26 所示的信息：

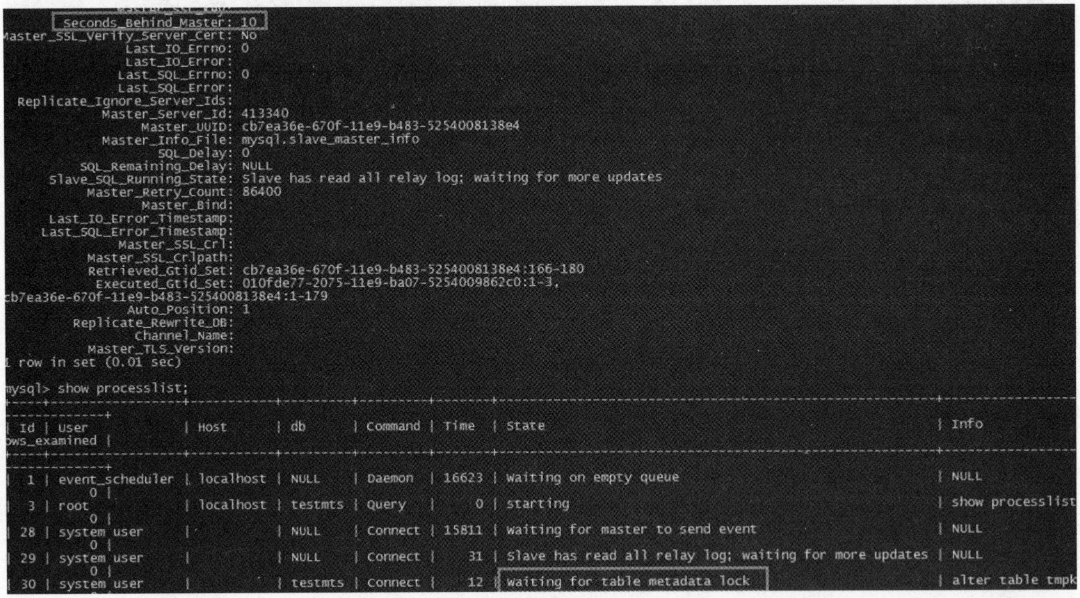

```
           Seconds_Behind_Master: 10
Master_SSL_Verify_Server_Cert: No
                Last_IO_Errno: 0
                Last_IO_Error:
               Last_SQL_Errno: 0
               Last_SQL_Error:
  Replicate_Ignore_Server_Ids:
             Master_Server_Id: 413340
                  Master_UUID: cb7ea36e-670f-11e9-b483-5254008138e4
             Master_Info_File: mysql.slave_master_info
                    SQL_Delay: 0
          SQL_Remaining_Delay: NULL
      Slave_SQL_Running_State: Slave has read all relay log; waiting for more updates
           Master_Retry_Count: 86400
                  Master_Bind:
      Last_IO_Error_Timestamp:
     Last_SQL_Error_Timestamp:
               Master_SSL_Crl:
           Master_SSL_Crlpath:
           Retrieved_Gtid_Set: cb7ea36e-670f-11e9-b483-5254008138e4:166-180
            Executed_Gtid_Set: 010fde77-2075-11e9-ba07-5254009862c0:1-3,
cb7ea36e-670f-11e9-b483-5254008138e4:1-179
                Auto_Position: 1
         Replicate_Rewrite_DB:
                 Channel_Name:
           Master_TLS_Version:
1 row in set (0.01 sec)

mysql> show processlist;
+----+-----------------+-----------+---------+---------+-------+--------------------------------------------------------+------------------
-------------+
| Id | User            | Host      | db      | Command | Time  | State                                                  | Info
ows_examined |
+----+-----------------+-----------+---------+---------+-------+--------------------------------------------------------+------------------
-------------+
|  1 | event_scheduler | localhost | NULL    | Daemon  | 16623 | Waiting on empty queue                                 | NULL
           0 |
|  3 | root            | localhost | testmts | Query   |     0 | starting                                               | show processlist
           0 |
| 28 | system user     |           | NULL    | Connect | 15811 | Waiting for master to send event                       | NULL
           0 |
| 29 | system user     |           | NULL    | Connect |    31 | Slave has read all relay log; waiting for more updates | NULL
           0 |
| 30 | system user     |           | testmts | Connect |    12 | Waiting for table metadata lock                        | alter table tmpk
```

图 4-26

我们可以通过 state 字段看到，这是等待 MDL Lock 获取导致的延迟。

### 4.10.3　延迟诊断的方法论

通过本书，可以清楚了解 Seconds_Behind_Master 的计算方法，如果出现了延迟，那么首先应该查看从库是否有负载，以此区别对待。注意，一定要使用 top –H 命令查看 I/O/SQL/工作线程的负载。笔者曾不止一次听朋友抱怨系统整体负载并不高，却出现了延迟问题，这是由于一个线程只能使用一个 CPU 核，虽然系统的整体负载不高，但是可能 I/O/SQL/工作线程已经完全占用了一个 CPU 核。图 4-27 就来自一个没有合理使用主键或者唯一键造成延迟的案例。

图中的整体负载只比 1 多一点，但是 LWP 20092 号的 SQL 线程已经占满了一个 CPU 核，这个时候出现延迟是很有可能的。

因此，查看 CPU 负载应该使用 top -H 命令去查看每个线程的负载，查看 I/O 负载可以使用 iotop、iostat 等工具。需要特别强调一点，查看 MySQL 负载的时候必须用线程的眼光去看，5.1 节将简单介绍关于线程的知识。

```
top - 15:06:31 up 98 days,  1:43,  2 users,  load average: 1.13, 1.09, 1.05
Tasks: 672 total,   2 running, 669 sleeping,   0 stopped,   1 zombie
Cpu(s):  7.5%us,  0.1%sy,  0.0%ni, 92.4%id,  0.0%wa,  0.0%hi,  0.0%si,  0.0%st
Mem:  66095112k total, 65652128k used,   442984k free,   301340k buffers
Swap: 33554428k total,    18360k used, 33536068k free, 41690908k cached

  PID USER      PR  NI  VIRT  RES  SHR S %CPU %MEM    TIME+  COMMAND
20092 mysql     20   0 20.1g  15g 8708 R 99.8 24.3   1575:57 mysqld
20054 mysql     20   0 20.1g  15g 8708 S  0.7 24.3 111:55.87 mysqld
 1085 mysql     20   0 11.4g 5.1g 8548 S  0.3  8.1  57:48.13 mysqld
19186 mysql     20   0 17596 1724  956 R  0.3  0.0   0:00.06 top
 1067 mysql     20   0 11.4g 5.1g 8548 S  0.0  8.1   0:54.76 mysqld
 1068 mysql     20   0 11.4g 5.1g 8548 S  0.0  8.1   0:00.00 mysqld
 1069 mysql     20   0 11.4g 5.1g 8548 S  0.0  8.1   4:41.25 mysqld
 1070 mysql     20   0 11.4g 5.1g 8548 S  0.0  8.1   5:14.99 mysqld
 1071 mysql     20   0 11.4g 5.1g 8548 S  0.0  8.1   4:45.09 mysqld
 1072 mysql     20   0 11.4g 5.1g 8548 S  0.0  8.1   4:44.56 mysqld
```

图 4-27

到这里，本书的主从原理部分就基本结束了。本书主从部分阐述的内容很简单，就是如何配置出安全高效的从库，同时知道延迟是怎么导致的，出现延迟后应该如何处理。

# 第 5 章　案例解析

主从原理已经描述完了，本章是知识拓展和案例解析章节。本章的几小节可以按照任意顺序阅读。本章将会讨论排序、MDL Lock、线程和两个与主从相关的案例。

## 5.1　线程简介和 MySQL 调试环境搭建

在介绍 MySQL 调试环境搭建之前，需要简单解释一下什么是线程，这将对诊断性能问题有极大帮助。如果需要深入了解，读者可以阅读《POSIX 多线程程序设计》和《Linux UNIX 系统编程手册》的第 29～32 章。

### 5.1.1　线程简介

MySQLD 是一个单进程多线程的用户程序，其线程是 POSIX 线程，如会话线程、DUMP 线程、I/O 线程及其他一些 InnoDB 线程。

进程是运行中的程序，一个进程可以包含多个线程，也可以只包含一个线程。在 Linux 中，线程也叫轻量级进程（Light-weight Process），简称 LWP。进程的第一个线程通常被称为主控线程。进程是内存分配的最小单位，线程是 CPU 调度的最小单位。也就是说，如果 CPU 有足够多核，那么多个线程可以达到并行处理的效果。图 5-1 展示的是线程和进程的关系。

一个进程内部的所有线程都拥有相同的代码程序、堆、全局变量、共享库等，同时每个线程都拥有独立的栈空间和寄存器，它们共享进程的虚拟内存地址空间。我们假定有一个 32 位操作系统下的 MySQLD 进程，它的进程虚拟内存地址如图 5-2 所示。

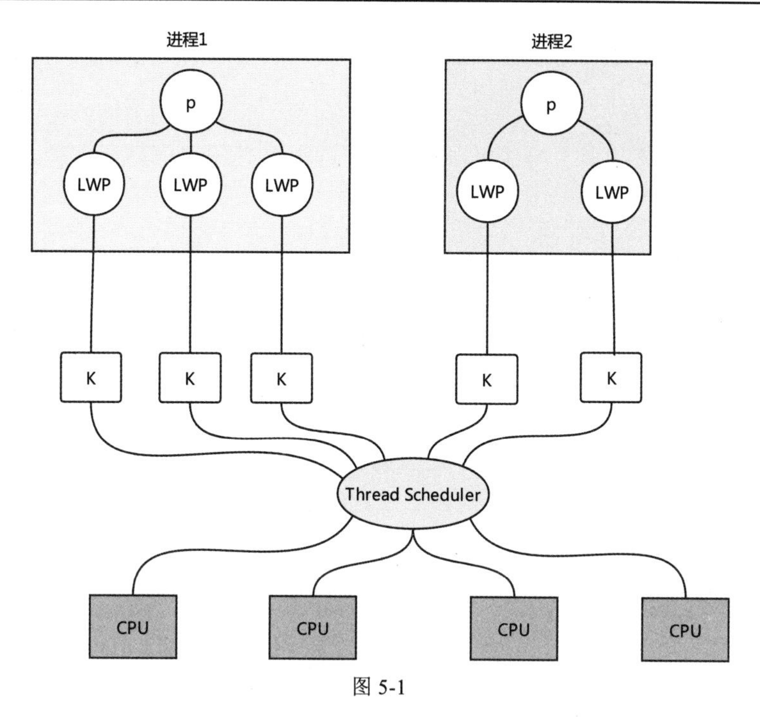

进程1
进程2
p
p
LWP
LWP
LWP
LWP
LWP
K
K
K
K
K
Thread Scheduler
CPU
CPU
CPU
CPU


图 5-1

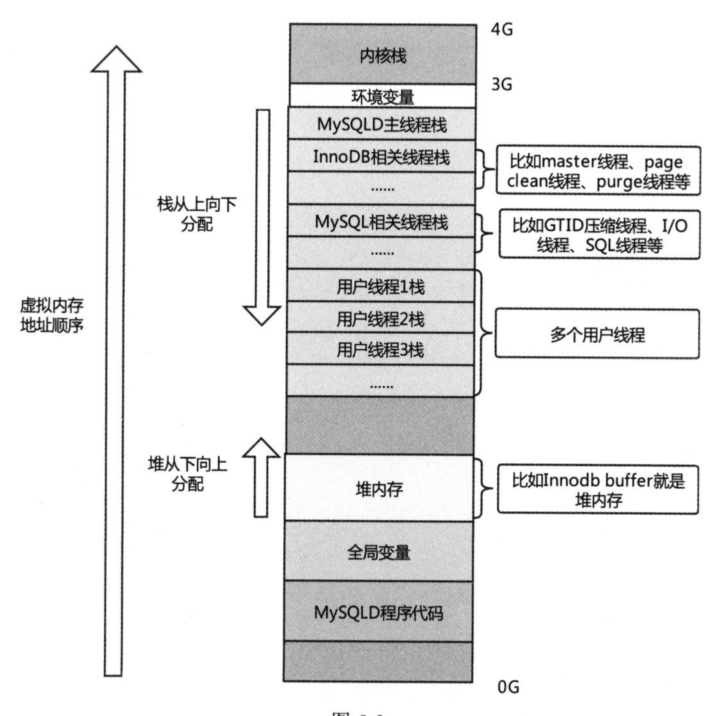

MySQLD进程的虚拟内存地址分配示意图
4G
内核栈
3G
环境变量
MySQLD主线程栈
InnoDB相关线程栈
......
比如master线程、page clean线程、purge线程等
栈从上向下分配
MySQL相关线程栈
......
比如GTID压缩线程、I/O线程、SQL线程等
虚拟内存地址顺序
用户线程1栈
用户线程2栈
用户线程3栈
......
多个用户线程
堆从下向上分配
堆内存
比如Innodb buffer就是堆内存
全局变量
MySQLD程序代码
0G


图 5-2

我们发现线程的堆内存和全局变量是共享的，因此线程之间的数据共享很轻松，但是要控制好这些共享内存就需要引入线程同步技术，比如我们常说的 Mutex。

如果想了解线程到底共享了哪些资源，线程和进程各有什么优势和劣势，那么可参考前文给出的书籍。

### 5.1.2 PID、LWP ID、Thread TID

如果要进行调试就需要了解这 3 种 ID，其中 PID 和 LWP ID 比较重要，因为不管是调试和运维都会遇到它们，而 Thread TID 不做多线程开发一般很少用到，下面是它们的含义。

- PID：内核分配，用于识别各个进程的 ID。
- LWP ID：内核分配，用于识别各个线程的 ID，它就像线程的 PID。同一个进程下的所有线程有相同的 PID，但是 LWP ID 不一样，主控线程的 LWP ID 就是进程 PID。
- Thread TID：进程内部用于识别各个线程的 ID，这个 ID 运维用得不多。

笔者简单写了一个 C 语言测试程序，仅仅用于打印和观察这些 ID。它通过主控线程创建一个线程，也就是说，这个进程包含了两个线程。它们分别打印自己的 PID、LWP ID、Thread TID，然后做一个循环自加操作引起高 CPU 消耗现象，以便观察。可以使用 Linux 的 top -H 和 ps -eLlf 命令分别进行观察。

#### 1．程序输出

下面是程序的输出。

```
# ./gaopengtest
main thread: pid 13188 tid 2010470144 lwp 13188
new thread:  pid 13188 tid 2010461952 lwp 13189
```

可以看到两个线程的 PID 都是 13188，主控线程的 LWP ID 是 13188，新建的线程的 LWP ID 是 13189。

#### 2．top -H 观察

在图 5-3 中可以看到，这两个线程都是高耗 CPU 的线程，CPU 已经处于饱和状态。在 top -H 命令的输出中，PID 就是 LWP ID。这两个线程的内存信息完全一致，内存信息实际上是整个进程的内存信息，因为进程是内存分配的最小单位。

```
top - 09:20:10 up 21 days, 23:11,  2 users,  load average: 2.57, 1.76, 1.37
Tasks: 280 total,   3 running, 277 sleeping,   0 stopped,   0 zombie
Cpu(s): 99.2%us,  0.8%sy,  0.0%ni,  0.0%id,  0.0%wa,  0.0%hi,  0.0%si,  0.0%st
Mem:   2956332k total,  1851648k used,  1104684k free,   227172k buffers
Swap:  3096568k total,        0k used,  3096568k free,  1035148k cached

  PID USER      PR  NI  VIRT  RES  SHR S %CPU %MEM    TIME+  COMMAND
13188 root      20   0 20592  624  492 R 98.4  0.0   0:11.04 ./gaopengtest
13189 root      20   0 20592  624  492 R 98.4  0.0   0:10.99 ./gaopengtest
 2261 root      20   0  566m 2476 1568 S  0.3  0.1  44:46.48 /opt/MirrorHA/ha/bin/hasvrd
13203 root      20   0 17248 1424  948 R  0.3  0.0   0:00.05 top -H
    1 root      20   0 23484 1564 1224 S  0.0  0.1   0:01.09 /sbin/init
```

图 5-3

此时，这个进程占用的 CPU 超过了 100%，接近 200%，如图 5-4 所示。

```
  PID USER      PR  NI  VIRT  RES  SHR S %CPU %MEM    TIME+  COMMAND
13188 root      20   0 20592  624  492 R 199.8  0.0  17:23.55 ./gaopengtest
```

图 5-4

这是因为 13188 这个进程包含了 2 个线程，每个线程耗用了近 100%的 CPU。

### 3．ps -eLlf 观察

如图 5-5 所示，这里也包含了 PID 和 LWP ID。

```
[root@mysqltest2 ~]# ps -eLlf|grep gaopengtest
0 R root     13188 12294 13188 99    2  80   0 -  5148 -      09:19 pts/0    00:02:48 ./gaopengtest
1 R root     13188 12294 13189 99    2  80   0 -  5148 -      09:19 pts/0    00:02:48 ./gaopengtest
0 S root     13796 12736 13796  0    1  80   0 - 26863 pipe_w 09:22 pts/1    00:00:00 grep gaopengtest
```

图 5-5

## 5.1.3　MySQL 线程和系统 LWP ID 的关系

在 MySQL 5.7 中已经可以通过查询 performance_schema.threads 将 MySQL 正在执行的语句与 LWP ID 对应，让性能诊断变得更加便捷。比如在上面的例子中，如果两个高耗 CPU 的线程是 MySQL 的线程，那么我们就拿到了线程的 LWP ID，然后可以通过语句找到这两个线程到底是 MySQL 的什么线程。语句如下。

```
mysql> select a.thd_id,b.THREAD_OS_ID,a.user
,b.TYPE from  sys.processlist
a,performance_schema.threads  b where b.thread_id=a.thd_id;
+--------+--------------+----------------------------+---------+------------
| thd_id | THREAD_OS_ID | user                       | conn_id | TYPE
+--------+--------------+----------------------------+---------+------------
|      1 |        16370 | sql/main                   |    NULL | BACKGROUND
|      2 |        17202 | sql/thread_timer_notifier  |    NULL | BACKGROUND
|      3 |        17207 | InnoDB/io_ibuf_thread      |    NULL | BACKGROUND
|      4 |        17208 | InnoDB/io_log_thread       |    NULL | BACKGROUND
|      5 |        17209 | InnoDB/io_read_thread      |    NULL | BACKGROUND
```

```
|       6 |        17210 | InnoDB/io_read_thread       |    NULL | BACKGROUND
|       7 |        17211 | InnoDB/io_read_thread       |    NULL | BACKGROUND
|       8 |        17212 | InnoDB/io_read_thread       |    NULL | BACKGROUND
|       9 |        17213 | InnoDB/io_read_thread       |    NULL | BACKGROUND
|      10 |        17214 | InnoDB/io_read_thread       |    NULL | BACKGROUND
|      11 |        17215 | InnoDB/io_read_thread       |    NULL | BACKGROUND
|      12 |        17216 | InnoDB/io_read_thread       |    NULL | BACKGROUND
|      13 |        17217 | InnoDB/io_write_thread      |    NULL | BACKGROUND
|      14 |        17218 | InnoDB/io_write_thread      |    NULL | BACKGROUND
|      15 |        17219 | InnoDB/io_write_thread      |    NULL | BACKGROUND
|      16 |        17220 | InnoDB/io_write_thread      |    NULL | BACKGROUND
|      17 |        17221 | InnoDB/io_write_thread      |    NULL | BACKGROUND
......
```

这里的 THREAD_OS_ID 就是线程的 LWP ID。使用 ps -eLlf 命令再看一下，如图 5-6 所示。

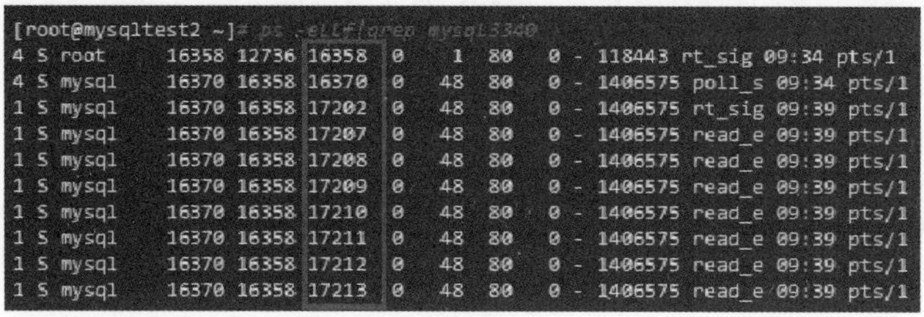

```
[root@mysqltest2 ~]# ps -eLlf|grep mysql3340
4 S root      16358 12736 16358  0    1  80   0 - 118443 rt_sig 09:34 pts/1
4 S mysql     16370 16358 16370  0   48  80   0 - 1406575 poll_s 09:34 pts/1
1 S mysql     16370 16358 17202  0   48  80   0 - 1406575 rt_sig 09:39 pts/1
1 S mysql     16370 16358 17207  0   48  80   0 - 1406575 read_e 09:39 pts/1
1 S mysql     16370 16358 17208  0   48  80   0 - 1406575 read_e 09:39 pts/1
1 S mysql     16370 16358 17209  0   48  80   0 - 1406575 read_e 09:39 pts/1
1 S mysql     16370 16358 17210  0   48  80   0 - 1406575 read_e 09:39 pts/1
1 S mysql     16370 16358 17211  0   48  80   0 - 1406575 read_e 09:39 pts/1
1 S mysql     16370 16358 17212  0   48  80   0 - 1406575 read_e 09:39 pts/1
1 S mysql     16370 16358 17213  0   48  80   0 - 1406575 read_e 09:39 pts/1
```

图 5-6

由此看出，MySQL 线程和系统 LWP ID 是对应的。

### 5.1.4 调试环境的搭建

关于调试环境的搭建，笔者认为不管使用什么样的方法，只要能够起到调试 MySQL 的作用就可以了。笔者是在 Linux 下直接使用 gdb 调试的，这个方法非常简单有效，基本上只要会源码安装就能完成。下面来看看步骤。

#### 1. 下载 MySQL 源码包

笔者重新下载了官方 5.7.26（版本的）源码包。

#### 2. 使用源码安装的方法安装 MySQL，注意需要开启 debug 选项

可以使用如下命令：

```
cmake -DCMAKE_INSTALL_PREFIX=/root/sf/mysql3312/
-DMYSQL_DATADIR=/root/sf/mysql3312/data/
```

```
-DSYSCONFDIR=/root/sf/mysql3312/
-DWITH_INNOBASE_STORAGE_ENGINE=1
-DWITH_ARCHIVE_STORAGE_ENGINE=1
-DWITH_BLACKHOLE_STORAGE_ENGINE=1
-DWITH_FEDERATED_STORAGE_ENGINE=1
-DWITH_PARTITION_STORAGE_ENGINE=1
-DMYSQL_UNIX_ADDR=/root/sf/mysql3312/mysql3312.sock
-DMYSQL_TCP_PORT=3306 -DENABLED_LOCAL_INFILE=1
-DEXTRA_CHARSETS=all -DDEFAULT_CHARSET=utf8
-DDEFAULT_COLLATION=utf8_general_ci
-DMYSQL_USER=mysql -DWITH_BINLOG_PREALLOC=ON
-DWITH_BOOST=/root/sf/mysql-5.7.26/boost/boost_1_59_0
-DWITH_DEBUG=1
```

注意，最后的-DWITH_DEBUG=1 必须开启。

### 3．make&make install

源码编译和安装。

### 4．准备参数文件和初始化 MySQL 数据库，并且确保能成功启动

这一步请读者自己处理，注意操作权限。环境启动成功，如下。

```
[root@gp1 support-files]# ./mysql.server start
Starting MySQL....... SUCCESS!
[root@gp1 support-files]# ./mysql.server stop
Shutting down MySQL.. SUCCESS!
```

### 5．准备 gdb 命令文件

以下是笔者准备的命令文件：

```
[root@gp1 ~]# more debug.file
break main
run --defaults-file=/root/sf/mysql3312/my.cnf --user=mysql --gdb
```

第 1 行是在 main 函数处打一个断点。第 2 行是当 gdb 调用 MySQLD 时，MySQLD 的启动参数。

### 6．使用 gdb 启动 MySQL

使用如下命令启动调试环境：

```
gdb -x /root/debug.file /root/sf/mysql3312/bin/mysqld
```

下面是笔者启动调试环境成功的记录：

```
# gdb -x /root/debug.file /root/sf/mysql3312/bin/mysqld
GNU gdb (GDB) Red Hat Enterprise Linux (7.2-92.el6)
Copyright (C) 2010 Free Software Foundation, Inc.
License GPLv3+: GNU GPL version 3 or later <http://gnu.org/licenses/gpl.html>
This is free software: you are free to change and redistribute it.
There is NO WARRANTY, to the extent permitted by law.  Type "show copying"
and "show warranty" for details.
This GDB was configured as "x86_64-redhat-linux-gnu".
For bug reporting instructions, please see:
<http://www.gnu.org/software/gdb/bugs/>...
Reading symbols from /root/sf/mysql3312/bin/mysqld...done.
Breakpoint 1 at 0xec7c53: file /root/sf/mysql-5.7.26/sql/main.cc, line 25.
[Thread debugging using libthread_db enabled]

Breakpoint 1, main (argc=5, argv=0x7fffffffe3b8) at
/root/sf/mysql-5.7.26/sql/main.cc:25
25        return mysqld_main(argc, argv);
Missing separate debuginfos, use: debuginfo-install glibc-2.12-1.212.el6.x86_64
libaio-0.3.107-10.el6.x86_64 libgcc-4.4.7-18.el6.x86_64 libstdc++-4.4.7-18.el6.x86_64
nss-softokn-freebl-3.14.3-23.3.el6_8.x86_64
(gdb) c
Continuing.
[New Thread 0x7fffee883700 (LWP 29375)]
[New Thread 0x7fff9a9f3700 (LWP 29376)]
[New Thread 0x7fff99ff2700 (LWP 29377)]
[New Thread 0x7fff995f1700 (LWP 29378)]
[New Thread 0x7fff98bf0700 (LWP 29379)]
[New Thread 0x7fff981ef700 (LWP 29380)]
[New Thread 0x7fff977ee700 (LWP 29381)]
[New Thread 0x7fff96ded700 (LWP 29382)]
[New Thread 0x7fff963ec700 (LWP 29383)]
.....
```

注意到这里的 LWP ID 了吗？这时 MySQL 客户端程序已经可以连接 MySQLD 实例了，如下。

```
# /root/sf/mysql3312/bin/mysql -S'/root/sf/mysql3312/mysql3312.sock'
Welcome to the MySQL monitor.  Commands end with ; or \g.
Your MySQL connection id is 2
Server version: 5.7.26-debug-log Source distribution
Copyright (c) 2000, 2019, Oracle and/or its affiliates. All rights reserved.
Oracle is a registered trademark of Oracle Corporation and/or its
affiliates. Other names may be trademarks of their respective
```

```
owners.
Type 'help;' or '\h' for help. Type '\c' to clear the current input statement.
mysql> select version() ;
+-------------------+
| version()         |
+-------------------+
| 5.7.26-debug-log |
+-------------------+
1 row in set (0.00 sec)
```

到这里基本的调试环境就搭建起来了，之后我们就可以进行断点调试了。

#### 7. 常用的 gdb 命令

- info threads：查看全部线程。
- thread n：指定某个线程。
- bt：查看某个线程栈帧。
- b：设置断点。
- c：继续执行。
- s：执行一行代码，如果是函数调用，则进入调用函数内部。
- n：执行一行代码，函数调用不进入调用函数内部。
- p：打印某个变量值。
- list：打印代码的文本信息。

gdb 还有很多命令，可自行参考其他资料。

### 5.1.5 调试环境的使用

接下来我们通过一个例子学习调试环境的使用方法。3.3 节说过 binlog cache 是在 order commit 的 FLUSH 阶段才写入 binary log 的，调用的是 binlog_cache_data::flush 函数。现在可以将断点打到这个函数上，如下。

```
(gdb) b binlog_cache_data::flush
Breakpoint 2 at 0x1846333: file /root/sf/mysql-5.7.26/sql/binlog.cc, line 1674.
```

然后在 MySQL 客户端执行一个事务，并且提交，如下。

```
mysql> begin;
Query OK, 0 rows affected (0.00 sec)
mysql> insert into gpdebug values(1);
Query OK, 1 row affected (0.03 sec)
mysql> commit;
```

注意，在 commit 时，已经卡住了，断点触发如下。

```
Breakpoint 2, binlog_cache_data::flush (this=0x7fff3c00df20...)
    at /root/sf/mysql-5.7.26/sql/binlog.cc:1674
1674        DBUG_ENTER("binlog_cache_data::flush");
```

使用 bt 命令查看线程的栈帧，如下。

```
#0  binlog_cache_data::flush
at /root/sf/mysql-5.7.26/sql/binlog.cc:1674
#1  0x0000000001861b41 in binlog_cache_mngr::flush
at /root/sf/mysql-5.7.26/sql/binlog.cc:967
#2  0x00000000018574ce in MYSQL_BIN_LOG::flush_thread_caches
at /root/sf/mysql-5.7.26/sql/binlog.cc:8894
#3  0x0000000001857712 in MYSQL_BIN_LOG::process_flush_stage_queue
at /root/sf/mysql-5.7.26/sql/binlog.cc:8957
#4  0x0000000001858d19 in MYSQL_BIN_LOG::ordered_commit
at /root/sf/mysql-5.7.26/sql/binlog.cc:9595
#5  0x00000000018573b4 in MYSQL_BIN_LOG::commit
at /root/sf/mysql-5.7.26/sql/binlog.cc:8851
#6  0x0000000000f58de9 in ha_commit_trans
at /root/sf/mysql-5.7.26/sql/handler.cc:1799
#7  0x000000000169e02b in trans_commit
at /root/sf/mysql-5.7.26/sql/transaction.cc:239
......
```

看到这个栈帧，就能证明我们的说法了。如果想深入学习代码，就可以从这个栈帧出发。值得注意的是，这是在知道函数接口功能的前提下进行的，如果我们不知道写入 binary log 会调用 binlog_cache_data::flush 函数，调试也就不好进行了。这是经常会遇到的困境。因此，在本书的讲解中，笔者给出了很多这样的接口函数，供有兴趣的读者进行调试和验证。

## 5.2 MySQL 排序详细解析

### 5.2.1 为什么要讨论排序

排序（filesort）是 MySQL 数据库管理员们常常讨论的话题，它和语句的性能息息相关，本节介绍排序的原理。首先提出一些问题，这些问题将会在后面的描述中一一解答。

（1） 排序的时候，用于排序的数据会不会如 InnoDB 一样压缩空字符，比如 varchar(30)，如果只存储了 1 个字符是否会被压缩，还是按照 30 个字符计算？

（2）参数 max_length_for_sort_data 和参数 max_sort_length 到底是什么含义？

（3）original filesort algorithm（回表排序） 和 modified filesort algorithm（不回表排序）的根本区别是什么？

（4）为什么使用排序时，慢查询中的 Rows_examined 更大，计算方式到底是什么样的？

在 MySQL 中通常可以通过如下算法完成排序。

- 内存排序（堆排序），会用 order by limit 返回少量行，以提高排序效率，但是注意 order by limit n,m，如果 n 过大，则可能涉及排序算法的切换。
- 内存排序（快速排序）。
- 外部排序（归并排序）。

本节并不解释这些具体的算法，也不考虑优先队列算法的分支逻辑，只以快速排序和归并排序为基础进行流程剖析。如果在执行计划中出现 filesort 字样，通常代表用了排序，但是在执行计划中看不出来如下问题。

- 是否使用了临时文件。
- 是否使用了优先队列。
- 是 original filesort algorithm（回表排序）还是 modified filesort algorithm（不回表排序）。

查看这些信息的方法将在后面详细介绍。本节还会给出大量的排序接口，供感兴趣的朋友调试使用。

## 5.2.2　从一个问题出发

下面是一个实际的案例，问题大意是表的 InnoDB 数据文件只有 30GB 左右，为什么排序后临时文件居然超过了 200GB。当然，这个语句很不合理，我们可以先不问为什么会有这样的语句，只需要研究其原理即可，后面将会进行原因解释和问题重现。

先来看看问题语句导致的临时文件大小，如图 5-7 所示。可以看到这个临时文件大约为 200GB。

```
253,2 214380503040 2154910743 /opt/mysql3307/tmp/MYpf6YWx (deleted)
```

图 5-7

下面是这个案例的排序语句。

```
ORDER BY id, ORG_NAME, CREATE_TIME, UPDATE_TIME, DATA_STATUS,
DRIVER_DEPT_NAME, DRIVER_DEPT_NO,SCAN_TIME, FIELD_CODE;
```

这个排序语句包含了全部的表字段，也许读者会问这样的排序有什么用，我们先不考虑为什么会有这样的语句，只需要考虑为什么它会生成 200GB 的临时文件。

接下来分阶段进行排序流程的解析，注意整个排序的流程均处于 Creating sort index 状态，我们从 filesort 函数接口开始分析。

### 5.2.3 测试案例

为了更好地说明后面的流程，我们使用两个除了字段长度不同，其他完全一样的表进行说明，但是需要注意，这两个表的数据量很少，不会出现外部排序，当描述外部排序时，需要假设它们的数据量很大。另外，这里根据 original filesort algorithm 和 modified filesort algorithm 进行划分，但是这两种方法还没讲述，不用太多理会。

**例 5-1：original filesort algorithm（回表排序）**

```
   mysql> show create table tests1 \G
   *************************** 1. row ***************************
         Table: tests1
   Create Table: CREATE TABLE `tests1` (
     `a1` varchar(300) DEFAULT NULL,
     `a2` varchar(300) DEFAULT NULL,
     `a3` varchar(300) DEFAULT NULL
   ) ENGINE=InnoDB DEFAULT CHARSET=utf8
   1 row in set (0.00 sec)
   mysql> select * from tests1;
   +------+------+------+
   | a1   | a2   | a3   |
   +------+------+------+
   | a    | a    | a    |
   | a    | b    | b    |
   | a    | c    | c    |
   | b    | d    | d    |
   | b    | e    | e    |
   | b    | f    | f    |
   | c    | g    | g    |
   | c    | h    | h    |
   +------+------+------+
   8 rows in set (0.00 sec)
   mysql> desc select * from tests1 where a1='b' order by a2,a3;
   +----+-------------+--------+------------+------+---------------+------+---------
+------+------+----------+-----------------------------+
   | id | select_type | table  | partitions | type | possible_keys | key  | key_len |
ref  | rows | filtered | Extra                       |
   +----+-------------+--------+------------+------+---------------+------+---------
```

```
+------+------+----------+-----------------------------+
| 1 | SIMPLE      | tests1 | NULL       | ALL  | NULL          | NULL | NULL    | NULL
|   8 |    12.50 | Using where; Using filesort |
+----+-------------+--------+------------+------+---------------+------+---------
+------+------+----------+-----------------------------+
```

**例 5-2：modified filesort algorithm**（不回表排序）

```
mysql> show create table tests2 \G
*************************** 1. row ***************************
       Table: tests2
Create Table: CREATE TABLE `tests2` (
  `a1` varchar(20) DEFAULT NULL,
  `a2` varchar(20) DEFAULT NULL,
  `a3` varchar(20) DEFAULT NULL
) ENGINE=InnoDB DEFAULT CHARSET=utf8
1 row in set (0.00 sec)
mysql> select * from tests2;
+------+------+------+
| a1   | a2   | a3   |
+------+------+------+
| a    | a    | a    |
| a    | b    | b    |
| a    | c    | c    |
| b    | d    | d    |
| b    | e    | e    |
| b    | f    | f    |
| c    | g    | g    |
| c    | h    | h    |
+------+------+------+
8 rows in set (0.00 sec)

mysql> desc select * from tests2 where a1='b' order by a2,a3;
+----+-------------+--------+------------+------+---------------+------+---------
+------+------+----------+-----------------------------+
| id | select_type | table  | partitions | type | possible_keys | key  | key_len |
ref  | rows | filtered | Extra                       |
+----+-------------+--------+------------+------+---------------+------+---------
+------+------+----------+-----------------------------+
| 1 | SIMPLE      | tests2 | NULL       | ALL  | NULL          | NULL | NULL    | NULL
|   8 |    12.50 | Using where; Using filesort |
+----+-------------+--------+------------+------+---------------+------+---------
+------+------+----------+-----------------------------+
1 row in set, 1 warning (0.01 sec)
```

整个讨论将从 filesort 函数开始。5.2.4 节到 5.2.11 节为排序的主要阶段。

### 5.2.4 阶段 1：确认排序字段及顺序

这里主要将排序字段的顺序存入 Filesort 类的 sortorder 中，比如例 5-1 与例 5-2 中的 order by a2,a3 就是 a2 和 a3 字段，主要接口为 Filesort::make_sortorder 函数，按照源码的描述，笔者将其命名为 sort 字段（源码中为 sort_length），显然，在排序的时候除了 sort 字段，还应该包含额外的字段，到底包含哪些字段就与方法 original filesort algorithm（回表排序）和 modified filesort algorithm（不回表排序）有关了，下面进行讨论。

### 5.2.5 阶段 2：计算 sort 字段长度

这一阶段主要调用 sortlength 函数，这一步将会涉及参数 max_sort_length，在默认情况下，参数 max_sort_length 为 1024 字节。

这一阶段的步骤如下。

（1）循环每一个 sort 字段。

（2）计算每一个 sort 字段的长度，公式为 sort 字段的长度≈ 定义长度× 2。假设定义了字段 a1 的类型为 varchar(300)，那么它的计算长度约为 300 ×2 = 600 字节，为什么是×2 呢？这和 Unicode 编码有关，可以参考 my_strnxfrmlen_utf8 函数。注意，这里是约等于，因为在源码中还有其他影响因素，比如字符是否为空等，但是这些因素影响不大，不做具体考虑。

（3）代入参数 max_sort_length 进行计算。有了 sort 字段的长度，就可以和参数 max_sort_length 进行比较了。如果这个 sort 字段的长度大于参数 max_sort_length 的值，那么以参数 max_sort_length 的设置为准，代码如下。

```
set_if_smaller(sortorder->length, thd->variables.max_sort_length);
```

因此，如果 sort 字段的某个字段超过了参数 max_sort_length 的设置，那么排序可能不那么精确。

到了这里，每个 sort 字段的长度及 sort 字段的总长度都已经计算出来了，比如例 5-1 与例 5-2。

字段 a2 varchar(300) a3 varchar(300)排序方式为 order by a2,a3，即每个 sort 字段的长度约为 300×2 字节，两个字段的总长度约为 1200 字节。

字段 a2 varchar(20) a3 varchar(20)排序方式为 order by a2,a3，即每个 sort 字段的长度约为 20×2 字节，两个字段的总长度约为 80 字节。

值得注意的是，这里是按照字段定义的长度，如 varchar(300)来计算长度的，而不是通常看到的 InnoDB 中实际占用的字符数量。这是排序使用空间大于 InnoDB 实际数据文件大小的一个原因。

下面以字段 a2 varchar(300) a3 varchar(300)排序方式 order by a2,a3 为例，看看调试的结果，如下。

```
(gdb) p sortorder->field->field_name
$4 = 0x7ffe7800fadf "a3"
(gdb) p sortorder->length
$5 = 600
(gdb) p  total_length
$6 = 1202（这里 a2,a3 可以为 NULL，各自加了 1 字节）
(gdb)
```

可以看出计算公式没有问题。

（4）循环结束，计算出 sort 字段的总长度。后面会看到 sort 字段并不能使用打包（pack）技术。

### 5.2.6　阶段 3：计算额外字段的空间

对于排序而言，我们应该很清楚，除了 sort 字段，通常还需要额外的字段，获取额外字段的方式无外乎如下两种。

（1）original filesort algorithm（回表排序）：只存储 rowid 或者主键作为额外的字段，然后进行回表操作，提取额外的字段。按照源码的描述，将这种关联回表的字段叫作 ref 字段（源码中叫 ref_length）。

（2）modified filesort algorithm（不回表排序）：将处于 read_set 的字段（需要读取的字段）全部放到额外字段中，这样就不需要回表读取其他字段的数据了。按照源码的描述，将这些额外存储的字段叫作 addon 字段（源码中叫作 addon_length）。

这个阶段用来判断到底使用哪种方法，其主要标准就是 sort 字段+addon 字段长度的总和是否超过了参数 max_length_for_sort_data 的设置（其默认大小为 1024 字节）。另外，如果使用了 modified filesort algorithm（不回表排序），那么将会对 addon 字段中的每个字段做一个打包（pack），主要目的在于压缩那些空字节，节省空间。

这一步的主要入口是 Filesort::get_addon_fields 函数，下面是步骤解析。

### 1．循环本表全部字段

### 2．根据 read_set 过滤出不需要存储的字段

不需要访问的字段不会包含在其中，过滤代码如下。

```
if (!bitmap_is_set(read_set, field->field_index)) //是否在 read_set 中
continue;
```

### 3．获取字段的长度

这里就是字段的实际长度了，比如 a1 字段类型为 varchar(300)，且字符集为 UTF8，那么其长度约为 300×3=900 字节。

### 4．获取可以打包字段的长度

可变长度类型的字段需要打包，且应尽可能压缩空间。

### 5．循环结束，获取 addon 字段的总长度，获取可以打包字段的总长度

循环结束后可以获取 addon 字段的总长度，但是需要注意 addon 字段和 sort 字段可能包含重复的字段，比如在例 5-2 中，sort 字段为 a2,a3，addon 字段为 a1,a2,a3。

如果满足如下条件：

```
addon 字段的总长度+sort 字段的总长度 > 参数 max_length_for_sort_data
```

那么将使用 original filesort algorithm（回表排序）的方式，否则使用 modified filesort algorithm（不回表排序）的方式。代码如下。

```
if (total_length + sortlength > max_length_for_sort_data) //如果长度大于参数
                                              //max_length_for_sort_data 的值，则退出
  {
    DBUG_ASSERT(addon_fields == NULL);
    return NULL;
//返回 NULL 值，不用打包，使用 original filesort algorithm（回表排序）
  }
```

现在，再次回到 5.2.3 节的例 5-1，因为 a1、a2、a3 字段都是需要访问的，且它们的类型均为 varchar(300)，字符集为 UTF8，所以，addon 字段的长度约为 300×3×3=2700 字节。前面计算了 sort 字段的长度约为 1202 字节，因此 2700+1202 远远大于参数 max_length_for_sort_data 的默认设置——1024 字节，使用 original filesort algorithm 方式排序。

5.2.3 节中例 5-2 的字段总长度显然要小很多（每个字段 varchar(20)），大约是 20×3×3（addon

字段）+82（sort 字段），小于 1024 字节，因此使用 modified filesort algorithm 方式排序，并且这些 addon 字段都可以使用打包技术来节省空间。需要注意的是，无论如何，sort 字段是不能打包的，而固定长度类型（如 int 类型固定为 4 字节）不需要打包。

### 5.2.7　阶段 4：确认每行的长度

这一阶段将计算每一行的长度（如果可以打包，则计算打包前的长度），下面是计算过程。

```
if (using_addon_fields())
//如果使用了打包技术，则检测 addon_fields 数组是否存在，使用 modified filesort algorithm
//方法无须进行回表排序
  {
    res_length= addon_length; //总长度 ，例如：3 个 varchar(300) uft8，为 3×300×3
  }
  else //使用 original filesort algorithm 方法
  {
    res_length= ref_length;   //rowid(主键长度)
    /*
      The reference to the record is considered
      as an additional sorted field
    */
    sort_length+= ref_length;  //实际上就是 rowid(主键)+排序字段长度 ，这是回表排序
  }
  /*
    Add hash at the end of sort key to order cut values correctly.
    Needed for GROUPing, rather than for ORDERing.
  */
  if (use_hash)
    sort_length+= sizeof(ulonglong);

  rec_length= sort_length + addon_length;
//modified filesort algorithm 方法为排序字段长度+addon_lenth 访问字段长度，original
//filesort algorithm 方法为 rowid(主键)+排序字段长度，因为 addon_length 为 0
```

小结如下。

（1）original filesort algorithm：每行长度为 sort 字段的总长度+ref 字段长度（主键或者 rowid）。

（2）modified filesort algorithm：每行长度为 sort 字段的总长度+addon 字段的长度（需要访问的字段总长度）。

注意，varchar 这种可变的字段以字段定义的长度为准，比如字符集为 UTF8，字段类型为

varchar(300)，则是 300×3= 900，而不是实际存储的大小，固定长度字段没有变化。

回头看看 5.2.3 节的两个例子，分别计算它们的行长度。

例 5-1：根据计算，它将使用 original filesort algorithm 方式排序，最终的计算行长度为（sort 字段长度+rowid 长度）≈ 1202+6 字节，注意，这里是约等于，没有计算表示字段非空占用的字节和表示可变字段长度的字节，下面是调试结果。

```
(gdb) p rec_length
$1 = 1208
```

例 5-2：根据计算，它将使用 modified filesort algorithm 方式排序，最终计算行长度为（sort 字段长度+addon 字段长度）≈ 82 + 20×3×3（结果为 262），注意，这里是约等于，没有计算表示字段非空占用的字节和表示可变字段长度的字节，下面是调试结果。

```
(gdb) p rec_length
$2 = 266
```

可以看出误差不大。

### 5.2.8 阶段 5：确认最大内存分配

这个阶段将分配排序的内存，和参数 sort_buffer_size 设置的大小有关。是不是每次都会分配至少参数 sort_buffer_size 指定大小的内存呢？其实不是的，MySQL 会判断是否存在表很小的情况，也就是先做一个简单的运算，目的在于节省内存空间。

#### 1．大致计算出 InnoDB 层主键叶子结点的行数

这一步主要通过聚集索引叶子结点的空间大小/聚集索引每行大小×2，计算出一个行的上限，调入 ha_innobase::estimate_rows_upper_bound 函数，源码如下。

```
num_rows= table->file->estimate_rows_upper_bound();
//上限=InnoDB 叶子聚集索引叶子结点/聚集索引长度×2
```

然后将结果存储起来，如果表很小，那么这个值会非常小。

#### 2．根据前面计算的每行长度计算出 sort buffer 可以容纳的最大行数

这一步将计算出 sort buffer 可以容纳的最大行数，如下。

```
ha_rows keys= memory_available / (param.rec_length + sizeof(char*));
//sort buffer 可以容纳的最大行数
```

### 3. 对比两者的最小值，作为分配内存的标准

代码如下。

```
param.max_keys_per_buffer= (uint) min(num_rows > 0 ? num_rows : 1, keys);
//比较 InnoDB 层估算的行上限和 sort buffer 可以容纳的最大行数，取它们中的较小值；也就是存储行数
//上限和可以排序行数之中的较小值
```

### 4. 根据结果分配内存

分配方式如下。

```
table_sort.alloc_sort_buffer(param.max_keys_per_buffer, param.rec_length);
```

也就是根据计算出的行长度和行数进行排序内存的分配，到这里，这两个值都是已知的了。

## 5.2.9 阶段 6：读取数据进行内存排序

准备工作已经完成了，接下来就是以行为单位读取数据了，然后对 where 条件过滤后的数据进行排序。如果需要排序的数据很多，那么排序内存写满后会进行内存排序，然后将排序的内容写入排序临时文件，等待下一步做外部的归并排序。

对归并排序而言，每一个归并的文件片段都必须是排序好的，否则归并排序是不能进行的，因此，写满排序内存后需要做内存排序，不需要做归并排序。下面来看看这个过程，整个过程集中在 find_all_keys 函数中。

### 1. 读取需要的数据

实际上在这一步之前还会做 read set 的更改，因为 original filesort algorithm（回表排序）的方法不会读取全部需要的字段，为了简单起见不做描述。

读取一行数据，这里会进入 InnoDB 层读取数据，代码如下。

```
error= file->ha_rnd_next(sort_form->record[0]); //读取一行数据
```

### 2. 将 Rows_examined 加 1

这个指标对应的是慢查中的 Rows_examined，如果语句中存在排序，那么这个值会出现重复计数的情况，但是这里还是正确的。后面会介绍重复计数的原因。

### 3. where 条件过滤

通过 where 条件过滤掉不满足条件的行，代码如下。

```
if (!error && !qep_tab->skip_record(thd, &skip_record) && !skip_record)
```

### 4．将行数据写入 sort buffer

这一步将会把数据写入 sort buffer，需要注意，这里并不涉及排序操作，只是存储数据到内存中。分为以下两部分。

（1）写入 sort 字段。如果是 original filesort algorithm 方法，那么 rowid（主键）也包含在其中了。

（2）写入 addon 字段。这部分只有 modified filesort algorithm 方法才有，在写入之前会调用 Field::pack 函数对可以打包的字段进行压缩。varchar 字段的打包函数是 Field_varstring::pack，它存储的是字段实际的大小，而非定义的大小。

整个过程位于 find_all_keys->Sort_param::make_sortkey 函数中。这一步还涉及我们非常关心的一个问题：排序的数据到底如何存储，需要仔细阅读。

下面就例 5-1 和例 5-2 进行说明。我们查看内存中的数据，只需要看它最终拷贝的数据就可以。将断点放到 find_all_keys 函数上，一行数据通过 Sort_param::make_sortkey 函数完成操作后查看内存，如下。

例 5-1（字段都是 varchar(300)）：它使用 original filesort algorithm（回表排序）的方式，最终存储的是 sort 字段（a2,a3）+rowid。

排序的结果如下。

```
mysql> select * from test.testsl where a1='b' order by a2,a3;
+------+------+------+
| a1   | a2   | a3   |
+------+------+------+
| b    | d    | d    |
| b    | e    | e    |
| b    | f    | f    |
+------+------+------+
3 rows in set (9.06 sec)

我们以第二行为查看目标
```

由于篇幅的关系，这里只展示其中的一部分，如下。

```
(gdb) x/1300bx start_of_rec
0x7ffe7ca79998: 0x01    0x00    0x45    0x00    0x20    0x00    0x20    0x00
0x7ffe7ca799a0: 0x20    0x00    0x20    0x00    0x20    0x00    0x20    0x00
0x7ffe7ca799a8: 0x20    0x00    0x20    0x00    0x20    0x00    0x20    0x00
```

```
0x7ffe7ca799b0: 0x20    0x00    0x20    0x00    0x20    0x00    0x20    0x00
0x7ffe7ca799b8: 0x20    0x00    0x20    0x00    0x20    0x00    0x20    0x00
0x7ffe7ca799c0: 0x20    0x00    0x20    0x00    0x20    0x00    0x20    0x00
0x7ffe7ca799c8: 0x20    0x00    0x20    0x00    0x20    0x00    0x20    0x00
...
这后面还有大量的 0X20 0X00
```

我们看到了大量的 0x20 0x00，这是占位符号，实际有用的数据只有 0x45 和 0x00 这两字节，而 0x45 正是大写字母 E，也就是数据中的 e，这和比较字符集有关。这里的 0x20 和 0x00 占用了大量空间，最初计算的 sort 字段大约为 1200 字节，实际上只有少量的几字节有用。因此，sort 字段比 InnoDB 中实际存储的数据大得多。

例 5-2（字段都是 varchar(20)）：它使用 modified filesort algorithm，最终存储的是 sort 字段（a2,a3）+addon 字段（需要读取的字段，这里是 a1,a2,a3）。

排序的结果如下。

```
mysql> select * from test.tests2 where a1='b' order by a2,a3;
+------+------+------+
| a1   | a2   | a3   |
+------+------+------+
| b    | d    | d    |
| b    | e    | e    |
| b    | f    | f    |
+------+------+------+
我们以第一行为查看目标
```

压缩后的数据只有 91 字节，如下。

```
(gdb) p rec_sz
$6 = 91
(gdb) x/91x start_of_rec
0x7ffe7c991bc0: 0x01    0x00    0x44    0x00    0x20    0x00    0x20    0x00
0x7ffe7c991bc8: 0x20    0x00    0x20    0x00    0x20    0x00    0x20    0x00
0x7ffe7c991bd0: 0x20    0x00    0x20    0x00    0x20    0x00    0x20    0x00
0x7ffe7c991bd8: 0x20    0x00    0x20    0x00    0x20    0x00    0x20    0x00
0x7ffe7c991be0: 0x20    0x00    0x20    0x00    0x20    0x00    0x20    0x00
0x7ffe7c991be8: 0x20    0x01    0x00    0x44    0x00    0x20    0x00    0x20
0x7ffe7c991bf0: 0x00    0x20    0x00    0x20    0x00    0x20    0x00    0x20
0x7ffe7c991bf8: 0x00    0x20    0x00    0x20    0x00    0x20    0x00    0x20
0x7ffe7c991c00: 0x00    0x20    0x00    0x20    0x00    0x20    0x00    0x20
0x7ffe7c991c08: 0x00    0x20    0x00    0x20    0x00    0x20    0x00    0x20
0x7ffe7c991c10: 0x00    0x20    0x07    0x00    0x00    0x01    0x62    0x01
0x7ffe7c991c18: 0x64    0x01    0x64
```

可以看到，sort 字段没有被压缩，依旧是使用 0x20 和 0x00 占位。因为做了打包，所以相对于 sort 字段，addon 字段（需要读取的字段，这里就是 a1,a2,a3）小了很多。

- 0x01 0x62：数据 b。
- 0x01 0x64：数据 d。
- 0x01 0x64：数据 d。

0x01 就是字段的长度。

但是，sort 字段依旧比 InnoDB 中实际存储的数据大得多。

#### 5．如果 sort buffer 存满，那么对 sort buffer 中的数据进行排序，然后写入临时文件

如果需要排序的数据量很大，那么 sort buffer 肯定是不能容下的，因此写满后就进行一次内存排序操作，将排序好的数据写入外部排序文件，这叫一个 chunk。外部文件的位置由参数 tmpdir 指定，名字以 MY 开头。下面验证写入临时文件的行长度，笔者将例 5-2 的数据量扩大了很多倍，让其使用外部文件排序，断点打在 write_keys 函数上即可：

```
1161        if (my_b_write(tempfile, record, rec_length))
(gdb) p rec_length
$8 = 91
```

可以看到，每行的长度还是 91 字节（压缩后），和前面的长度一致，说明这些数据会完完整整地写入外部排序文件，这显然比想象中要大得多。

到这里，数据已经找出来了，如果数据超过 sort buffer 的大小，那么外部排序需要的结果会存储到临时文件，并且它是分片（chunk）存储到临时文件的，临时文件的命名以 MY 开头（注意大事务的临时文件以 ML 开头）。

### 5.2.10 阶段 7：排序方式总结输出

这里对上面的排序过程做了一个阶段性的总结，代码如下。

```
Opt_trace_object(trace, "filesort_summary")
    .add("rows", num_rows)
    .add("examined_rows", param.examined_rows)
    .add("number_of_tmp_files", num_chunks)
    .add("sort_buffer_size", table_sort.sort_buffer_size())
    .add_alnum("sort_mode",
              param.using_packed_addons() ?
              "<sort_key, packed_additional_fields>" :
```

```
            param.using_addon_fields() ?
            "<sort_key, additional_fields>" : "<sort_key, rowid>");
```

来详细解析一下这部分输出。

- rows：排序的行数，也就是应用 where 条件过滤后的行数。
- examined_rows：InnoDB 层扫描的行数，注意，这不是慢查询中的 Rows_examined，而是准确的结果，没有重复计数。
- number_of_tmp_files：外部排序时，用于保存结果临时文件的 chunk 数量，每当 sort buffer 满排序后都写入一个 chunk，所有 chunk 都存在一个临时文件中。
- sort_buffer_size：内部排序使用的内存大小，并不一定是参数 sort_buffer_size 指定的大小。
- sort_mode：取值如下。
  - sort_key,packed_additional_fields：使用了 modified filesort algorithm（不回表排序），并且有打包的字段，通常为可变字段，比如 varchar。
  - sort_key,additional_fields：使用了 modified filesort algorithm（不回表排序），但是没有需要打包的字段，都是固定长度字段。
  - sort_key,rowid：使用了 original filesort algorithm（回表排序）。

### 5.2.11　阶段 8：进行最终排序

这里涉及如下两部分。

（1）如果 sort buffer 不满，则从这里开始排序，调入 save_index 函数。

（2）如果 sort buffer 满了，则进行归并排序，调入 merge_many_buff->merge_buffers 函数，最后调入 merge_index 函数完成归并排序。

对于归并排序，这里可能生成另外两个临时文件用于存储最终的排序结果，它们依然以 MY 开头，且依然存储在参数 tmpdir 指定的位置。因此在外部排序中将可能生成 3 个临时文件，总结如下。

- 临时文件 1：用于存储内存排序的结果，以 chunk 为单位写入，一个 chunk 的大小就是 sort buffer 的大小。
- 临时文件 2：以前面的临时文件 1 为基础，做归并排序。
- 临时文件 3：将最后的归并排序结果存储，去掉 sort 字段，只保留 addon 字段（需要访问的字段）或者 ref 字段（rowid 或者主键），一般会比前面两个临时文件小很多。

这 3 个临时文件不会同时存在，要么临时文件 1 和临时文件 2 存在，要么临时文件 2 和临时文件 3 存在，将断点放到 merge_buffers 函数和 merge_index 函数上就可以验证了，如下。

```
   1. 临时文件 1 和临时文件 2 同时存在：
   [root@gp1 test]# lsof|grep tmp/MY
   mysqld     8769     mysql   70u      REG       252,3   79167488    2249135
/mysqldata/mysql3340/tmp/MYt1QIvr (deleted)
   mysqld     8769     mysql   71u      REG       252,3   58327040    2249242
/mysqldata/mysql3340/tmp/MY4CrO4m (deleted)
   2. 临时文件 2 和临时文件 3 同时存在：
   [root@gp1 test]# lsof|grep tmp/MY
   mysqld     8769     mysql   70u      REG       252,3     360448    2249135
/mysqldata/mysql3340/tmp/MYg109Wp (deleted)
   mysqld     8769     mysql   71u      REG       252,3   79167488    2249242
/mysqldata/mysql3340/tmp/MY4CrO4m (deleted)
```

笔者并没有对归并排序的具体过程做出解释。注意，这里每次调用 merge_buffers 函数都会增加 1 次 Sort_merge_passes。这是归并的次数。这个值增量的大小可以侧面反映出外部排序使用临时文件的次数。

### 5.2.12 排序的其他问题

这里将描述两个额外的排序问题。

#### 1. original filesort algorithm（回表排序）的回表

对于 original filesort algorithm（回表排序）的排序方式，还需要做一个回表获取数据的操作，这一步会用到参数 read_rnd_buffer_size 定义的内存大小。

比如例 5-1 会用 original filesort algorithm（回表排序），对于回表操作有如下标准。

- 如果没有用外部排序临时文件，则说明排序量不大，使用普通的回表方式，调入 rr_from_pointers 函数，也就是单行回表方式。
- 如果用了排序临时文件，则说明排序量较大，使用批量回表方式，这个时候主要的步骤是读取 rowid（主键）排序，然后批量回表，这将会用到参数 read_rnd_buffer_size 指定的内存，调入 rr_from_cache 函数。这也是一种优化方式，因为回表操作一般是散列的，代价较大。

#### 2. 关于排序中 Rows_examined 的计算

这里说的是慢查询中的 Rows_examined，在排序中会出现重复计数的情况，直到 5.2.9 节这个值还是正确的，但是符合 where 条件的数据在返回时还会调用 evaluate_join_record 函数，因此 Rows_examined 会增加符合 where 条件的行数。下面将通过 5.2.3 节的两个例子说明。

```
mysql> select * from test.tests1 where a1='b' order by a2,a3;
+------+------+------+
| a1   | a2   | a3   |
+------+------+------+
| b    | d    | d    |
| b    | e    | e    |
| b    | f    | f    |
+------+------+------+
3 rows in set (5.11 sec)

mysql> select * from test.tests2 where a1='b' order by a2,a3;
+------+------+------+
| a1   | a2   | a3   |
+------+------+------+
| b    | d    | d    |
| b    | e    | e    |
| b    | f    | f    |
+------+------+------+
3 rows in set (5.28 sec)

mysql> desc select * from tests2 where a1='b' order by a2,a3;
+----+-------------+--------+------------+------+---------------+------+---------
+------+------+----------+-----------------------------+
| id | select_type | table  | partitions | type | possible_keys | key  | key_len |
ref  | rows | filtered | Extra                       |
+----+-------------+--------+------------+------+---------------+------+---------
+------+------+----------+-----------------------------+
|  1 | SIMPLE      | tests2 | NULL       | ALL  | NULL          | NULL | NULL    | NULL
|    8 |    12.50 | Using where; Using filesort |
+----+-------------+--------+------------+------+---------------+------+---------
+------+------+----------+-----------------------------+
1 row in set, 1 warning (0.00 sec)

8 rows in set (0.00 sec)

mysql> desc select * from tests2 where a1='b' order by a2,a3;
+----+-------------+--------+------------+------+---------------+------+---------
+------+------+----------+-----------------------------+
| id | select_type | table  | partitions | type | possible_keys | key  | key_len |
ref  | rows | filtered | Extra                       |
+----+-------------+--------+------------+------+---------------+------+---------
+------+------+----------+-----------------------------+
|  1 | SIMPLE      | tests2 | NULL       | ALL  | NULL          | NULL | NULL    | NULL
```

```
|    8 |    12.50 | Using where; Using filesort |
   +----+-------------+--------+------------+------+---------------+------+---------
+------+------+----------+-----------------------------+
   1 row in set, 1 warning (0.01 sec)
```

慢查询如下，此处不要纠结执行时间（因为笔者特意在 gdb 调试环境下停止了一会儿 MySQLD 程序，拉长了执行时间），只关注 Rows_examined 即可，如下。

```
   # Time: 2019-12-23T12:03:26.108529+08:00
   # User@Host: root[root] @ localhost []  Id:     4
   # Schema:   Last_errno: 0  Killed: 0
   # Query_time: 5.118098  Lock_time: 0.000716  Rows_sent: 3  Rows_examined: 11
Rows_affected: 0
   # Bytes_sent: 184
   SET timestamp=1577073806;
   select * from test.tests1 where a1='b' order by a2,a3;
   # Time: 2019-12-23T12:03:36.138274+08:00
   # User@Host: root[root] @ localhost []  Id:     4
   # Schema:   Last_errno: 0  Killed: 0
   # Query_time: 5.285573  Lock_time: 0.000640  Rows_sent: 3  Rows_examined: 11
Rows_affected: 0
   # Bytes_sent: 184
   SET timestamp=1577073816;
   select * from test.tests2 where a1='b' order by a2,a3;
```

可以看到慢查询中的 Rows_examined 都是 11，为什么是 11 呢？因为要扫描的总行数为 8（这里是全表扫描，表中共 8 行数据），过滤后需要排序的数据为 3 条，因此为 8+3=11，也就是说有 3 条数据重复计数了。

### 5.2.13 使用 OPTIMIZER_TRACE 查看排序信息

要使用 OPTIMIZER_TRACE，只需要设置 SET optimizer_trace="enabled=on";，运行完语句后查看 information_schema.OPTIMIZER_TRACE 即可。

前面解释了排序方式总结输出的含义，这里来看看具体的结果，还是通过 5.2.3 节的两个例子说明：

例 5-1：

```
            "filesort_priority_queue_optimization": {
              "usable": false,
              "cause": "not applicable (no LIMIT)"
            },
            "filesort_execution": [
```

```
            ],
            "filesort_summary": {
              "rows": 3,
              "examined_rows": 8,
              "number_of_tmp_files": 0,
              "sort_buffer_size": 1285312,
              "sort_mode": "<sort_key, rowid>"
```

例 5-2：

```
            "filesort_priority_queue_optimization": {
              "usable": false,
              "cause": "not applicable (no LIMIT)"
            },
            "filesort_execution": [
            ],
            "filesort_summary": {
              "rows": 3,
              "examined_rows": 8,
              "number_of_tmp_files": 0,
              "sort_buffer_size": 322920,
              "sort_mode": "<sort_key, packed_additional_fields>"
```

现在我们清楚了，这些总结实际上是在执行阶段生成的，需要注意下面 3 点。

（1）这里的 examined_rows 和慢查询中的 Rows_examined 不一样，这里不会重复计数，是准确的。

（2）这里还会说明是否使用了优先队列排序，即 filesort_priority_queue_optimization 部分的输出。

（3）通过 sort_buffer_size 输出可以发现节约了内存，这里并没有分配参数 sort_buffer_size 指定大小的内存。

其他指标在 5.2.10 节已经说明过了，不再赘述。

### 5.2.14　回到问题本身

以上就是主要流程，实际的流程要复杂很多。回到 5.2.2 节我们提出的问题上来，它的参数 max_sort_length 和参数 max_length_for_sort_data 均为默认值 1024。

通过前面的讲解可以看出，排序语句中的 sort 字段非常多。sort 字段的长度很可能已经大于参数 max_length_for_sort_data 的设置，因此会用 original filesort algorithm（回表排序），一行的记录就是 sort 字段+主键。

在前面的描述中，我们知道 sort 字段是不能使用打包技术的，而 InnoDB 中的可变字段会通过打包的方式进行存储，因此一个 30GB 的 InnoDB 表使用 200GB 的排序临时文件也就不奇怪了。

接下来重现这个问题，将例 5-1 中的数据增多，原理上会用 original filesort algorithm（回表排序）的方式，因为这里 sort 字段（a2,a3）的长度+addon 字段（a1,a2,a3）的长度约为 300×2×2+300×3×3，大于参数 max_length_for_sort_data 的默认设置，所以这个排序操作一行数据的长度是 sort 字段（a2,a3）+ref 字段（rowid），大约为 300×2×2+6=1206 字节。下面是这个表的总数据量和 InnoDB 文件大小（笔者叫它 bgtest5 表）。

```
mysql> show create table bgtest5 \G
*************************** 1. row ***************************
       Table: bgtest5
Create Table: CREATE TABLE `bgtest5` (
  `a1` varchar(300) DEFAULT NULL,
  `a2` varchar(300) DEFAULT NULL,
  `a3` varchar(300) DEFAULT NULL
) ENGINE=InnoDB DEFAULT CHARSET=utf8
1 row in set (0.01 sec)
mysql> SELECT COUNT(*) FROM bgtest5;
+----------+
| COUNT(*) |
+----------+
|    65536 |
+----------+
1 row in set (5.91 sec)

mysql> desc select * from bgtest5  order by a2,a3;
+----+-------------+---------+------------+------+---------------+------+---------+------+-------+----------+----------------+
| id | select_type | table   | partitions | type | possible_keys | key  | key_len | ref  | rows  | filtered | Extra          |
+----+-------------+---------+------------+------+---------------+------+---------+------+-------+----------+----------------+
|  1 | SIMPLE      | bgtest5 | NULL       | ALL  | NULL          | NULL | NULL    | NULL | 66034 |   100.00 | Using filesort |
+----+-------------+---------+------------+------+---------------+------+---------+------+-------+----------+----------------+
1 row in set, 1 warning (0.00 sec)
```

注意这里是全表排序，没有 where 条件过滤。下面是这个表 ibd 文件的大小：

```
[root@gp1 test]# du -hs bgtest5.ibd
11M     bgtest5.ibd
```

下面需要将 gdb 的断点打在 merge_many_buff 函数上，目的是观察 5.2.11 节中提到的临时文件 1 的大小，前面说过，这个文件是存储内存排序结果的，如下。

```
[root@gp1 test]# lsof|grep tmp/MY
mysqld    8769    mysql   69u     REG              252,3   79101952    2249135
/mysqldata/mysql3340/tmp/MYzfek5x (deleted)
```

可以看到，这个文件的大小为 79 101 952 字节，即 80MB 左右，这和我们计算的 1206（每行大小）×65535（行数）约为 80MB 的结果一致，远远超过了 ibd 文件的大小（11MB）。

因此可以证明，排序的临时文件远远大于 InnoDB 数据文件的情况是可能出现的。

### 5.2.15　答疑

#### 1. 排序中的一行记录是如何组织的？

一行排序记录，由 sort 字段+addon 字段组成，其中 sort 字段为 order by 后面的字段，而 addon 字段为需要访问的字段，比如语句 select a1,a2,a3 from test order by a2,a3，其中 sort 字段为 a2,a3，addon 字段为 a1,a2,a3。sort 字段中的可变长度字段不能通过打包（pack）压缩，比如 varchar，使用的是定义的计算空间，注意这是排序占用空间较大的一个重要原因。

如果在计算 sort 字段空间时，某个字段的长度大于参数 max_sort_length 的设置，则按照参数 max_sort_length 指定的大小计算。

一行排序记录，如果 sort 字段+addon 字段的长度大于参数 max_length_for_sort_data 的设置，那么 addon 字段将不会被存储，而使用 sort 字段+ref 字段代替，ref 字段为主键或者 rowid，这个时候就会使用 original filesort algorithm（回表排序）的方式了。

如果 addon 字段包含可变字段，比如 varchar 字段，则会打包。

#### 2. 排序使用什么样的方法进行？

**original filesort algorithm（回表排序）**

如果使用 sort 字段+ref 字段进行排序，那么必须要回表获取需要的数据，如果排序使用了临时文件（外部归并排序），且排序量较大，则使用批量回表，批量回表会涉及参数 read_rnd_buffer_size 指定的内存大小，主要用于排序和结果返回。如果排序没有使用临时文件（内存排序就可以完成，排序量较小），则使用单行回表。

**modified filesort algorithm**（不回表排序）

如果使用 sort 字段+addon 字段排序，那么使用不回表排序，所有需要的字段均在排序过程中存储，addon 字段中的可变长度字段可以打包。sort 字段和 addon 字段中可能有重复的字段，比如，在例 5-2 中，sort 字段为 a2,a3，addon 字段为 a1,a2,a3，这是排序使用空间较大的另一个原因。

在 OPTIMIZER_TRACE 中可以查看使用了哪种方法。

### 3. 排序一定会分配参数 sort_buffer_size 设置的内存大小吗？

不是这样的，MySQL 会做一个简单的计算，通过比较 InnoDB 中聚集索引可能存储的行上限和参数 sort_buffer_size，设置内存容量的行上限，获取它们的较小值确认最终内存分配的大小，目的在于节省内存空间。

在 OPTIMIZER_TRACE 中可以看到实际使用的内存大小。

### 4. OPTIMIZER_TRACE 的 examined_rows 和慢查询的 Rows_examined 有什么区别？

在有排序操作的语句中，慢查询的 Rows_examined 可能包含重复计数，重复的部分为 where 条件过滤后做排序的部分。

OPTIMIZER_TRACE 中的 examined_rows 不包含重复计数，为实际 InnoDB 层扫描的行数。

### 5. 外部排序临时文件的使用是什么样的？

实际上排序语句的临时文件不止一个，它们都以 MY 开头，并且都放到了 tmpdir 目录下，lsof 可以看到这种文件。

- 临时文件 1：用于存储内存排序的结果，以 chunk 为单位，一个 chunk 的大小就是 sort buffer 的大小。
- 临时文件 2：以前面的临时文件 1 为基础，做归并排序。
- 临时文件 3：将最后的归并排序结果存储，去掉 sort 字段，只保留 addon 字段（需要访问的字段）或者 ref 字段（rowid 或者主键），因此它一般会比前面两个临时文件小。

它们不会同时存在，要么临时文件 1 和临时文件 2 存在，要么临时文件 2 和临时文件 3 存在。对于临时文件的使用可以查看 Sort_merge_passes 指标，本指标的多少会侧面反映出外部排序的次数。

#### 6. 排序使用了哪种算法？

本节虽然不涉及排序算法，但是内存排序中的以下两种算法是需要知道的。

（1）堆排序。一般用于 order by limit 返回少量行的时候提高排序效率，注意，如果 order by limit n,m 中的 n 过大，则可能涉及排序算法的切换，即堆排序转换为快速排序。

（2）快速排序。通过 OPTIMIZER_TRACE 可以查看使用了哪种排序算法。

#### 7. "Creating sort index" 代表什么？

以下排序流程都处在 Creating sort index 状态下。

- 获取排序需要的数据（比如例子中全表扫描从 InnoDB 层获取数据）。
- 根据 where 条件过滤数据。
- 内存排序。
- 外部排序。

#### 8. 如何避免临时文件过大？

首先应该考虑是否可以使用索引避免排序，如果不能，则需要考虑以下几点。

（1）order by 后面的字段尽可能少，满足需求即可。

（2）order by 后面涉及的字段类型尽量是长度固定的，而不是可变的，如 varchar 字段。因为 sort 字段不能压缩。

（3）合理定义可变字段长度，例如，varchar(10)能够满足需求就不要使用 varchar(50)，虽然在 InnoDB 层会进行压缩，但是在 MySQL 层可能使用全长度（比如 sort 字段）。

（4）在查询中尽量不要用（select *），而应该在 select 后面写明需要查询的字段，这将会减少 addon 字段的个数。

## 5.3 MySQL 中的 MDL Lock 简介

### 5.3.1 MDL Lock 综述

MySQL 中的 MDL Lock 一直是一个比较让人头疼的问题，因为它实在不好观察，只有在查看 show processlist 时，才能看到诸如 Waiting for table metadata lock 的状态。其实 MDL Lock 是 MySQL 上层一个复杂的子系统，有自己的死锁检测机制。

本节，笔者首先从 MDL Lock 的一些基础概念说起，然后给出笔者学习 MDL Lock 的方法，最后对每种 MDL TYPE 出现的场景进行测试和分析。

MDL Lock 处于 MySQL 层，实际上，在 open_table 函数中就开始获取 MDL Lock 了。调用栈帧如下。

```
#0 open_table_get_mdl_lock(thd=0x7fffd0000df0,ot_ctx=0x7fffec06fb00,
table_list=0x7fffd00067d8,flags=0,mdl_ticket=0x7fffec06f950)
at/root/MySQL5.7.14/percona-server-5.7.14-7/sql/sql_base.cc:2789
#1 0x0000000001516e17inopen_table(thd=0x7fffd0000df0,
table_list=0x7fffd00067d8,ot_ctx=0x7fffec06fb00)
at/root/MySQL5.7.14/percona-server-5.7.14-7/sql/sql_base.cc:3237
```

死锁检测出错码如下。

```
{ "ER_LOCK_DEADLOCK", 1213, "Deadlock found when trying to get lock; try restarting
transaction" }
ERROR 1213 (40001): Deadlock found when trying to get lock; try restarting transaction
```

可以发现，MDL Lock 的死锁抛错方式和 InnoDB 死锁基本一样，不同的是，在 show engine InnoDB status 中没有相关的死锁信息。

### 5.3.2 重要数据结构和概念

#### 1. MDL Lock 类型

我们主要研究的 MDL Lock 类型如下。

```
MDL_INTENTION_EXCLUSIVE(IX)
MDL_SHARED(S)
MDL_SHARED_HIGH_PRIO(SH)
MDL_SHARED_READ(SR)
MDL_SHARED_WRITE(SW)
MDL_SHARED_WRITE_LOW_PRIO(SWL)
MDL_SHARED_UPGRADABLE(SU)
MDL_SHARED_READ_ONLY(SRO)
MDL_SHARED_NO_WRITE(SNW)
MDL_SHARED_NO_READ_WRITE(SNRW)
MDL_EXCLUSIVE(X)
```

5.3.5 节会对每种类型进行详细的测试和解释。

### 2. MDL Lock namespace

在 MDL 中，MDL_KEY 以 namespace+DB+OBJECT_NAME 的方式表示，下面是源码中 namespace 的分类。

```
GLOBAL is used for the global read lock.
TABLESPACE is for tablespaces.
SCHEMA is for schemas (aka databases).
TABLE is for tables and views.
FUNCTION is for stored functions.
PROCEDURE is for stored procedures.
TRIGGER is for triggers.
EVENT is for event scheduler events.
COMMIT is for enabling the global read lock to block commits.
USER_LEVEL_LOCK is for user-level locks.
LOCKING_SERVICE is for the name plugin RW-lock service
```

这里主要对常见的 GLOBAL/SCHEMA/TABLE namespace 进行介绍，COMMIT namespace 会在语句提交的时候用到，当等待状态为 Waiting for commit lock 时，一般是 FTWRL 堵塞了提交操作。

### 3. MDL Lock 的实现分类

- scope lock：一般对应全局 MDL Lock，如 flush table with read lock 会获取 namespace GLOBAL type S 和 namespace COMMIT type S 的 MDL Lock。它的 namespace 包含 GLOBAL、COMMIT、TABLESPACE 和 SCHEMA。
- object lock：对象级的 MDL Lock，比如 namespace TABLE 的 MDL Lock，这也是本节的讨论重点，它包含了除 scope lock 中的 namespace 外的全部 namespace。

下面是源码注释，放在这里作为结论。

```
/**
  Helper struct which defines how different types of locks are handled
  for a specific MDL_lock. In practice we use only two strategies: "scoped"
  lock strategy for locks in GLOBAL, COMMIT, TABLESPACE and SCHEMA namespaces
  and "object" lock strategy for all other namespaces.
*/
```

### 4. MDL Lock 兼容矩阵

兼容矩阵是学习 MDL Lock 的重点，MDL Lock 的类型比 InnoDB row lock 的类型多很多，不用都记住，可以在使用时随时查询。图 5-8 与图 5-9 所示的兼容矩阵均来自源码，兼容矩阵也分为 scope lock 和 object lock。

scope lock 如图 5-8 所示。

| 锁类型 | IS(*) | IX | S | X |
|---|---|---|---|---|
| IS | + | + | + | + |
| IX | + | + | - | - |
| S | + | - | + | - |
| X | + | - | - | - |

图 5-8

object lock 如图 5-9 所示。

| 锁类型 | S | SH | SR | SW | SWLP | SU | SRO | SNW | SNRW | X |
|---|---|---|---|---|---|---|---|---|---|---|
| S | + | + | + | + | + | + | + | + | + | - |
| SH | + | + | + | + | + | + | + | + | + | - |
| SR | + | + | + | + | + | + | + | + | - | - |
| SW | + | + | + | + | + | + | - | - | - | - |
| SWLP | + | + | + | + | + | + | - | - | - | - |
| SU | + | + | + | + | + | - | + | - | - | - |
| SRO | + | + | + | - | - | + | + | + | - | - |
| SNW | + | + | + | - | - | - | + | - | - | - |
| SNRW | + | + | - | - | - | - | - | - | - | - |
| X | - | - | - | - | - | - | - | - | - | - |

图 5-9

### 5. MDL Lock duration（MDL Lock 持续周期）

MDL Lock duration 对应源码的 enum_mdl_duration 枚举类型，即通常我们关注的 MDL Lock 是在事务提交后释放的还是在语句结束后释放的，它对 MDL Lock 堵塞的范围影响很大。这里直接复制源码的解释。

- MDL_STATEMENT：Locks with statement duration are automatically released at the end of statement or transaction.
- MDL_TRANSACTION：Locks with transaction duration are automatically released at the end of transaction.
- MDL_EXPLICIT：Locks with explicit duration survive the end of statement and transaction.They have to be released explicitly by calling MDL_context::release_lock().

MDL_STATEMENT 和 MDL_TRANSACTION 分别代表 MDL Lock 在语句结束后释放和在事务提交后释放。

### 6. MDL_request 结构的部分属性

语句解析后需要获得 MDL Lock，通过这个类对象在 MDL 子系统中进行 MDL Lock 申请，部分属性如下。

```
/** Type of metadata lock. */
  enum enum_mdl_type type; //需求的类型
  /** Duration for requested lock. */
  enum enum_mdl_duration duration; //持续周期
  /**
    Pointers for participating in the list of lock requests for this context.
  */
  MDL_request *next_in_list; //双向链表实现
  MDL_request **prev_in_list;
  /**
    Pointer to the lock ticket object for this lock request.
    Valid only if this lock request is satisfied.
  */
  MDL_ticket *ticket; //如果申请成功(没有等待)，则会指向一个实际的 TICKET，否则为 NULL
  /** A lock is requested based on a fully qualified name and type. */
```

### 7. MDL_key 结构的部分属性

MDL_key 使用 namespace+DB+OBJECT_NAME 表示，namespace+DB+OBJECT_NAME 整个放到一个 char 数组里面，它会在 MDL_lock 和 MDL_request 中出现。具体的初始化包含在 MDL_key. mdl_key_init 函数中。

```
private:
uint16m_length;
uint16m_db_name_length;
charm_ptr[MAX_MDLKEY_LENGTH];//放到了这里
```

### 8. MDL_ticket 结构的部分属性

如同门票一样，如果会话获取了 MDL Lock，则必然给 MDL_request 返回一个 MDL_ticket，如果等待，则不会分配。通过源码 MDL_context::acquire_lock 函数可以观察到。部分属性如下。

```
/**
    Pointers for participating in the list of lock requests for this context.
    Context private. context 中链表的形成，是线程私有的
  */
  MDL_ticket *next_in_context;
  MDL_ticket **prev_in_context;
  /**
```

```
    Pointers for participating in the list of satisfied/pending requests
    for the lock. Externally accessible. MDL_lock 中链表的形成，是全局的
  */
  MDL_ticket *next_in_lock;
  MDL_ticket **prev_in_lock;
/**
    Context of the owner of the metadata lock ticket. Externally accessible.
    指向 ticket 的拥有者，也就是 MDL_context，它是线程的属性
  */
  MDL_context *m_ctx;
  /**
    Pointer to the lock object for this lock ticket. Externally accessible.
    指向 MDL_lock 的一个指针
  */
  MDL_lock *m_lock;
```

### 9. MDL_lock 结构的部分属性

每一个 MDL_key 都会对应一个 MDL_lock，其中包含了 GRANTED 链表和 WAIT 链表，源码注释也非常详细，这里给出如下几个重点属性。

```
/** The key of the object (data) being protected. */
  MDL_key key;
/** List of granted tickets for this lock. */
  Ticket_list m_granted;
/** Tickets for contexts waiting to acquire a lock. */
  Ticket_list m_waiting;
```

### 10. MDL_context 结构的部分属性

这是整个 MySQL 线程和 MDL Lock 子系统进行交互的上下文结构，其中包含了很多方法和属性，重点属性如下。

```
/**
    If our request for a lock is scheduled, or aborted by the deadlock
    detector, the result is recorded in this class.
  */
  MDL_wait m_wait;
/**
    Lists of all MDL tickets acquired by this connection.
    不同 MDL Lock 持续时间的一个链表数组。实际就是
    MDL_STATEMENT 一个链表
    MDL_TRANSACTION 一个链表
    MDL_EXPLICIT 一个链表
  */
```

```
Ticket_list m_tickets[MDL_DURATION_END];
//这是一个父类指针指向子类对象，虚函数重写的典型,实际它指向了一个线程
/*
class THD :public MDL_context_owner,
          public Query_arena,
          public Open_tables_state
*/
MDL_context_owner *m_owner;
```

### 11. 所有等待状态

所有的等待状态标记如下。

```
PSI_stage_info MDL_key::m_namespace_to_wait_state_name[NAMESPACE_END]=
{
  {0, "Waiting for global read lock", 0},
  {0, "Waiting for tablespace metadata lock", 0},
  {0, "Waiting for schema metadata lock", 0},
  {0, "Waiting for table metadata lock", 0},
  {0, "Waiting for stored function metadata lock", 0},
  {0, "Waiting for stored procedure metadata lock", 0},
  {0, "Waiting for trigger metadata lock", 0},
  {0, "Waiting for event metadata lock", 0},
  {0, "Waiting for commit lock", 0},
  {0, "User lock", 0}, /* Be compatible with old status. */
  {0, "Waiting for locking service lock", 0},
  {0, "Waiting for backup lock", 0},
  {0, "Waiting for binlog lock", 0}
};
```

下面是 3 个经常遇到的等待状态。

（1）Waiting for table metadata lock：namespace TABLE 的 MDL Lock，具体根据兼容矩阵判断，参考 5.3.5 节。

（2）Waiting for global read lock：namespace GLOBAL 的 MDL Lock，通常和 flush table with read lock 有关，参考 5.3.5 节。

（3）Waiting for commit lock：namespace COMMIT 的 MDL Lock，通常和 flush table with read lock 有关，参考 5.3.5 节。

## 5.3.3　为 MDL Lock 增加打印函数

研究 MDL Lock 最好的方式是获取一条语句的所有 MDL Lock，包括加锁、升级、降级和

释放等流程。MySQL 5.7 加入了诊断 MDL Lock 的方法，如下。

```
UPDATE performance_schema.setup_consumers SET ENABLED = 'YES' WHERE NAME =
'global_istrumentation';
UPDATE performance_schema.setup_instruments SET ENABLED = 'YES' WHERE NAME =
'wait/lock/metadata/sql/mdl';
select * from performance_schema.metadata_locks;
```

为了观察每个语句获取 MDL Lock 的流程，笔者加入了打印函数。

```
/*p_ticket in parameter*/
int my_print_ticket(const MDL_ticket* p_ticket)
```

并且在 mdl_ticket 类中增加这个函数的原型——友元函数。

```
friend int my_print_ticket(const MDL_ticket* p_ticket);
```

友元函数主要捕获 MDL Lock 的加锁信息并且打印到 err 日志中，包含的信息和获取的方法如下。

- 线程 id：通过 p_ticket->m_ctx->get_thd();获取。
- MDL Lock database name：通过 p_ticket->m_lock->key.db_name()获取。
- MDL Lock object name：通过 p_ticket->m_lock->key.name()获取。
- MDL Lock namespace：通过 p_ticket->m_lock->key.mdl_namespace()获取。
- MDL Lock type：通过 p_ticket->m_type 获取。
- MDL Lock duration：通过 p_ticket->m_duration 获取。

具体的输出信息如下。

```
2017-08-03T07:34:21.720583Z 3 [Note] (>MDL PRINT) Thread id is 3:
2017-08-03T07:34:21.720601Z 3 [Note] (->MDL PRINT) DB_name is:test
2017-08-03T07:34:21.720619Z 3 [Note] (-->MDL PRINT) OBJ_name is:test
2017-08-03T07:34:21.720637Z 3 [Note] (--->MDL PRINT) Namespace is:TABLE
2017-08-03T07:34:21.720655Z 3 [Note] (---->MDL PRINT) Fast path is:(Y)
2017-08-03T07:34:21.720673Z 3 [Note] (----->MDL PRINT) Mdl type
is:MDL_SHARED_WRITE(SW)
2017-08-03T07:34:21.720692Z 3 [Note] (------>MDL PRINT) Mdl  duration
is:MDL_TRANSACTION
```

这实际上和 metadata_locks 中的信息差不多，如下。

```
MySQL> select * from performance_schema.metadata_locks\G
*************************** 1. row ***************************
        OBJECT_TYPE: TABLE
      OBJECT_SCHEMA: test
```

```
          OBJECT_NAME: test
OBJECT_INSTANCE_BEGIN: 140734412907760
            LOCK_TYPE: SHARED_WRITE
        LOCK_DURATION: TRANSACTION
          LOCK_STATUS: GRANTED
               SOURCE: sql_parse.cc:6314
      OWNER_THREAD_ID: 39
       OWNER_EVENT_ID: 241
```

一旦有了这个函数，只需要在加锁、升级、降级和释放的位置进行适当添加就可以了。

## 5.3.4 在合适的位置增加打印函数

既然要研究学习 MDL Lock 的加锁、升级、降级，那么就要找到它们的函数入口，然后在合适的位置增加打印 my_print_ticket 函数进行观察，下面笔者给出一些打印位置。

### 1. 加锁接口 MDL_context::acquire_lock 函数

代码如下。

```
bool
MDL_context::acquire_lock(MDL_request *mdl_request, ulong lock_wait_timeout)
{
  if (mdl_request->ticket) //获得 ticket
  {
    /*
      We have managed to acquire lock without waiting.
      MDL_lock, MDL_context and MDL_request were updated
      accordingly, so we can simply return success.
    */
    //request 获取 ticket 成功，此处打印
    return FALSE;
  }
  /*
    Our attempt to acquire lock without waiting has failed.
    As a result of this attempt we got MDL_ticket with m_lock
    member pointing to the corresponding MDL_lock object which
    has MDL_lock::m_rwlock write-locked.
  */
  //获取不成功，加入 MDL_lock 等待队列
  lock= ticket->m_lock;
  lock->m_waiting.add_ticket(ticket);
  will_wait_for(ticket); //死锁检测
  /* There is a shared or exclusive lock on the object. */
```

```
  DEBUG_SYNC(get_thd(), "mdl_acquire_lock_wait");
  find_deadlock();
  //此处打印 ticket，进入等待流程
  if (lock->needs_notification(ticket) || lock->needs_connection_check())
  {
   }
  done_waiting_for();//等待完成，检测死锁
  DBUG_ASSERT(wait_status == MDL_wait::GRANTED);
  m_tickets[mdl_request->duration].push_front(ticket);
  mdl_request->ticket= ticket;
  MySQL_mdl_set_status(ticket->m_psi, MDL_ticket::GRANTED);
  //此处打印通过等待 request 获得的 ticket
  return FALSE;
}
```

### 2．降级接口 void MDL_ticket::downgrade_lock 函数

代码如下。

```
void MDL_ticket::downgrade_lock(enum_mdl_type new_type)
{
  /* Only allow downgrade from EXCLUSIVE and SHARED_NO_WRITE. */
  DBUG_ASSERT(m_type == MDL_EXCLUSIVE ||m_type == MDL_SHARED_NO_WRITE);
//此处打印降级前的 ticket
  if (m_hton_notified)
  {
    MySQL_mdl_set_status(m_psi, MDL_ticket::POST_RELEASE_NOTIFY);
    m_ctx->get_owner()->notify_hton_post_release_exclusive(&m_lock->key);
    m_hton_notified= false;
    MySQL_mdl_set_status(m_psi, MDL_ticket::GRANTED);
  }
//函数结尾打印降级后的 ticket
}
```

### 3．升级接口 MDL_context::upgrade_shared_lock 函数

代码如下。

```
bool
MDL_context::upgrade_shared_lock(MDL_ticket *mdl_ticket,
                                 enum_mdl_type new_type,
                                 ulong lock_wait_timeout)
{
  MDL_REQUEST_INIT_BY_KEY(&mdl_new_lock_request,
                          &mdl_ticket->m_lock->key, new_type,
```

```
                        MDL_TRANSACTION);//构造一个 request
  //此处打印 ticket 的类型
    if (acquire_lock(&mdl_new_lock_request, lock_wait_timeout))
  //尝试使用新的 LOCK_TYPE 加锁
      DBUG_RETURN(TRUE);
    is_new_ticket= ! has_lock(mdl_svp, mdl_new_lock_request.ticket);
    lock= mdl_ticket->m_lock;
  //下面进行一系列对 MDL Lock 的维护
    /* Code below assumes that we were upgrading to "obtrusive" type of lock. */
    DBUG_ASSERT(lock->is_obtrusive_lock(new_type));
    /* Merge the acquired and the original lock. @todo: move to a method. */
    MySQL_prlock_wrlock(&lock->m_rwlock);
    if (is_new_ticket)
    {
      m_tickets[MDL_TRANSACTION].remove(mdl_new_lock_request.ticket);
      MDL_ticket::destroy(mdl_new_lock_request.ticket);
    }
  //此处打印升级后的 ticket 类型
    DBUG_RETURN(FALSE);
  }
```

### 5.3.5　常见 MDL Lock 类型的加锁测试

#### 1. MDL_INTENTION_EXCLUSIVE（IX）

这个锁在很多操作中都会出现，比如任何一个 DML、DDL 操作都会触发它，实际上，DELTE、UPDATE、INSERT、for update 等 DML 操作会在 GLOBAL 上加 IX 锁，然后才会在对象上加锁。而 DDL 语句至少会在 GLOBAL 上加 IX 锁，在对象所属 SCHEMA 上加 IX 锁，然后进行对象加锁。

下面是 DELETE 触发的 GLOABL IX MDL Lock。

```
  2017-08-03T18:22:38.092205Z 3 [Note] (acquire_lock)THIS MDL LOCK acquire ok!
  2017-08-03T18:22:38.092242Z 3 [Note] (>MDL PRINT) Thread id is 3:
  2017-08-03T18:22:38.092276Z 3 [Note] (--->MDL PRINT) Namespace is:GLOBAL
  2017-08-03T18:22:38.092310Z 3 [Note] (---->MDL PRINT) Fast path is:(Y)
  2017-08-03T18:22:38.092344Z 3 [Note] (----->MDL PRINT) Mdl type
is:MDL_INTENTION_EXCLUSIVE(IX)
  2017-08-03T18:22:38.092380Z 3 [Note] (------>MDL PRINT) Mdl  duration
is:MDL_STATEMENT
  2017-08-03T18:22:38.092551Z 3 [Note] (------->MDL PRINT) Mdl  status is:EMPTY
```

注意，它的持续周期为 MDL_STATEMENT，也就是说，语句结束后就释放本 MDL Lock。

下面是 ALETER 语句触发的 GLOABL IX MDL Lock。

```
2017-08-03T18:46:05.894871Z 3 [Note] (acquire_lock)THIS MDL LOCK acquire ok!
2017-08-03T18:46:05.894915Z 3 [Note] (>MDL PRINT) Thread id is 3:
2017-08-03T18:46:05.894948Z 3 [Note] (--->MDL PRINT) Namespace is:GLOBAL
2017-08-03T18:46:05.894980Z 3 [Note] (---->MDL PRINT) Fast path is:(Y)
2017-08-03T18:46:05.895012Z 3 [Note] (----->MDL PRINT) Mdl type
is:MDL_INTENTION_EXCLUSIVE(IX)
2017-08-03T18:46:05.895044Z 3 [Note] (------>MDL PRINT) Mdl  duration
is:MDL_STATEMENT
2017-08-03T18:46:05.895076Z 3 [Note] (------->MDL PRINT) Mdl  status is:EMPTY
```

这个 MDL Lock 无处不在，如果不兼容则堵塞。除非遇到 S 类型，scope lock 的 IX 类型一般都是兼容的，下面进行讨论。

### 2. MDL_SHARED（S）

这把锁一般用在 flush tables with read lock 中，如下。

```
MySQL> flush tables with read lock;
Query OK, 0 rows affected (0.01 sec)
日志输出如下。
2017-08-03T18:19:11.603911Z 3 [Note] (acquire_lock)THIS MDL LOCK acquire ok!
2017-08-03T18:19:11.603947Z 3 [Note] (>MDL PRINT) Thread id is 3:
2017-08-03T18:19:11.603971Z 3 [Note] (--->MDL PRINT) Namespace is:GLOBAL
2017-08-03T18:19:11.603994Z 3 [Note] (----->MDL PRINT) Mdl type is:MDL_SHARED(S)
2017-08-03T18:19:11.604045Z 3 [Note] (------>MDL PRINT) Mdl  duration
is:MDL_EXPLICIT
2017-08-03T18:19:11.604073Z 3 [Note] (------->MDL PRINT) Mdl  status is:EMPTY
2017-08-03T18:19:11.604133Z 3 [Note] (acquire_lock)THIS MDL LOCK acquire ok!
2017-08-03T18:19:11.604156Z 3 [Note] (>MDL PRINT) Thread id is 3:
2017-08-03T18:19:11.604194Z 3 [Note] (--->MDL PRINT) Namespace is:COMMIT
2017-08-03T18:19:11.604217Z 3 [Note] (----->MDL PRINT) Mdl type is:MDL_SHARED(S)
2017-08-03T18:19:11.604240Z 3 [Note] (------>MDL PRINT) Mdl  duration
is:MDL_EXPLICIT
2017-08-03T18:19:11.604310Z 3 [Note] (------->MDL PRINT) Mdl  status is:EMPTY
```

其中的 Namspace 为 GLOBAL 和 COMMIT，显然它们是 scope lock，它们的 TYPE 为 S，根据兼容性原则，scope lock 的 MDL Lock IX 和 S 不兼容，命令 flush tables with read lock 会堵塞 DELTE、UPDATE、INSERT、for update 等语句和 DDL 操作，并且会堵塞 commit 操作。

### 3. MDL_SHARED_HIGH_PRIO（SH）

MDL_SHARED_HIGH_PRIO 锁经常被用到，比如在 desc 操作中，兼容矩阵如图 5-10 所示。

| 锁类型 | S | SH | SR | SW | SWLP | SU | SRO | SNW | SNRW | X |
| --- | --- | --- | --- | --- | --- | --- | --- | --- | --- | --- |
| SH | + | + | + | + | + | + | + | + | + | - |

图 5-10

操作记录如下。

```
MySQL> desc test.testsort10;
2017-08-03T19:06:05.843277Z 4 [Note] (acquire_lock)THIS MDL LOCK acquire ok!
2017-08-03T19:06:05.843324Z 4 [Note] (>MDL PRINT) Thread id is 4:
2017-08-03T19:06:05.843359Z 4 [Note] (->MDL PRINT) DB_name is:test
2017-08-03T19:06:05.843392Z 4 [Note] (-->MDL PRINT) OBJ_name is:testsort10
2017-08-03T19:06:05.843425Z 4 [Note] (--->MDL PRINT) Namespace is:TABLE
2017-08-03T19:06:05.843456Z 4 [Note] (---->MDL PRINT) Fast path is:(Y)
2017-08-03T19:06:05.843506Z 4 [Note] (----->MDL PRINT) Mdl type
is:MDL_SHARED_HIGH_PRIO(SH)
2017-08-03T19:06:05.843538Z 4 [Note] (------>MDL PRINT) Mdl  duration
is:MDL_TRANSACTION
2017-08-03T19:06:05.843570Z 4 [Note] (------->MDL PRINT) Mdl  status is:EMPTY
```

这种类型的 MDL Lock 只和 X 不兼容。注意持续时间为 MDL_TRANSACTION。

### 4. MDL_SHARED_READ（SR）

MDL_SHARED_READ 一般用在非当前读的 select 中，兼容性如图 5-11 所示。

| 锁类型 | S | SH | SR | SW | SWLP | SU | SRO | SNW | SNRW | X |
| --- | --- | --- | --- | --- | --- | --- | --- | --- | --- | --- |
| SR | + | + | + | + | + | + | + | + | - | - |

图 5-11

操作记录如下。

```
MySQL> select * from test.testsort10 limit 1;
2017-08-03T19:13:52.338764Z 4 [Note] (acquire_lock)THIS MDL LOCK acquire ok!
2017-08-03T19:13:52.338813Z 4 [Note] (>MDL PRINT) Thread id is 4:
2017-08-03T19:13:52.338847Z 4 [Note] (->MDL PRINT) DB_name is:test
2017-08-03T19:13:52.338883Z 4 [Note] (-->MDL PRINT) OBJ_name is:testsort10
2017-08-03T19:13:52.338917Z 4 [Note] (--->MDL PRINT) Namespace is:TABLE
2017-08-03T19:13:52.338950Z 4 [Note] (---->MDL PRINT) Fast path is:(Y)
2017-08-03T19:13:52.339025Z 4 [Note] (----->MDL PRINT) Mdl type
is:MDL_SHARED_READ(SR)
2017-08-03T19:13:52.339062Z 4 [Note] (------>MDL PRINT) Mdl  duration
is:MDL_TRANSACTION
2017-08-03T19:13:52.339097Z 4 [Note] (------->MDL PRINT) Mdl  status is:EMPTY
```

在平时运维的过程中，偶尔也会出现 select 堵住的情况，也就是 object MDL Lock X 和 SR 不兼容，注意持续时间为 MDL_TRANSACTION。

### 5. MDL_SHARED_WRITE（SW）

MDL_SHARED_WRITE 一般用于 DELTE、UPDATE、INSERT、for update 等操作对 table 的加锁（当前读），不包含 DDL 操作，注意 DML 操作实际上还会有一个 GLOBAL 的 IX 锁，这把锁只是对象上的，兼容性如图 5-12 所示。

| 锁类型 | S | SH | SR | SW | SWLP | SU | SRO | SNW | SNRW | X |
|---|---|---|---|---|---|---|---|---|---|---|
| SW | + | + | + | + | + | + | - | - | - | - |

图 5-12

操作记录如下。

```
MySQL> select * from test.testsort10 limit 1 for update;
2017-08-03T19:25:41.218428Z 4 [Note] (acquire_lock)THIS MDL LOCK acquire ok!
2017-08-03T19:25:41.218461Z 4 [Note] (>MDL PRINT) Thread id is 4:
2017-08-03T19:25:41.218493Z 4 [Note] (->MDL PRINT) DB_name is:test
2017-08-03T19:25:41.218525Z 4 [Note] (-->MDL PRINT) OBJ_name is:testsort10
2017-08-03T19:25:41.218557Z 4 [Note] (--->MDL PRINT) Namespace is:TABLE
2017-08-03T19:25:41.218588Z 4 [Note] (---->MDL PRINT) Fast path is:(Y)
2017-08-03T19:25:41.218620Z 4 [Note] (----->MDL PRINT) Mdl type
is:MDL_SHARED_WRITE(SW)
2017-08-03T19:25:41.218677Z 4 [Note] (------>MDL PRINT) Mdl  duration
is:MDL_TRANSACTION
2017-08-03T19:25:41.218874Z 4 [Note] (------->MDL PRINT) Mdl  status is:EMPTY
```

持续时间为 MDL_TRANSACTION。

### 6. MDL_SHARED_WRITE_LOW_PRIO（SWLP）

MDL_SHARED_WRITE_LOW_PRIO 很少用到，源码注释如下。

```
Used by DML statements modifying tables and using the LOW_PRIORITY clause
```

### 7. MDL_SHARED_UPGRADABLE（SU）

MDL_SHARED_UPGRADABLE 一般在 ALTER TABLE 语句中会用到，可以升级为 SNW、SNRW、X，同时，至少 X 锁也可以降级为 SU。实际上，InnoDB ONLINE DDL 非常依赖它，只要有它，DML（SW）和 select（SR）都不会堵塞，其兼容性如图 5-13 所示。

| 锁类型 | S | SH | SR | SW | SWLP | SU | SRO | SNW | SNRW | X |
| --- | --- | --- | --- | --- | --- | --- | --- | --- | --- | --- |
| SU | + | + | + | + | + | - | + | - | - | - |

图 5-13

从图 5-13 中可看到，select（SR）和 DML（SW）都是被允许的，而在 scope MDL Lock 中，虽然 DML、DDL 都会在 GLOBAL 上锁，但是其类型都是 IX。所以这个 SU 锁在 DML、select 等读写操作进入 InnoDB 引擎层时不会堵塞，它是 ONLINE DDL 的一个重要特征，注意，这里说的是 ALGORITHM=INPLACE 的 ONLINE DDL。

操作记录如下。

```
    MySQL>  alter table testsort12 add column it int not null;
    Query OK, 0 rows affected (6.27 sec)
    Records: 0  Duplicates: 0  Warnings: 0
    2017-08-03T19:46:54.781453Z 3 [Note] (acquire_lock)THIS MDL LOCK acquire ok!
    2017-08-03T19:46:54.781487Z 3 [Note] (>MDL PRINT) Thread id is 3:
    2017-08-03T19:46:54.781948Z 3 [Note] (->MDL PRINT) DB_name is:test
    2017-08-03T19:46:54.781990Z 3 [Note] (-->MDL PRINT) OBJ_name is:testsort12
    2017-08-03T19:46:54.782026Z 3 [Note] (--->MDL PRINT) Namespace is:TABLE
    2017-08-03T19:46:54.782060Z 3 [Note] (----->MDL PRINT) Mdl type
is:MDL_SHARED_UPGRADABLE(SU)
    2017-08-03T19:46:54.782096Z 3 [Note] (------>MDL PRINT) Mdl  duration
is:MDL_TRANSACTION
    2017-08-03T19:46:54.782175Z 3 [Note] (------->MDL PRINT) Mdl  status is:EMPTY
    2017-08-03T19:46:54.803898Z 3 [Note] (upgrade_shared_lock)THIS MDL LOCK will upgrade
    2017-08-03T19:46:54.804201Z 3 [Note] (upgrade_shared_lock)THIS MDL LOCK  upgrade TO
    2017-08-03T19:46:54.804240Z 3 [Note] (>MDL PRINT) Thread id is 3:
    2017-08-03T19:46:54.804254Z 3 [Note] (->MDL PRINT) DB_name is:test
    2017-08-03T19:46:54.804267Z 3 [Note] (-->MDL PRINT) OBJ_name is:testsort12
    2017-08-03T19:46:54.804280Z 3 [Note] (--->MDL PRINT) Namespace is:TABLE
    2017-08-03T19:46:54.804293Z 3 [Note] (----->MDL PRINT) Mdl type :MDL_EXCLUSIVE(X)
    2017-08-03T19:46:54.804306Z 3 [Note] (------>MDL PRINT) Mdl  duration
is:MDL_TRANSACTION
    2017-08-03T19:46:54.804319Z 3 [Note] (------->MDL PRINT) Mdl  status is:EMPTY
    2017-08-03T19:46:54.855563Z 3 [Note] (downgrade_lock)THIS MDL LOCK will downgrade
    2017-08-03T19:46:54.855693Z 3 [Note] (downgrade_lock) to this MDL lock
    2017-08-03T19:46:54.855706Z 3 [Note] (>MDL PRINT) Thread id is 3:
    2017-08-03T19:46:54.855717Z 3 [Note] (->MDL PRINT) DB_name is:test
    2017-08-03T19:46:54.856053Z 3 [Note] (-->MDL PRINT) OBJ_name is:testsort12
    2017-08-03T19:46:54.856069Z 3 [Note] (--->MDL PRINT) Namespace is:TABLE
    2017-08-03T19:46:54.856082Z 3 [Note] (----->MDL PRINT) Mdl type
is:MDL_SHARED_UPGRADABLE(SU)
    2017-08-03T19:46:54.856094Z 3 [Note] (------>MDL PRINT) Mdl  duration
is:MDL_TRANSACTION
```

```
2017-08-03T19:46:54.856214Z 3 [Note] (------->MDL PRINT) Mdl  status is:EMPTY
2017-08-03T19:47:00.260166Z 3 [Note] (upgrade_shared_lock)THIS MDL LOCK will upgrade
2017-08-03T19:47:00.304057Z 3 [Note] (upgrade_shared_lock)THIS MDL LOCK  upgrade TO
2017-08-03T19:47:00.304090Z 3 [Note] (>MDL PRINT) Thread id is 3:
2017-08-03T19:47:00.304105Z 3 [Note] (->MDL PRINT) DB_name is:test
2017-08-03T19:47:00.304119Z 3 [Note] (-->MDL PRINT) OBJ_name is:testsort12
2017-08-03T19:47:00.304132Z 3 [Note] (--->MDL PRINT) Namespace is:TABLE
2017-08-03T19:47:00.304181Z 3 [Note] (----->MDL PRINT) Mdl type is:MDL_EXCLUSIVE(X)
2017-08-03T19:47:00.304196Z 3 [Note] (------>MDL PRINT) Mdl  duration
is:MDL_TRANSACTION
2017-08-03T19:47:00.304211Z 3 [Note] (------->MDL PRINT) Mdl  status is:EMPTY
2017-08-03T19:47:01.032329Z 3 [Note] (acquire_lock)THIS MDL LOCK acquire ok!
```

获得 testsort12 表上的 MDL Lock 大概流程如下。

```
2017-08-03T19:46:54.781487 获得 MDL_SHARED_UPGRADABLE(SU)
2017-08-03T19:46:54.804293 升级 MDL_EXCLUSIVE(X)  准备阶段
2017-08-03T19:46:54.855563 降级 MDL_SHARED_UPGRADABLE(SU) 执行阶段
2017-08-03T19:47:00.304057 升级 MDL_EXCLUSIVE(X)  提交阶段
```

无论如何，这个 ALTER 操作还是比较费时的，从 2017-08-03T19:46:54 降级完成（SU）到 2017-08-03T19:47:00 这段时间，是实际的重建过程。这个过程在 MDL Lock SU 模式下进行，所以不会堵塞 DML、select 操作。

注意，ONLINE DDL 只是在重建阶段不堵塞 DML、select 操作，但还是建议在数据库压力小的时候进行 ONLINE DDL 操作，如果 DML 没有提交或者 select 没有做完，那么 SW 或者 SR 必然堵塞 X，而 X 能够堵塞所有操作。这样导致的现象就是，由于 DML 未提交或者 select 没有执行完而堵塞 DDL 操作，然后 DDL 操作堵塞其他所有操作（SW 堵塞 X，X 堵塞所有操作）。

### 8. MDL_SHARED_NO_WRITE（SNW）

ALGORITHM=COPY 在 COPY 阶段用的是 SNW 锁，SU 可以升级为 SNW，SNW 可以升级为 X，用于 ALGORITHM=COPY 的 DDL 中，保护数据的一致性。SNW 锁的兼容性如图 5-14 所示。

| 锁类型 | S | SH | SR | SW | SWLP | SU | SRO | SNW | SNRW | X |
|---|---|---|---|---|---|---|---|---|---|---|
| SNW | + | + | + | - | - | - | + | - | - | - |

图 5-14

从兼容矩阵可以看到，本锁不会堵塞 SR，但会堵塞 SW，当然也就堵塞了 DML（SW），而 select（SR）不会堵塞。下面是部分操作记录。

```
MySQL>  alter table testsort12 add column ik int not null, ALGORITHM=COPY  ;
2017-08-03T20:07:58.413215Z 3 [Note] (upgrade_shared_lock)THIS MDL LOCK  upgrade TO
2017-08-03T20:07:58.413241Z 3 [Note] (>MDL PRINT) Thread id is 3:
2017-08-03T20:07:58.413257Z 3 [Note] (->MDL PRINT) DB_name is:test
2017-08-03T20:07:58.413273Z 3 [Note] (-->MDL PRINT) OBJ_name is:testsort12
2017-08-03T20:07:58.413292Z 3 [Note] (--->MDL PRINT) Namespace is:TABLE
2017-08-03T20:07:58.413308Z 3 [Note] (----->MDL PRINT) Mdl type
is:MDL_SHARED_NO_WRITE(SNW)
2017-08-03T20:07:58.413325Z 3 [Note] (------>MDL PRINT) Mdl  duration
is:MDL_TRANSACTION
2017-08-03T20:07:58.413341Z 3 [Note] (------->MDL PRINT) Mdl  status is:EMPTY
2017-08-03T20:08:25.392006Z 3 [Note] (upgrade_shared_lock)THIS MDL LOCK  upgrade TO
2017-08-03T20:08:25.392024Z 3 [Note] (>MDL PRINT) Thread id is 3:
2017-08-03T20:08:25.392086Z 3 [Note] (->MDL PRINT) DB_name is:test
2017-08-03T20:08:25.392159Z 3 [Note] (-->MDL PRINT) OBJ_name is:testsort12
2017-08-03T20:08:25.392199Z 3 [Note] (--->MDL PRINT) Namespace is:TABLE
2017-08-03T20:08:25.392214Z 3 [Note] (----->MDL PRINT) Mdl type is:MDL_EXCLUSIVE(X)
2017-08-03T20:08:25.392228Z 3 [Note] (------>MDL PRINT) Mdl  duration
is:MDL_TRANSACTION
2017-08-03T20:08:25.392242Z 3 [Note] (------->MDL PRINT) Mdl  status is:EMPTY
```

简单梳理加锁流程，会有如下发现。

```
2017-08-03T20:07:58.413308 获得了 MDL_SHARED_NO_WRITE(SNW)
2017-08-03T20:08:25.392006 升级为 MDL_EXCLUSIVE(X)
```

从 2017-08-03T20:07:58.413308 到 2017-08-03T20:08:25.392006 就是实际 COPY 的时间，可见整个 COPY 期间只能 select，不能 DML。这是 DDL 中 ALGORITHM=COPY 和 ALGORITHM=INPLACE 的一个关键区别。

### 9. MDL_SHARED_READ_ONLY（SRO）

MDL_SHARED_READ_ONLY 用于 LOCK TABLES READ 语句，兼容性如图 5-15 所示。

| 锁类型 | S | SH | SR | SW | SWLP | SU | SRO | SNW | SNRW | X |
|---|---|---|---|---|---|---|---|---|---|---|
| SRO | + | + | + | - | - | + | + | + | - | - |

图 5-15

可以看出，本锁会堵塞 DML（SW），但是不会堵塞 select（SR）。下面是操作日志。

```
MySQL> lock table testsort12 read;
Query OK, 0 rows affected (0.01 sec)
2017-08-03T21:08:27.267947Z 3 [Note] (acquire_lock)THIS MDL LOCK acquire ok!
2017-08-03T21:08:27.267979Z 3 [Note] (>MDL PRINT) Thread id is 3:
```

```
2017-08-03T21:08:27.268009Z 3 [Note] (->MDL PRINT) DB_name is:test
2017-08-03T21:08:27.268040Z 3 [Note] (-->MDL PRINT) OBJ_name is:testsort12
2017-08-03T21:08:27.268070Z 3 [Note] (--->MDL PRINT) Namespace is:TABLE
2017-08-03T21:08:27.268113Z 3 [Note] (----->MDL PRINT) Mdl type
is:MDL_SHARED_READ_ONLY(SRO)
2017-08-03T21:08:27.268145Z 3 [Note] (------>MDL PRINT) Mdl  duration
is:MDL_TRANSACTION
2017-08-03T21:08:27.268175Z 3 [Note] (------->MDL PRINT) Mdl  status is:EMPTY
```

### 10. MDL_SHARED_NO_READ_WRITE（SNRW）

MDL_SHARED_NO_READ_WRITE 用于 LOCK TABLES WRITE 语句，兼容性如图 5-16 所示。

| 锁类型 | S | SH | SR | SW | SWLP | SU | SRO | SNW | SNRW | X |
|---|---|---|---|---|---|---|---|---|---|---|
| SNRW | + | + | - | - | - | - | - | - | - | - |

图 5-16

可以看到 DML（SW）和 select（SR）都被 SNRW 锁堵塞，但是 DESC（SH）却不会堵塞。操作记录如下。

```
MySQL> lock table testsort12 write;
Query OK, 0 rows affected (0.00 sec)
2017-08-03T21:13:07.113347Z 3 [Note] (acquire_lock)THIS MDL LOCK acquire ok!
2017-08-03T21:13:07.113407Z 3 [Note] (>MDL PRINT) Thread id is 3:
2017-08-03T21:13:07.113435Z 3 [Note] (--->MDL PRINT) Namespace is:GLOBAL
2017-08-03T21:13:07.113458Z 3 [Note] (---->MDL PRINT) Fast path is:(Y)
2017-08-03T21:13:07.113482Z 3 [Note] (----->MDL PRINT) Mdl type
is:MDL_INTENTION_EXCLUSIVE(IX)
2017-08-03T21:13:07.113505Z 3 [Note] (------>MDL PRINT) Mdl  duration
is:MDL_STATEMENT
2017-08-03T21:13:07.113604Z 3 [Note] (------->MDL PRINT) Mdl  status is:EMPTY
2017-08-03T21:13:07.113637Z 3 [Note] (acquire_lock)THIS MDL LOCK acquire ok!
2017-08-03T21:13:07.113660Z 3 [Note] (>MDL PRINT) Thread id is 3:
2017-08-03T21:13:07.113681Z 3 [Note] (->MDL PRINT) DB_name is:test
2017-08-03T21:13:07.113703Z 3 [Note] (-->MDL PRINT) OBJ_name is:
2017-08-03T21:13:07.113725Z 3 [Note] (--->MDL PRINT) Namespace is:SCHEMA
2017-08-03T21:13:07.113746Z 3 [Note] (---->MDL PRINT) Fast path is:(Y)
2017-08-03T21:13:07.113768Z 3 [Note] (----->MDL PRINT) Mdl type
is:MDL_INTENTION_EXCLUSIVE(IX)
2017-08-03T21:13:07.113791Z 3 [Note] (------>MDL PRINT) Mdl  duration
is:MDL_TRANSACTION
2017-08-03T21:13:07.113813Z 3 [Note] (------->MDL PRINT) Mdl  status is:EMPTY
2017-08-03T21:13:07.113842Z 3 [Note] (acquire_lock)THIS MDL LOCK acquire ok!
```

```
    2017-08-03T21:13:07.113865Z 3 [Note] (>MDL PRINT) Thread id is 3:
    2017-08-03T21:13:07.113887Z 3 [Note] (->MDL PRINT) DB_name is:test
    2017-08-03T21:13:07.113922Z 3 [Note] (-->MDL PRINT) OBJ_name is:testsort12
    2017-08-03T21:13:07.113945Z 3 [Note] (--->MDL PRINT) Namespace is:TABLE
    2017-08-03T21:13:07.113975Z 3 [Note] (----->MDL PRINT) Mdl type
is:MDL_SHARED_NO_READ_WRITE(SNRW)
    2017-08-03T21:13:07.113998Z 3 [Note] (------>MDL PRINT) Mdl  duration
is:MDL_TRANSACTION
    2017-08-03T21:13:07.114021Z 3 [Note] (------->MDL PRINT) Mdl  status is:EMPTY
```

除此以外，lock table testsort12 write 语句还需要 GLOBAL 和 SCHEMA 上的 IX 锁，也就是命令 flush tables with read lock 会堵塞命令 lock table testsort12 write，但是不会堵塞命令 lock table testsort12 read。

### 11. MDL_EXCLUSIVE（X）

几乎所有的 DDL 都会涉及 MDL_EXCLUSIVE，即便是 ONLINE DDL（ALGORITHM=INPLACE），也会在准备和提交阶段获取本锁，因此 ONLINE DDL（ALGORITHM=INPLACE）不是完全不堵塞其他操作，只是堵塞的时间很短，兼容性如图 5-17 所示。

| 锁类型 | S | SH | SR | SW | SWLP | SU | SRO | SNW | SNRW | X |
|---|---|---|---|---|---|---|---|---|---|---|
| X | - | - | - | - | - | - | - | - | - | - |

图 5-17

在验证 SU 和 SNW MDL Lock 类型的时候已经展示过操作记录，这里不做补充。

## 5.4　奇怪的 FTWRL 堵塞案例

所谓的FTWRL就是我们经常说的flush table with read lock语句，为什么要特别分析它呢？因为在很多备份工具中都会用到它。我们有必要理顺 FTWRL 的流程和堵塞点。下面从两个案例出发进行讨论。

### 5.4.1　两个不同的现象

我们首先来看两个和 FTWRL 堵塞相关的案例，它们看起来很像，但是有本质的区别。我们通过分析这两个案例，慢慢引出相关的知识点。

例 5-3：建立一张有几条数据的表，笔者建立的是 baguait1 表，如表 5-1 所示。

表 5-1

| 会话 1 | 会话 2 | 会话 3 |
|---|---|---|
| 步骤 1：select sleep(1000) from baguait1 for update | | |
| | 步骤 2：flush table with read lock 堵塞 | |
| | | 步骤 3：kill 会话 2 |
| | | 步骤 4：select * from baguait1 limit 1 成功 |

其中步骤 2，flush table with read lock 操作的等待状态为 Waiting for global read lock，如下。

```
mysql> select Id,State,Info  from information_schema.processlist  where
command<>'sleep';
+--+------------------------------+-----------------------------------------------
|Id|State                         |Info
+--+------------------------------+-----------------------------------------------
|1 | Waiting on empty queue        | NULL                                          |
|18| Waiting for global read lock  | flush table with read lock                    |
|3 | User sleep                    | select sleep(1000) from baguait1 for update |
|6 | executing                     |select Id,State,Info  from
information_schema.processlist  where command<>'sleep'                             |
+--+------------------------------+-----------------------------------------------
```

例 5-4：当步骤 3 kill 会话 2 后，步骤 4 进行的 select 操作仍然会被堵塞，如表 5-2 所示。因此需要特别注意。

表 5-2

| 会话 1 | 会话 2 | 会话 3 |
|---|---|---|
| 步骤 1：select sleep(1000) from baguait1 | | |
| | 步骤 2：flush table with read lock 堵塞 | |
| | | 步骤 3：kill 会话 2 |
| | | 步骤 4：select * from baguait1 limit 1 堵塞 |

其中步骤 2，flush table with read lock 的操作等待状态为 Waiting for table flush，如下。

```
   mysql> select Id,State,Info  from information_schema.processlist  where
command<>'sleep';
+----+------------------------+-------------------------------------------------
| Id | State                  | Info                                           |
+----+------------------------+-------------------------------------------------
|1   | Waiting on empty queue | NULL                                           |
```

```
|26  | User sleep            | select sleep(1000) from baguait1              |
|23  | Waiting for table flush  | flush table with read lock                   |
|6   | executing                | select Id,State,Info   from
information_schema.processlist  where command<>'sleep'                      |
+----+------------------------+----------------------------------------------
```

在步骤 4 中，select * from baguait1 limit 1 操作的等待状态为 Waiting for table flush，这个现象看起来非常奇怪，没有任何特殊的操作，select 居然堵塞了。

```
   mysql> select Id,State,Info   from information_schema.processlist  where
command<>'sleep';
+----+------------------------+----------------------------------------------
Id   |State                   |Info
+----+------------------------+----------------------------------------------
|1   | Waiting on empty queue  | NULL                                        |
|26  | User sleep              | select sleep(1000) from baguait1            |
|27  | executing               |  select Id,State,Info   from
information_schema.processlist  where command<>'sleep'                      |
|6   | Waiting for table flush  | select * from testmts.baguait1 limit 1      |
+----+------------------------+----------------------------------------------
```

仔细对比两个案例，它们的区别仅仅在于步骤 1 中的 select 语句是否加了 for update，在例 5-4 中，即便 flush table with read lock;会话被 kill，也会堵塞随后的本表上的全部操作（包括 select），这个等待实际上会持续到步骤 1 的 sleep 操作完成后。

对于线上数据库，如果在 select 执行期间（比如在一张很大的表中执行 select 操作，可能时间比较长）执行 flush table with read lock;就会出现这种情况。这种情况会造成全部本表的操作堵塞，即便发现后 kill 执行 FTWRL 操作的会话也无济于事，等待会持续到 select 操作完成后，除非 kill 长时间的 select 操作。

为什么会出现这种情况呢？接下来慢慢分析。

### 5.4.2　sleep 函数生效点

本节使用 sleep 函数代替 select 大表进行测试，sleep 函数的生效点如下。

```
   T@3: | | | | | | | | >evaluate_join_record
   T@3: | | | | | | | | | enter: join: 0x7ffee0007350 join_tab index: 0 table: tii cond:
0x0
   T@3: | | | | | | | | | counts: evaluate_join_record join->examined_rows++: 1
   T@3: | | | | | | | | | >end_send
   T@3: | | | | | | | | | | >Query_result_send::send_data
   T@3: | | | | | | | | | | | >send_result_set_row
```

```
   T@3: | | | | | | | | | | | | | >THD::enter_cond
   T@3: | | | | | | | | | | | | | | THD::enter_stage: 'User sleep'
/mysqldata/percona-server-locks-detail-5.7.22/sql/item_func.cc:6057
   T@3: | | | | | | | | | | | | | | >PROFILING::status_change
   T@3: | | | | | | | | | | | | | | <PROFILING::status_change 384
   T@3: | | | | | | | | | | | | | <THD::enter_cond 3405
```

每当 InnoDB 层返回一行数据经过 where 条件判断后，都会触发 sleep 函数，也就是每行经过 where 条件过滤的数据，在发送给客户端之前都会进行一次 sleep 操作。这时，实际上，需要打开的表已经打开，需要获取的 MDL Lock 已经获取，因此，可以使用 sleep 函数模拟大表因 select 操作而导致的 FTWRL 堵塞。

### 5.4.3 FTWRL 做了什么工作

FTWRL 的流程可以通过在 mysql_execute_command 函数中寻找 case SQLCOM_FLUSH 分支来进行学习，其主要调用 reload_acl_and_cache 函数，核心代码为

```
  if (thd->global_read_lock.lock_global_read_lock(thd))//加 MDL Lock namespace GLOBAL
                                                      //的 S 锁
    return 1;                              // killed
      if (close_cached_tables(thd, tables, //关闭表操作，释放 share 和 cache
                              ((options & REFRESH_FAST) ?  FALSE : TRUE),
                              thd->variables.lock_wait_timeout)) //等待时间受
                                                     //lock_wait_timeout 影响
      {
        /*
          NOTE: my_error() has been already called by reopen_tables() within
          close_cached_tables().
        */
        result= 1;
      }

      if (thd->global_read_lock.make_global_read_lock_block_commit(thd))
  //获取 MDLLock namespace COMMIT 的锁
      {
        /* Don't leave things in a half-locked state */
        thd->global_read_lock.unlock_global_read_lock(thd);
        return 1;
  }
```

具体的关闭表操作和释放 table 缓存的部分包含在 close_cached_tables 函数中，table 缓存实际上包含两部分。

- **table cache define**：每个表第一次打开时都会建立一个静态的内存结构，当多个会话同时访问一个表时，从这里拷贝成相应的 instance 供会话使用。由参数 table_definition_cache 定义大小，状态值 Open_table_definitions 查看当前使用的个数。对应 get_table_share 函数。
- **table cache instance**：这是会话实际使用的表，是一个 instance。由参数 table_open_cache 定义大小，由状态值 Open_tables 查看当前使用的个数。对应 open_table_from_share 函数。

FTWRL 的步骤如下。

（1）加 MDL Lock，类型为 namespace GLOBAL 的 S 锁。如果出现等待，状态为 Waiting for global read lock。注意，select 语句不会在 namespace GLOBAL 上锁，但是 DML、DDL、select for update 语句会上 namespace GLOBAL 的 IX 锁，IX 锁和 S 锁不兼容，会出现 Waiting for global read lock 等待。

（2）推进全局表缓存版本。源码中是通过全局源码变量 refresh_version++实现的。

（3）释放没有使用的 table 缓存。可自行参考 close_cached_tables 函数。

（4）判断是否有正在占用的 table 缓存，如果有则等待占用者释放。等待状态为 Waiting for table flush。这一步会判断 table 缓存的版本和全局表缓存版本是否匹配，如果不匹配则等待。代码如下。

```
for (uint idx=0 ; idx < table_def_cache.records ; idx++)
     {
       share= (TABLE_SHARE*) my_hash_element(&table_def_cache, idx); //寻找整个 table
//cache shared HASH 结构
       if (share->has_old_version()) //如果版本和当前的 refresh_version 版本不一致
       {
         found= TRUE;
         break; //那么跳出第一层，查找是否有老版本存在
       }
     }
...
if (found)//如果找到老版本，则等待
   {
     /*
       The method below temporarily unlocks LOCK_open and frees
       share's memory.
     */
     if (share->wait_for_old_version(thd, &abstime,
                                     MDL_wait_for_subgraph::DEADLOCK_WEIGHT_DDL))
```

```
      {
        mysql_mutex_unlock(&LOCK_open);
        result= TRUE;
        goto err_with_reopen;
      }
    }
```

table 缓存的占用者释放资源，等待结束。这个释放操作在 close_thread_table 函数中，代码如下。

```
if (table->s->has_old_version() || table->needs_reopen() ||
table_def_shutdown_in_progress)
  {
    tc->remove_table(table);//关闭 table cache instance
    mysql_mutex_lock(&LOCK_open);
    intern_close_table(table);//去掉 table cache define
    mysql_mutex_unlock(&LOCK_open);
  }
```

最终，调用 MDL_wait::set_status 函数将 FTWRL 唤醒，也就是说，对于正在占用 table 缓存的线程，释放者是其自身，而不是 FTWRL 会话。最终整个 table 缓存将会被清空，如果在 FTWRL 后查看状态值 Open_table_definitions 和 Open_tables，那么会发现计数更新了。下面是唤醒函数的代码。

```
bool MDL_wait::set_status(enum_wait_status status_arg)
{
  bool was_occupied= TRUE;
  mysql_mutex_lock(&m_LOCK_wait_status);
  if (m_wait_status == EMPTY)
  {
    was_occupied= FALSE;
    m_wait_status= status_arg;
    mysql_cond_signal(&m_COND_wait_status);//唤醒
  }
  mysql_mutex_unlock(&m_LOCK_wait_status);//解锁
  return was_occupied;
}
```

（5）加 MDL Lock，namespace 为 COMMIT，锁模式为 S。如果出现等待，则状态为 Waiting for commit lock。如果当前数据库中有大事务正在提交，执行 FTWRL 会出现这种等待。

### 5.4.4　例 5-3 步骤解析

步骤 1：使用 select for update 语句，这个语句会加 namespace GLOBAL 的 IX 锁，持续到

语句结束（本操作还会加 namespace TABLE 的 MDL_SHARED_WRITE（SW）锁，并持续到事务结束，由于和 FTWRL 无关，此处不做描述）。

步骤 2：使用 FTWRL 语句，根据上面的分析需要获取 namespace GLOBAL 的 S 锁，从 5.3.2 节的兼容矩阵中我们可以发现，namespace GLOBAL 的 IX 锁和 namespace GLOBAL 的 S 锁并不兼容，因此出现了等待状态 Waiting for global read lock。

步骤 3：kill FTWRL 会话，在这种情况下，用户会话退出，FTWRL 不会有任何影响，因为它在 FTWRL 流程的第一步就堵塞了。

步骤 4：select 操作不会受到任何影响，因为在 namespace GLOBAL 中，select 不会加 MDL Lock，对于 namespace TABLE 的 MDL Lock ，select 和 select for update 是兼容的（即 MDL_SHARED_READ（SR）和 MDL_SHARED_WRITE（SW）兼容）。实际上，FTWRL 没有执行关键操作，它堵塞在 FTWRL 流程的第一步，随后被 kill 了。

### 5.4.5　例 5-4 步骤解析

步骤 1：使用 select 语句，这个语句不会在 namespace GLOBAL 上加和 FTWRL 相关的任何锁（实际上会加 namespace TABLE 的 MDL_SHARED_READ（SR）锁，并持续到事务结束，由于和 FTWRL 无关，此处不做描述）。

步骤 2：使用 FTWRL 语句，单纯的 select 语句不会在 namespace GLOBAL 上加任何锁，而 FTWRL 语句可以获取 namespace GLOBAL 的 S 锁。同时，将全局表缓存版本推进加 1，然后释放没有使用的 table 缓存。由于 baguait1 的表缓存正在被占用，出现了等待，等待状态为“Waiting for table flush”。

步骤 3：kill FTWRL 会话，在这种情况下，虽然 namespace GLOBAL 的 S 锁会被释放，但是全局表缓存版本已经推进了。

步骤 4：再次执行 baguait1 表上的 select 查询，判断 table 缓存的版本和全局表缓存版本是否匹配，如果不匹配则等待，等待状态为“Waiting for table flush”，下面是这个判断。

```
if (share->has_old_version())
    {
      /*
        We already have an MDL lock. But we have encountered an old
        version of table in the table definition cache which is possible
        when someone changes the table version directly in the cache
        without acquiring a metadata lock (e.g. this can happen during
        "rolling" FLUSH TABLE(S)).
```

```
      Release our reference to share, wait until old version of
      share goes away and then try to get new version of table share.
    */
    release_table_share(share);
   ...
    wait_result= tdc_wait_for_old_version(thd, table_list->db,
                                          table_list->table_name,
                                          ot_ctx->get_timeout(),
                                          deadlock_weight);
```

等待状态会持续到占用者释放 table 缓存。因此，后续本表的所有 select、DML、DDL 都会堵塞，代价极高，kill FTWRL 会话也会持续堵塞，堵塞会持续到步骤 1 中的 select 语句执行完成。

### 5.4.6 FTWRL 堵塞和被堵塞的简单总结

#### 1. 被什么堵塞

长时间的 DDL、DML、select for update 堵塞 FTWRL。因为 FTWRL 需要获取 namespace GLOBAL 的 S 锁，而这些语句都对 namespace GLOBAL 持有 IX 锁，所以根据兼容矩阵不兼容原则，等待状态为 Waiting for global read lock，例 5-3 就是这种情况。

长时间的 select 操作会堵塞 FTWRL。FTWRL 会释放所有空闲的 table 缓存，如果有 table 缓存被占用，则会等待其被释放，等待状态为"Waiting for table flush"。例 5-4 就是这种情况，会堵塞随后任何与本 select 表有关的语句，即便 kill FTWRL 会话也不行，除非关闭长时间的 select 操作。实际上 flush table 也会存在这种堵塞情况。

长时间的 commit（如提交大事务）也会堵塞 FTWRL，因为 FTWRL 需要获取 namespace COMMIT 的 S 锁，而 commit 语句会持有 namespace COMMIT 的 IX 锁，根据是矩阵不兼容原则。

#### 2. 堵塞什么

FTWRL 会堵塞 DDL、DML、for update 操作，堵塞点为 namespace GLOBAL 的 S 锁，等待状态为 Waiting for global read lock 。

FTWRL 会堵塞 commit 操作，堵塞点为 namespace COMMIT 的 S 锁，等待状态为 Waiting for commit lock 。

FTWRL 不会堵塞 select 操作，因为 select 不会在 namespace GLOBAL 上锁。

# 5.5　产生大量小 relay log 故障案例

## 5.5.1　案例现象

这是一个线上案例，在这个案例中出现了如下所示的大量很小的 relay log，堆积量大约 2600 个。

```
...
-rw-r----- 1 mysql dba   12827 Oct 11 12:28 mysql-relay-bin.036615
-rw-r----- 1 mysql dba    4908 Oct 11 12:28 mysql-relay-bin.036616
-rw-r----- 1 mysql dba    1188 Oct 11 12:28 mysql-relay-bin.036617
-rw-r----- 1 mysql dba    5823 Oct 11 12:29 mysql-relay-bin.036618
-rw-r----- 1 mysql dba     507 Oct 11 12:29 mysql-relay-bin.036619
-rw-r----- 1 mysql dba    1188 Oct 11 12:29 mysql-relay-bin.036620
-rw-r----- 1 mysql dba    3203 Oct 11 12:29 mysql-relay-bin.036621
...
```

主库的错误日志如下。

```
    2019-10-11T12:31:26.517309+08:00 61303425 [Note] While initializing dump thread for
slave with UUID <eade0d03-ad91-11e7-8559-c81f66be1379>, found a zombie dump thread with
the same UUID. Master is killing the zombie dump thread(61303421).
    2019-10-11T12:31:26.517489+08:00 61303425 [Note] Start binlog_dump to
master_thread_id(61303425) slave_server(19304313), pos(, 4)
    2019-10-11T12:31:44.203747+08:00 61303449 [Note] While initializing dump thread for
slave with UUID <eade0d03-ad91-11e7-8559-c81f66be1379>, found a zombie dump thread with
the same UUID. Master is killing the zombie dump thread(61303425).
    2019-10-11T12:31:44.203896+08:00 61303449 [Note] Start binlog_dump to
master_thread_id(61303449) slave_server(19304313), pos(, 4)
```

## 5.5.2　参数 slave_net_timeout 分析

本例中从库参数 slave_net_timeout 设置为 10，它有如下两个功能。

（1）设置 I/O 线程在空闲情况下（没有 Event 接收的情况下）的连接超时时间。

这个参数在 MySQL 5.7.7 及以上的版本中默认为 60 秒，之前默认为 3600 秒。修改后需要重启主从才会生效。

（2）在 change master 没有指定 MASTER_HEARTBEAT_PERIOD 的情况下，默认会设置为 slave_net_timeout/2。

一般配置主从都不会指定这个心跳周期，因此就是 slave_net_timeout/2，它在主库没有 Event 产生的情况下，发送一个心跳 Event 给从库 I/O 线程的间隔，用于保持连接。一旦配置了主从，这个值就定下来了，不会随着参数 slave_net_timeout 的更改而更改，可以在 slave_master_info 表中找到相应的设置，如下。

```
mysql> select Heartbeat from slave_master_info \G
*************************** 1. row ***************************
Heartbeat: 30
1 row in set (0.01 sec)
```

只能通过重新 change master 更改这个值，让新设置的参数 slave_net_timeout 生效。

## 5.5.3 原因剖析

在满足以下三个条件时会出现案例中的故障。

（1）主从配置中 MASTER_HEARTBEAT_PERIOD 的值大于从库参数 slave_net_timeout 设置的值。

（2）主库当前压力很小，在参数 slave_net_timeout 设置的时间内没有产生新的 Event。

（3）主从有一定的应用延迟，也就是说，relay log 有积压。

在这种情况下，从库的 I/O 线程在主库心跳 Event 发送给它之前就已经断开了。断开后的 I/O 线程会进行重连，每次重连都会生成新的 relay log，由于从库应用存在延迟，因此这些 relay log 不能被及时清理，就出现了案例中的情况。

## 5.5.4 案例模拟

笔者关闭了从库的 SQL 线程来模拟应用延迟的情况。

提前配置好主从，查看当前的心跳周期和参数 slave_net_timeout，如下。

```
mysql> show variables like '%slave_net_timeout%';
+-------------------+-------+
| Variable_name     | Value |
+-------------------+-------+
| slave_net_timeout | 60    |
+-------------------+-------+
1 row in set (0.01 sec)

mysql> select Heartbeat from slave_master_info \G
```

```
*************************** 1. row ***************************
Heartbeat: 30
row in set (0.00 sec)
```

## 1. 停止从库的 SQL 线程

```
stop slave sql_thread;
```

## 2. 设置 slave_net_timeout 为 10

```
mysql> set global slave_net_timeout=10;
Query OK, 0 rows affected, 1 warning (0.00 sec)
mysql> show warnings;
+---------+------+-------------------------------------------------------------------
| Level   | Code | Message                                                          |
+---------+------+-------------------------------------------------------------------
| Warning | 1704 | The requested value for the heartbeat period exceeds the value of
`slave_net_timeout' seconds. A sensible value for the period should be less than the timeout.
|
+---------+------+-------------------------------------------------------------------
1 row in set (0.00 sec)
```

这里的 MySQL 出现了一个警告，大意是心跳周期大于参数 slave_net_timeout 设置的值。

## 3. 重启 I/O 线程，让参数 slave_net_timeout 生效

```
mysql> stop slave ;
Query OK, 0 rows affected (0.01 sec)

mysql> start slave io_thread;
Query OK, 0 rows affected (0.01 sec)
```

## 4. 观察现象

大概每 10 秒会生成一个 relay log 文件，如下。

```
-rw-r----- 1 mysql mysql       500 2019-09-27 23:48:32.655001361 +0800 relay.000142
-rw-r----- 1 mysql mysql       500 2019-09-27 23:48:42.943001355 +0800 relay.000143
-rw-r----- 1 mysql mysql       500 2019-09-27 23:48:53.293001363 +0800 relay.000144
-rw-r----- 1 mysql mysql       500 2019-09-27 23:49:03.502000598 +0800 relay.000145
-rw-r----- 1 mysql mysql       500 2019-09-27 23:49:13.799001357 +0800 relay.000146
-rw-r----- 1 mysql mysql       500 2019-09-27 23:49:24.055001354 +0800 relay.000147
-rw-r----- 1 mysql mysql       500 2019-09-27 23:49:34.280001827 +0800 relay.000148
-rw-r----- 1 mysql mysql       500 2019-09-27 23:49:44.496001365 +0800 relay.000149
-rw-r----- 1 mysql mysql       500 2019-09-27 23:49:54.789001353 +0800 relay.000150
```

```
-rw-r----- 1 mysql mysql       500 2019-09-27 23:50:05.485001371 +0800 relay.000151
-rw-r----- 1 mysql mysql       500 2019-09-27 23:50:15.910001430 +0800 relay.000152
```

大概每 10 秒主库会输出如下错误日志。

```
2019-10-08T02:27:24.996827+08:00 217 [Note] While initializing dump thread for slave with UUID <010fde77-2075-11e9-ba07-5254009862c0>, found a zombie dump thread with the same UUID. Master is killing the zombie dump thread(216).
2019-10-08T02:27:24.998297+08:00 217 [Note] Start binlog_dump to master_thread_id(217) slave_server(953340), pos(, 4)
2019-10-08T02:27:35.265961+08:00 218 [Note] While initializing dump thread for slave with UUID <010fde77-2075-11e9-ba07-5254009862c0>, found a zombie dump thread with the same UUID. Master is killing the zombie dump thread(217).
2019-10-08T02:27:35.266653+08:00 218 [Note] Start binlog_dump to master_thread_id(218) slave_server(953340), pos(, 4)
```

这个错误日志和案例中的错误日志一模一样。

#### 5. 解决问题

将参数 slave_net_timeout 设置为 MASTER_HEARTBEAT_PERIOD 的 2 倍，重启主从即可解决问题。

### 5.5.5 实现方式

通过简单的源码调用来分析参数 slave_net_timeout 和 MASTER_HEARTBEAT_PERIOD 对主从的影响。

#### 1. 从库使用参数 slave_net_timeout

从库 I/O 线程启动时会通过参数 slave_net_timeout 设置超时时间，如下。

```
->connect_to_master
  -> mysql_options
case MYSQL_OPT_CONNECT_TIMEOUT: //MYSQL_OPT_CONNECT_TIMEOUT
    mysql->options.connect_timeout= *(uint*) arg;
    break;
```

在建立和主库的连接时会使用这个值。

```
timeout_sec= mysql->options.connect_timeout;
```

因此，参数 slave_net_timeout 只有在 I/O 线程重启时才会生效。

### 2. 从库设置 MASTER_HEARTBEAT_PERIOD 值

每次使用从库 change master 语句时都会设置这个值，默认为 slave_net_timeout/2，如下。

```
mi->heartbeat_period= min<float>(SLAVE_MAX_HEARTBEAT_PERIOD,
                                 (slave_net_timeout/2.0f));
```

只有在 change master 语句时才会重新设置这个值，重启主从是不会重新设置它的。

### 3. 使用 MASTER_HEARTBEAT_PERIOD 值

每次 I/O 线程启动时都会通过构建语句 SET @master_heartbeat_period 将这个值传递给主库的 DUMP 线程。如下。

```
if (mi->heartbeat_period != 0.0)
  {
    char llbuf[22];
    const char query_format[]= "SET @master_heartbeat_period= %s";
    char query[sizeof(query_format) - 2 + sizeof(llbuf)];
```

主库启动 DUMP 线程时会通过搜索的方式找到这个值。如下。

```
user_var_entry *entry=
    (user_var_entry*) my_hash_search(&m_thd->user_vars, (uchar*) name.str,
                                     name.length);
  m_heartbeat_period= entry ? entry->val_int(&null_value) : 0;
```

### 4. DUMP 线程使用 MASTER_HEARTBEAT_PERIOD 发送心跳 Event

这里主要通过一个超时等待来完成，代码如下。

```
set_timespec_nsec(&ts, m_heartbeat_period); //心跳周期
    ret= mysql_bin_log.wait_for_update_bin_log(m_thd, &ts);//等待
    if (ret != ETIMEDOUT && ret != ETIME) //如果正常收到信号，则说明有新的 Event 到来，否
//则发送心跳 Event
      break; //正常返回 0，超时返回 ETIMEDOUT，继续循环

      if (send_heartbeat_event(log_pos)) //发送心跳 Event
        return 1;
```

### 5. 重新连接 I/O 线程之前会将现有的 DUMP 线程关闭（kill）

根据 server_uuid 进行如下查找：

```
Find_zombie_dump_thread find_zombie_dump_thread(slave_uuid);
THD *tmp= Global_THD_manager::get_instance()->
                              find_thd(&find_zombie_dump_thread);
  if (tmp)
  {
    /*
      Here we do not call kill_one_thread() as
      it will be slow because it will iterate through the list
      again. We just to do kill the thread ourselves.
    */
    if (log_warnings > 1)
    {
      if (slave_uuid.length())
      {
        sql_print_information("While initializing dump thread for slave with "
                              "UUID <%s>, found a zombie dump thread with the "
                              "same UUID. Master is killing the zombie dump "
                              "thread(%u).", slave_uuid.c_ptr(),
                              tmp->thread_id());
      }//这就是本案例的日志
.....
```

这样就看到了案例中的错误日志。

## 5.6 从库 system lock 状态原因简析

在从库中，我们经常会遇到 SQL 线程处于 system lock 状态的情况，单看名字很难找到原因，本节进行简单的讲解。

### 5.6.1 binary log 的写入时间和 Event 中的时间

这个问题在第 3 章详细介绍过，这里简单总结如下。

（1）binary log 真正从 binlog cache 写入的时间在 order commit 的 FLUSH 阶段，然后在 SYNC 阶段落盘。

（2）Event 的生成在语句执行期间，具体各个 Event 的生成时间如下。

如果没有显示开启事务，则 GTID_EVENT、QUERY_EVENT、MAP_EVENT、DML Event、XID_EVENT 均是命令发起时间。

如果显示开启事务，则 GTID_EVENT、XID_EVENT 是 commit 命令发起的时间，其他 Event

是 DML 语句发起的时间。

所以，Event 写入 binary log 的时间和 Event 中的时间没有什么必然联系。

### 5.6.2　问题由来

笔者发现在线上某些数据量大的数据库中，从库的 SQL 线程经常处于 system lock 状态，大致表现如下。

```
   MySQL> show processlist;
+----+-------------+-----------+------+---------+------+--------------------------
| Id | User        | Host      | db   | Command | Time | State        | Info              |
+----+-------------+-----------+------+---------+------+--------------------------
|  3 | root        | localhost | test | Sleep   |  426 |              | NULL              |
|  4 | system user |           | NULL | Connect | 5492 | Waiting for master to send event
| NULL            |
|  5 | system user |           | NULL | Connect |  104 | System lock  | NULL              |
|  6 | root        | localhost | test | Query   |    0 | starting     | show processlis|
+----+-------------+-----------+------+---------+------+--------------------------
```

对于这个状态，官方文档中也有简单的解释，可自行翻阅。但是官方文档的解释不能很好地解决这个问题，因此笔者进行了更深入的分析。

### 5.6.3　从库 system lock 延迟的原因

先直接给出可能导致从库 system lock 延迟的原因供大家参考。从库出现 system lock 延迟应该视为正在执行 Event，而不是从名称上看到的“lock”，这是因为从库中的 binary log 一般都是行格式，因此不会走完整的语句执行接口，而是直接进行 Event 应用，状态没有转换的机会。也可以认为是从库状态划分不严谨。下面是产生 system lock 的必要条件。

（1）大量的小事务，比如 UPDATE 和 DELETE WHERE 语句，它们只处理少量的数据，只需要一个 Event 就能包含下所有数据的更改信息。如果被修改表是一张大表，则会加剧这种可能。

（2）被修改表上没有主键或者唯一键，问题加剧。

（3）InnoDB 行锁堵塞，也就是从库加锁的数据和 SQL 线程修改的数据相同，问题加剧。

（4）磁盘 I/O 确实处于瓶颈，可以尝试修改参数，如何正确地设置主从参数可以参考 4.8 节。

### 5.6.4 system lock 问题分析

我们知道所有状态的转换都是在 MySQL 层进行的，必须要调用 THD::enter_stage 函数才能实现，而 system lock 则是调用 mysql_lock_tables 函数进入的状态。同时从库的 SQL 线程中有另外一种重要的状态叫 reading event from the relay log。

以下代码是 handle_slave_sql 函数中很小的一部分，主要用来证明笔者的分析。

```
/* Read queries from the IO/THREAD until this thread is killed */
 while (!sql_slave_killed(thd,rli)) //大循环
 {
   THD_STAGE_INFO(thd, stage_reading_event_from_the_relay_log); //进入 reading
//event from the relay log 状态
   if (exec_relay_log_event(thd,rli)) //先调入 next_event 函数读取一条 event，然后调用
//lock_tables（如果不是第一次调用 lock_tables，则不需要调用 mysql_lock_tables）函数。在
//lock_tables 函数中调用 mysql_lock_tables 函数会将状态置为 system lock，然后进入 InnoDB 层
//进行数据的查找和修改
   }
```

这里我们抛开其他 Event，只考虑 DML Event，下面是 system lock 出现的流程。

如果事务只包含一个 Event，那么逻辑如下。

```
->进入 reading event from the relay log 状态
 ->读取一条 event(参考 next_event 函数)
  ->转换状态，进入 system lock 状态
   ->在 InnoDB 层查找和修改数据
```

如果事务包含多个 Event，那么逻辑如下。

```
->进入 reading event from the relay log 状态
 ->读取一条 event(参考 next_event 函数)
  ->转换状态，进入 system lock 状态
   ->在 InnoDB 层查找和修改数据
->进入 reading event from the relay log 状态
 ->读取一条 event(参考 next_event 函数)
  ->在 InnoDB 层查找和修改数据
->进入 reading event from the relay log 状态
 ->读取一条 event(参考 next_event 函数)
  ->在 InnoDB 层查找和修改数据
....直到本事务 event 执行完成
```

对于小事务（只有一个 DML Event），SQL 线程会在 system lock 状态下，对数据进行查找和修改，而数据的查找和修改需要 InnoDB 层的行锁支持，因此得出 5.6.3 节的结论。对于大事务（包含多个 DML Event）则不一样，虽然出现相同的问题，但是其状态大部分时间为 reading event from the relay log。

### 5.6.5 模拟测试

下面来测试 system lock 的状态，使用一张包含 5 条数据的表，结构如下。

```
root@localhost:testrep:04:29:18>select count(*) from testrep;
+----------+
| count(*) |
+----------+
|        5 |
+----------+
1 row in set (0.00 sec)
root@localhost:testrep:04:30:12>show create table testrep;

CREATE TABLE `testrep` (
  `id` int(11) NOT NULL,
  PRIMARY KEY (`id`)
) ENGINE=InnoDB DEFAULT CHARSET=utf8mb4 COLLATE=utf8mb4_bin
1 row in set (0.00 sec)
```

操作步骤如下。

（1）从库开启事务，同时锁住一行数据。

```
begin;select *from testrep where id=5 for update;
```

（2）主库执行删除语句，删除这 5 行数据。

```
delete from testrep;
```

（3）在从库中可以观察到 system lock 状态。

```
root@localhost:testrep:04:35:14>select state  from information_schema.processlist
where id=9;
+-------------+
| state       |
+-------------+
| System lock |
+-------------+
1 row in set (0.00 sec)
```

主库删除的 5 条数据会处于一个 DELETE_EVENT 中，由于一个 Event 最大为 8KB，所以本事务只包含一个 Event。从库 id=5 的这条数据上了 InnoDB 行锁，因此 SQL 线程不能对这条数据进行处理，导致了 system lock 问题的出现。

# 反侵权盗版声明